西方城市规划思想史纲

A Brief History of Western Urban Planning Thought

张京祥　编著

东南大学出版社

内容提要

本书是国内第一本系统阐述、总结西方城市规划思想史的著作。按照西方城市规划思想发展的重大历史时期为序共分为十章，在概要介绍各个时代西方社会总体发展背景与社会主体思潮的基础上，系统而简要地阐明了西方城市规划二千五百多年来所形成、演替的基本思想与主流精神，从而梳理出基本的规划思想史脉络，并对城市规划思想的未来发展进行了展望。

本书对西方城市发展各时期的重要的城市规划思想、规划理论以及重大规划实践等进行了全面、系统的总结，内容上既重客观的陈述，更重深入的分析与评述，并努力提炼出各个时期城市规划思想发展的基本特征与理念。全书以案例配合理论的阐述，图文并茂。

本书适合高等院校及科研机构的城市规划专业研究人员、研究生阅读或作为教学材料，也可供广大城市规划设计工作者、社会研究工作者等参考。

图书在版编目(CIP)数据

西方城市规划思想史纲／张京祥编著. —南京：东南大学出版社，2005.5（2022.7 重印）
ISBN 978-7-81089-917-8

Ⅰ.西… Ⅱ.张… Ⅲ.城市规划 - 思想史 - 西方国家 Ⅳ.TU 984.5

中国版本图书馆CIP数据核字（2004）第141258号

东南大学出版社出版发行
（南京四牌楼2号 邮编 210096）
出版人：江建中
新华书店经销 兴化市印刷厂印刷
开本 700mm×1000mm 1/16 印张：19.75 字数：344千字
2005年5月第1版 2022年7月第15次印刷
ISBN 978-7-81089-917-8
定价：79.00元
凡因印装质量问题，可直接向读者服务部调换。电话：025-83792328

一旦我们与昔日伟大思想家之间的联系纽带被割断，纵使我们沉醉于哲学的冥思苦想中，也是无济于事。

——罗素

序

一座城市没有了历史,就失去了记忆;一个城市的发展缺乏了正确指引,就会迷失路途。今天,人类社会已进入了城市世纪,城市已成为经济社会发展的主体。而中国在经济发展的巨大浪潮推动下,已经步入了加速城市化的过程,可谓城市发展日新月异,城市建设百花齐放,城市规划欣欣向荣,中国城市也已成为中外城市规划师施展他们才华的绚丽舞台。于是,在许多地方甚至作为一种相当普遍的现象,“引进国际规划”、“运用发达国家经验”和“借鉴国外城市”等成为一种时髦、一种资本、一种需求。

然而,我们真正了解世界尤其是发达国家的城市有多少?理解世界城市发展历史、规划历史、规划思想有多少?我们对国外城市的直观体验常常是来自于其外观、图片和资料,我们虽然也涉猎过国外许多有关规划理论、城市发展与建设的著作,但在这些文献中真正致力于深究城市规划理论演进、城市规划思想演变的,是相当不足的。我们不得不承认国外城市建设成就的辉煌以及许多规划新理论、新理念、新主义的新颖、及时而颇具启示,但是我们也不得不承认,改革开放二十多年来,就整体而言,我们在城市规划和建设中真正能正确、成功地运用国外经验(包括邀请国外规划机构直接主持设计),切实有效地指导实践而值得称颂的还属凤毛麟角。这其中的原因当然是多种多样的,但有一点应该是共识,那就是我们对国外城市发展的时代背景、社会整体精神缺乏系统了解,对指导和影响国外城市规划实践的理论、思想演变缺乏系统性的考察、思索以及正确的借鉴。我们注意得更多的只是形似,汲取的只是历史的种种片断。

我们也阅读过国外学者编著的一些关于城市发展史、建设史、规划史的著作,但他们在视角、重点、论述方式乃至系统性方面,对我们来说还是难以全面理解、消化和满足学习要求的。应当说,中国学术界已经注意到了写作有关中国城市史书的重要性,同济大学的《中国城市建设史》已经推出了第三版,《中国城市发展史》也已有多种版本,新近庄林德、张京祥两位同志编著的《中国城市发展与建设史》也已正式出版。但是国内至今尚没有一本系统地介绍西方城市规划思想史的著作,这对我们借鉴国际、学习国外、提高学科整体发展水平来说,无疑是相当遗憾的。多年来,针对我国城市规划领域表现出的理论建树不足,我一直提倡、鼓励中国(包括我们南京大学)的学者心怀学科、勇于奋进、见难而进,积极地致力于规划理论性成果的著作。这不仅是学科发展的需要,也是我们肩负的历史责任。

正是在这样一个背景下，我十分高兴地看到了张京祥博士编撰的《西方城市规划思想史纲》一书。这不仅是我国第一本系统阐述、总结、评述西方城市规划思想演变发展历史的著作，也是一本颇有特色的“治史”之作：它不是对一般历史阶段、历史事件和历史思想等的简单罗列和排序，而是对西方二千五百多年来城市规划形成、发展、演替中的庞杂理念、思想和主流精神，按十个阶段进行系统地梳理，从总体上理清了西方规划思想与理论发展的基本脉络，向读者呈现了一幅十分清晰的历史画卷。更值得一提的是，作者以点睛之笔揭示了各阶段的时代背景和思想内核，勾画了整个西方城市规划思想史的“纲”，实为作者颇具匠心之处。全书理例兼容、图文并茂，确实是一本难得的好书。

作者以青年的敏锐、学者的勤奋和对事业的豪情，在繁重的教学、科研与行政事务之余，博览群书，完成了洋洋近四十万字的著作，是十分难能可贵的。“著史”本就是一件难事，何况又是编写“西方规划思想史”；编制实用的城市规划难，进行系统的规划理论探讨则更难。因此，这本《西方城市规划思想史纲》并非完美之作，正如作者所言乃是汇其“学习之心得”，此话虽是谦逊，但也是作者真实的告白。

我欣赏这本书，它必将成为当前及未来中国城市规划理论大厦建造中颇有分量的一块基石。我支持作者的这种勇气、这种精神、这种责任和这份努力，希望我国更多的学者特别是中青年学者奉献出更多更好的著作，为构建中国城市规划的科学体系而共同奋进。

为此，欣然为之序。

崔功豪

2005 年 3 月 18 日

绪论

为什么要研究城市规划思想史？面对当今中国日趋浮华的都市生活和日益繁盛的“城市规划事业”，为什么不将我们学术研究关注重点更加集中到那些众多看似“紧迫而现实”的规划技术问题？或者，为什么不将我们更多的精力投放于利益丰厚的“规划实践”中？要想清楚地回答这个问题，看来还得从对思想史的本原理解说起。

有哲人曾经这样精辟地点明科学对社会现象与自然现象认知的最大区别：人们对自然现象是距离其越近，认识得越清楚；而人们对社会现象则是距离其越远(置入历史的过程中)，才能认识得越清楚。因此，历史学对于整个人类文化进步的意义，远远不是停留于很多人对其“故事性”理解的层面，它从根本上是涉及人类整体发展的长远宏旨。因此可以说，我们了解、研究历史的目的在于把握事物发展演变的脉络，“历史”是理解现在、预知未来的钥匙。

然而，“要想了解历史和理解历史，最为重要的事情，就是取得并且认识这种过渡里所包含的思想”(黑格尔)[1]。在人类历史发展的浩瀚时空长河中，“真正绵延至今而且事实影响着今天的生活的，至少还有两种东西：一是几千年不断增长的知识和技术……使后人把前人的终点当成起点，正是在这里，历史不断向前延续；一是几千年来反复思索的问题以及由此形成的观念(思想)……正是在这里，历史不断地重叠着历史。如果说前者属于技术史，那么后者就只能属于思想史”(葛兆光)[2] 。C. Brinton 在《世界社会百科全书》中关于“思想史”(Intellectual History)的词条是如此表述的：“在狭义上说，思想史尝试告知我们：谁在什么时候，怎样造就了智力或文化的进步；从广义上讲，思想史可以被认为接近一种追溯知识的社会学。”葛兆光先生也在其《中国思想史》一书中提出，思想史就是“清理思想的‘内在秩序’”。正是从这个意义上理解，柯林伍

[1] 黑格尔著；王造时译.历史哲学.上海：上海书店出版社，1999

[2] 葛兆光. 思想史的写法：中国思想史导论.上海：复旦大学出版社，2004

德(R. G. Collingwood)才把思想史看作是“唯一的历史”:“历史的过程不是单纯时间的过程,而是行动的过程,它有一个思想过程所构成的内在的方面;而历史学家所要寻求的正是这些思想过程,(因此)一切历史都是思想史。”[3]古往今来,哲人智者们有的在探索宇宙,有的试图改造社会,有的则在体验人生,他们想法不同、目的各异,这些相同与相异的认知在时空轴上的演变、衔接,便是思想史研究的任务[4]。

基于上述的认识,我们可以说思想史实际上是一部浓缩了的历史、升华了的历史,它已经撇开了对许多历史偶然、个别事件的简单罗列,而专门把它的研究焦点集中于那些比较本质的、具有普遍性的内容上,这其中既包括了那些精英思想家们的理论和学说,也包括了那些广泛影响群众思想的社会思潮[5]。《思想史杂志》(Journal of the History of Ideas)的创办者之一 A. O. Lovejoy 认为:提出“思想史”这一概念,就是为了突破旧的学科藩篱,在人类智力史的领域中做到“科际整合”。“思想史的研究在人类有意识的社会改革事业中起着重要的作用……它不但通过对现在问题产生的经过进行说明, 来使我们明确人类的义务和责任,并且可以促进人类的学术自由,这是文化进步的根本条件。”(Robinson)[6]作者本人也深深地坚信,没有思想建树、缺乏思想史认知的民族是不可能长久屹立于世界之林的“虚无民族”,更不可能在当今及未来的世界发展大潮中担纲导航者的角色。一个半世纪以前的中国,曾经凭借着其深邃而至高的文化思想,筑就了其位列世界文明之巅的数千年辉煌;然而,今天我们不愿也不能再做一个思想的荒芜者, 这既包括对中国思想史的全面反思与扬弃,也不可忽视对西方思想史的理解与剖析。

这真是一个沉重的话题。

许多人习惯地将城市喻为一本“石刻的史书”。历史是延续的,是发展的。我们研究历史的目的,是为了吸收、传扬传统文化的精髓,古为今用;是为了延续历史文脉,传递人类文化的信息;是为了以史为鉴,不再重复历史的悲哀。文明造就了城市,城市又孕育了新的文明。两千多年前古希腊的哲人亚里斯多德就说过:“人们聚集到城市是为了生活,期望在城市中生活得更好。”[7]今天,城市发展带着它们曾经的繁荣与失败、激昂与迷惘、成就与病症进入 21 世纪,毫

[3] 柯林伍德著,何兆武等译.历史的观念.北京:中国社会科学出版社,1986
[4] 葛兆光.思想史的写法:中国思想史导论.上海:复旦大学出版社,2004
[5] 章士嵘.西方思想史.上海:东方出版中心,2002
[6] C Frederick. A History of Philosophy. Image Books,1985
[7] D Ley. A Social Geography of the City. Harper and Row,1983

无疑问，它们还必将在各种历史积淀的基础上继续前进。然而，当我们今天面对着一个经济全球化、交流信息化、运作市场化的时代，如何在经济、社会快速发展的过程中不至于迷失自我，在光怪陆离的大千世界中寻找到城市发展的真谛和坐标，在城市生活不断模式化的背景中去努力张扬城市的适居性和人文精神内涵，我们就不得不认真地研究、理解城市规划发展的种种历史。

作为城市规划的理论研究者，我们不能容忍城市发展、规划、建设的历史被杂乱无序地堆放，或被当作一般的事件史那样被毫无关联地简单罗列。在这所有一切看似"乱麻"的、庞杂的城市规划思潮、理论、历史重大建设事件里，统率其中的毫无疑问应该是城市规划的"思想史"。也许正是由于我们缺少对规划思想史的认识与整理，所以长期以来甚至从工业革命时所谓"科学意义上"的城市规划诞生以来，城市规划一直被其他自然科学视作为没有理论的"学科"(而不是"科学")，一直被其他社会科学视作为没有思想体系的多种"学术理论堆砌"。城市规划，一个古老而又年轻的学科，虽然它的实践如火如荼，然而在很多人看来它既缺乏科学的逻辑思维，又缺乏凝重的文化厚度，这不能不说是城市规划研究与实践中的巨大悲哀。三百多年前培根就精辟地指出："如果世界史中没有关于学术思想这方面的叙述，就如同独眼巨兽失去了眼睛一样。"对城市规划而言，又何尝不是如此呢？缺少了城市规划思想史的研究，我们就失去了对城市规划发展逻辑性和历史必然性的基本关注，失去了对各种已经和正在不断涌现的规划思潮、理论、事件进行基本价值判断的准绳，因而往往会造成现实中这样或那样的肤浅认知或茫然而不知所从。

需要特别指出的是，城市规划本身就是一个复杂、综合的社会、政治与技术过程，即使在所谓的"西方世界"中，由于发展背景与文化的差异，多种思想与思潮也是不断地在穿插与交锋、反复与交替的矛盾中曲折前行。因此，城市规划的思想史不同于一般的事件史或纯粹的"自然科学史"那样存在着明确的因果关系和清晰的逻辑。由于很多城市规划思想(思潮)特别是少数时代精英们的认知，常常相比于他们所处的时代存在着巨大的跳跃甚至可谓是"空想"，所以城市规划的思想史有时候是非常难以连贯的。而这也许正如中国画的极高意境一样："思想史的空白"并不简单地意味着截然的"断裂"，恰恰是一种有意思的内容、一种有意义的连续。然而从另一角度看，"思想史"真的就是一部"新思想"的发展历史吗？人类的思想与认知水平真的总是能不断"推陈出新"从而不断前进吗？思想的成果果真如同知识、技术那样，因循着进化的规律，越靠后就越进步吗？作者认为并不是这样。古希腊的理性主义与人本主义光辉曾经熠熠闪耀，然而却湮灭于中世纪的千年宗教禁锢中；霍华德的田园城市思想为工业化世纪点亮了城市规划与发展的明灯，然而它却一再被工业化的高涨豪情所埋藏；与自然协调的思想早已被古希腊人所认知，然而直到20世纪初才被盖迪斯重新提及，20世纪末才有了可持续发展、精明增长等思想与思潮的出现……因此，我们研究城市规划思想史的一个重要目的，就是减少人类在城市发展中不断重复的无知和可能一再犯下的错误。同时，城市思想史的研究中也需要处理好“延续”与“新生”的问题。事实上从历史眼光看，城市规划的许多思想是延续的，例如现代城市规划提出的许多原则以及注重环境、公众参与等思想，并不会因为思想史研究的“时代分期”而截然中断，但是为了研究、表述的方便，我们只能提炼、归纳出各个时期出现的新的、主要的规划思想，而不必时刻去重复继续延续的那部分内容，除非有特别的需要。

T. Parsons 曾经明确地指出：“可以毫不夸张地说，一门学科成熟与否的最重要标志是它的系统理论水平。”任何学科中的理论都是对该领域中普遍规律的反映，并且采取理论的形式来把握研究对象和方法的普遍规律性。作者也竭力试图在纷繁复杂的西方城市发展、规划、建设事件中去寻求城市规划思想史的真正脉络和精神，当然，实现这一切的前提是对西方社会、哲学思想与思潮的深刻理解与把握，这也正是几年来作者花费大量的心血与精力去努力完成的。有必要指出的是，与依据翔实、客观的史料考据进行一般的事件史写作不同，任何一个“思想史”的写作者在试图将思想的历史“脉络化”、“过程化”的时候，他事实上就已经改变了思想史的原生状态，而必然充斥了其自身的理解。这正如丘吉尔所言：“一切历史都是现代史。”如此，思考的问题和思索的方式、解释的话语和实现的途径，一代又一代地重复、变化、循环、更新，就有了时间和空间的延续，于是也就有了“思想史”[8]。需要强调的是，城市规划思想史中对于那些所谓“精英思想”和“经典规划事件”的叙述，常常是因为“溯源的需要”、“价值的追认”和“意义的强调”等等原因所引起的，可以说是一种“回溯性的追认”。因此，某些精英人物、前卫思想和经典作品在当时他们所处的时代，究竟是否像城市规划思想史书中所说的那样占据如此重要的位置，实在是很有疑问的。对于这一点，作者也一直试图给出尽量客观与真实的评价，但是从今天我们研读城市规划思想史的本原目的来看，我认为这种善意的“放大”或“夸张”并不是不可接受的。

正是出于上述的理解和朴素的责任感，激发了我尝试去做这样一个艰巨却又义无反顾的工作——编著《西方城市规划思想史纲》。由于作者理解能力

---

[8] 葛兆光.思想史的写法：中国思想史导论.上海：复旦大学出版社，2004

与水平的限制、资料掌握的疏漏，准确地说，这部《西方城市规划思想史纲》只能看作是作者对西方城市规划思想发展历史进行学习的一些心得，一切无知和谬误均应归于本人。

张京祥

二〇〇五年早春，于南京大学

目　录

第一章

文明基石：古希腊时期的城市规划思想

- 西方古典文明的圣地
- 古希腊思想与文明的内核
- 古希腊的城市生活形态
- 理想城市的规划形态

一　西方古典文明的圣地

1　古希腊文明的极高地位

当需要考察欧洲乃至整个西方世界的文明与精神起源时，我们不得不将目光投射到这样一片充满哲性的土地：在今天西方世界的经济与政治体系架构中，这里的境况些许已经无奈地流于某种平淡；然而这片土地上弥漫着的不朽理性光辉，依然可以穿透三千多年尘封的记忆，清晰而醒目地将它的身影印刻在西方整个政治、经济与社会文明的世界，无处不及。正如恩格斯当年所言："……他们无所不包的才能与活动，给他们保证了在人类发展史上为其他任何民族所不能企求的地位"[9]。而马克思则是这样评价他们的艺术与思想的极致成就："它们……仍然能够给我们以艺术享受，而且就某一方面说，还是一种规范和高不可及的范本"[10]。它，就是古希腊——西方古典文化的先驱与欧洲文明的摇篮。对此，美国新史学家 J. H. Robinson(1863—1936)曾经这样评价过：古希腊柏拉图(Plato, 前 428—前 347/348)、亚里斯多德(Aristole, 前 384—前 322)等人的思想是如此深邃，以致人们觉得自他们以后的一切思想史都是思想退化的历史。

2　古希腊文明的起源与发展

早在公元前 11 世纪，在爱琴海边的希腊半岛及其周边的小亚细亚沿海、地中海沿岸及黑海沿岸等某些地方，就出现了许多氏族国家，它们之间经过不断的战争，到公元前 8 世纪时，逐步形成了数十个相对稳定的奴隶制城邦国家，其中最繁荣的有雅典(Athens)、斯巴达(Sparta)、米利都(Miletus)、科林斯(Corinth)等。当时在这个地区虽然没有建立起一个统一的国家，但是由于

[9] 马克思恩格斯选集(第三卷).北京：人民出版社，1972
[10] 马克思恩格斯选集(第二卷).北京：人民出版社，1972

海外贸易发达,各城邦之间经济、社会、文化的交流也十分频繁,并且经常在抵御外敌的时候共同团结起来,遂逐渐形成了一个自称为“希腊”(Helles)的统一民族与文化地区。

从建筑与城市艺术的角度看（其实这大体上也是一个对文化发展分期的总体考量),一般将古希腊的文化(文明)大致划分为四个时期:荷马文化时期(前 12 世纪—前 8 世纪)、古风文化时期(前 8 世纪—前 5 世纪)、古典文化时期(前 5 世纪—前 4 世纪)和希腊化时期(前 4 世纪末—前 2 世纪)。从荷马时期到古风时期,基本上是古希腊文化孕育成长的阶段。公元前 6 世纪波斯自东向西入侵亚欧地区,造成了许多国家国土的变迁、民族的迁徙与融合,也使得东西方之间的文化交流和贸易往来更加频繁。伴随着这个大交流、大融合的过程,东方的医学、历法、天文、算术、度量衡等知识与技术开始传到了希腊地区,内外文化的碰撞孕育出新思想、新文化的萌芽。到了公元前 5 世纪中叶左右,雅典联合各城邦与波斯军队展开了决战，并最终在这场耗时已久的希波战争中取得了决定性胜利,也从此确立了雅典在希腊诸多城邦中的盟主地位。于是大量的财富与人才不断地向雅典集聚,并由此造就了雅典乃至古希腊文明繁荣的顶峰,这就是希腊历史上的古典文化时期。随后希腊继续繁荣了一百多年。

古典文化时期，希腊人建造的圣地建筑群——雅典卫城是希腊人文主义与理性主义精神的象征,更是后来欧洲文明的千年灯塔与坐标原点(图 1–1)。希腊的古典文化价值不仅体现在艺术形态上，更支撑了后来欧洲的人文精神与科学精神复兴，并从根本上影响了当今西方社会的民主意识形态与基本政体架构形式。公元前 4 世纪后期的伯罗奔尼撒战争,造成了希腊城邦共和国的逐步解体。公元前 338 年北方的马其顿人(Macedonia)入侵地中海、爱琴海沿

图 1–1　希腊人的精神圣地——雅典卫城

岸地区,并建立了包括全希腊在内的横跨欧亚非的庞大的马其顿帝国,原先希腊地区的各自由城邦成了马其顿帝国统治下的行省,希腊的古典文化也凭借着这个庞大的国土而流传到了北非和西亚地区,并与它们互相交流、融合,这就是历史学家常说的"希腊化时期"。与古典文化时期相比,这时候希腊文化中的科学技术更加繁荣,世俗公共建筑大量增加,艺术手段也更加丰富多样。公元146年,希腊终为罗马所灭,但"希腊化时期"形成的世俗化城市建设与建筑特征、王权主义思想等,都被古罗马统治者直接继承下来并大为发扬。

二　古希腊思想与文明的内核

古希腊是西方文明的发祥地,是西方思想体系的源头,它在哲学、文学、艺术、史学等领域都诞生过许多伟大的思想家和不朽的作品,众多传诵千古的哲言名句,今天仍然闪烁着其厚重而耀眼的理性与智慧的光芒。

1　唯物主义的认识观

作为整个西方思想的源头,古希腊思想是从一种唯物主义的自然哲学的探索开始的。古希腊的思想家们,一开始就提出了关于宇宙构成的问题,并在总体上坚持了一条唯物主义的认知路线,例如我们所熟知的德谟克里特的"原子论"、毕达哥拉斯的"宇宙数学结构"等,都是产生于古希腊时期,对西方人文与自然文明的发展产生了深远的影响。很多科学史学家认为:西方文明之所以到了近代能克服宗教神秘主义的束缚而实现科学启蒙,并进而保持强劲的发展势头(尤其是科学技术的迅猛发展)[11],从深层次的文化角度看,是得益于古希腊文明中特别强调的数学和逻辑思想。对此,恩格斯是这样评价的:"如果科学想追溯自己今天的原理发生和发展的历史,它不得不回到希腊人那里。"

2　人文主义的思想

历史学家与哲学家们认为:人类最初的文化形态是宗教和神话,哲学是脱胎于宗教和神话的世界观。可以说,世界各民族基本上都有各种各样的宗教和神话,但并不是每一个民族都有自己的哲学;一般认为,在诸多的古代文明源

[11] 这一点也明显有别于中国古典文化思想中的混沌思维,所以很多人认为这是制约中国几千年文明进程中只有偶尔的"发明"、"发现",却始终没有能够建立起完整、坚实且不断进步的科学大厦的根本原因。

泉中，只有希腊、中国和印度产生出了一般意义上的哲学[12]。按照德国哲学家K. Jaspers的认识，以古希腊为代表的人类从原始的宗教、神话到哲学的突破时期，大约发生在公元前800年至公元前200年之间。然而值得令人注意的是，这并非是一种简单的巧合，在遥远的东方，这也正是中国先秦诸子百家争鸣的时代。二千多年前东西方两大古老文明的思想体系遥相辉映，然而其本质内涵却是截然不同的。

从整体而言，古希腊的思想是人文（人本）主义的。可以说，从"自然哲学"的研究到探求人的"社会哲学"是古希腊哲学思想路线的自然引申[13]。在古希腊的思想中，人被认为是有理性的动物，是天生的"社会动物"。大量古希腊神话和文艺作品中所反映的平民人本主义世界观，包含着征服自然的英雄主义，赞颂着人的强壮和智慧、坚毅和勇敢，嘲笑和谴责一切邪恶，即使是神灵也被描写得与人类的七情六欲、现实生活是如此相近，可谓"神人同形同性"。事实上准确地说，在古希腊人的心底中，从来没有"超人类"意义上的宗教，古希腊人从来没有在精神上和现实生活中为自造的"神灵"所奴役。

3 理性思辨的逻辑思维

在希腊、中国和印度三个古老的哲学体系中，希腊哲学与宗教的联系最不紧密，最为思辨，充满着论辩、推理和证明等说理方式[14]。可以简明地把希腊哲学的特质归结为两条：一条是上述的非宗教的人文精神，另一条就是讲求思辨的精神。

古希腊的哲学源于人们对自然的认知与思考，在从事海外殖民的贸易和航海活动中，古希腊人很容易也必须去努力发现天文、地理、气象、海流等自然现象的种种规律性。一旦古希腊人认识到通过经验观察就可以发现规律并能作出一定的预测时，他们眼中、心目中的世界与宇宙就不再是受外部力量任意支配、变化无迹可寻的杂乱现象，他们认识到：在世间运动变化的万般事物之中，隐藏着可以被不断认知的秩序和原因。与此同时，古希腊繁盛的海外贸易和发达的奴隶制经济也造就了一批职业哲学家，他们可以摆脱生存的压力而专注于纯理性的思考与研究，这又促进了古希腊民族整体逻辑、思辨精神的发展，形成了古希腊人群中所特有的静观、思辨的整体性格特征。这种性格特征

[12] J Cottingham. Western Philosophy.Blackwell Publishers，1996
R E 勒纳等著.西方文明史.北京：中国青年出版社，2003
[13] 陈康.论希腊哲学.北京：商务印书馆，1990
[14] 苗力田.古希腊哲学.北京：中国人民大学出版社，1989

不但鲜明地凝固在古希腊众多艺术品的特殊美感之中，而且造就了古希腊高于周围民族文化的非凡科学理论[15]。

朴素的科学观使得古希腊人不像世界上许多民族那样，希冀依靠宗教的神秘来认知世界和主宰自己的命运，他们更崇尚理性，擅长于运用逻辑演绎来解释、掌控周围的世界。古希腊的思想家们认为，只有单纯的、统一的、永恒不变的对象才是真实的存在。亚里斯多德指出，一切科学都是证明科学，而证明科学的最高成果是几何学。希腊哲学家进而认为，人的自然本性就是理性，意志和欲望应当服从理智，真正的快乐是心灵的快乐，美德的规定性也来自理性。亚里斯多德更认为一个民族的特征禀赋是由地理环境因素所决定的：北方寒冷地区的民族精神充足、富于热忱，但大都拙于技巧而缺少理解；亚洲民族多擅长机巧、深于理解而精神卑弱、热忱不足，故而屈从为臣民，甚至沦为奴隶；而希腊处于两个大陆之间，兼有这两种民族禀赋与品德的优点，既具有热忱，也有理智[16]。可以说，后来西方世界弥漫的"欧洲中心论"思想，最早就来源于此。

4 公正平等的政体意念

希波战争以后，希腊城邦进入了高度繁荣时期，社会形态从传统的氏族农业经济向以工商业为主的城邦经济过渡，以雅典政治为代表的民主共和政治制度日臻完善。在政治思想方面，由于古希腊城邦政治、社会生活发展的丰富和多样，社会公正的意念被置于政体建设的中心位置。古希腊历史学家希罗多德当时就提出了"在法律面前人人平等"的命题，近代西方社会自然法的思想、社会契约论思想等，都可以从古希腊追溯到其各自的源头。雅典公民的参政程度不断扩大，在古希腊的政治舞台上充满着与奥林匹克赛场上同样的激烈竞争。当时雅典民主制下的竞争主要是通过辩论和演讲的方式来进行，这在相当程度上与希腊人的哲理思辨精神又是互为促进的。克里斯梯尼当政以后，雅典可谓步入了"全民政治"的时代，甚至所有的领导岗位都由公民轮流担任。

柏拉图的《理想国》是西方世界诞生的第一个乌托邦，他提出要通过节欲、勇敢和智慧等美德建立起社会正义和公正。亚里斯多德认为人的"合群"本性要求人们组成社会和国家，而社会团体分三种：家庭、村落和城邦，国家是为了

---

[15] 陈康.论希腊哲学.北京：商务印书馆，1990
冒从虎.欧洲哲学通史.天津：南开大学出版社，1985
章士嵘.西方思想史.上海：东方出版中心，2002

[16] 亚里斯多德著；吴寿彭译.政治学.北京：商务印书馆，1983

达到人类道德和理智生活最高目的的社会组织形态，个人只有在公共的政治生活中才能最大限度地实现自己的德性，从而达到最高的幸福。针对当时希腊各城邦中经常出现的“民主制”和“寡头政治”两种政治形态的相互斗争，亚里斯多德主张国家应该由那些“既不会有野心，也不会逃避治国工作”的中产阶级来进行统治。毫无疑问，正是以雅典为代表的这种民主共和政治体制，为古希腊文明与思想的成长及丰硕成果的结实提供了宽松而肥沃的土壤，才造就了其作为欧洲古典文明的至高形态。而中国先秦时期虽然也出现了诸子百家争鸣的局面，但终因强大的封建王权体制的扼杀而湮灭于无形。

三　古希腊的城市生活形态

1　城邦、公民与城市社区精神

古希腊自公元前 800 年至前 750 年就建立起众多奴隶制城邦或城市国家，其中最强大、最重要的当数雅典与斯巴达。但是，斯巴达所营造的整齐划一的生活方式不可能产生出发达的文化与思想活动，而雅典的自由生活则大大促进了希腊人对自然科学和社会科学的思考，并催生了民主共和体制的诞生，为此，在雅典甚至规定不允许将雅典人沦为奴隶。这些共和制城邦是希腊最先进的城邦，经济繁荣、文化发达而且包含着许多进步的因素，它们在古希腊的整个发展过程中占据着主导地位。雅典城邦的社会基础是公民（自由民的所有成员），以公民大会等形式参与国家大事，此外，城邦里还经常组织体育竞技、音乐会、诗歌会、演说等公共活动，以促使平等、自由和荣誉意识的增长，维系公民的城邦主义观念。而在另一个城邦斯巴达中，则是通过无所不在的军事生活来维系着城邦的精神。

古希腊人对城市的定义是：城市是一个为着自身美好的生活而保持很小规模的社区，社区的规模和范围应当使其中的居民既有节制而又能自由自在地享受轻松的生活。古希腊人在城市精神、艺术、文化、体育等领域的全面开拓，使人们领悟到城市生活的真正本质以及社区生活的无穷乐趣，并且由一种集体的自尊心理和确信依靠集体就能战胜外界强大压力的信念，进而生发出对社区整体的自我崇拜以及对城邦精神的尊崇与向往。因此，与当时东方国家纷纷用高墙围起的、整齐划一的庞大都城形态相比，希腊人并不在意他们规模较小的城邦与低矮的房屋，而是将极大的智慧与热情投入到高高的卫城山上，以塑造他们的城邦精神与理想[17]，圣地(Holy Land 卫城)遂成为希腊城邦精神的化身和有形体现(图 1–2)。公元前 5 世纪，雅典卫城就已成为希腊人宗教与公共活动的中心，希波战争胜利以后其更被视为国家、民族的象征。为了强调给公民以平等的居住条件，包括雅典在内的许多希腊城市都以方格网划分街坊，贫富住户混居在同一街区，仅在用地大小与住宅质量上有所区别。

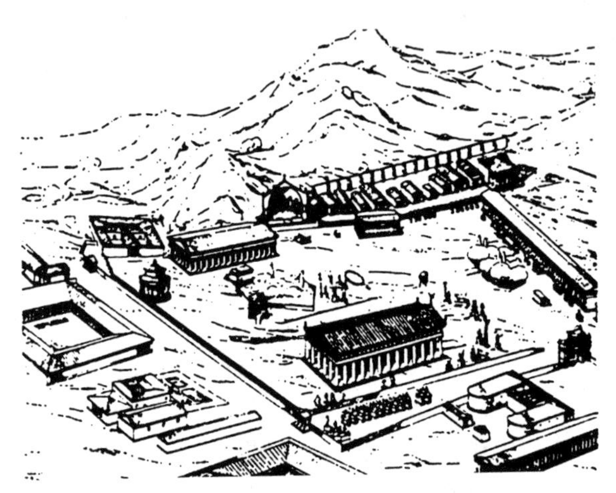

图 1–2　古希腊奥林匹亚圣地的复原图

2　人本主义的生活形态

在古希腊的宗教中，表现的是对多个自然神的崇拜，但是与后来人类许多的宗教形态不同，古希腊宗教与神话中的神、人是“同形同性”：众多的神灵与普通人有着相同的体态相貌、七情六欲，诸多的神灵对应着人间现实生活中的百业百态，“希腊是泛神论的国土，它们所有的风景都嵌入……和谐的框格里。……每个地方都要求在它的美丽的环境中有自己的神；……希腊人的宗教就是这样形成的”[18]；同时，古希腊宗教与神话中对正义和勇敢极其推崇，总之，古希腊人通过种种神话将自然力和社会活动极大地人格化了。还有一个重要的因素是，古希腊是由诸多小规模城邦构成的社会群体，即使雅典在其全盛时期的人口也不过 25 万，有些城邦只有 5000 人甚至更少。对于这样小规模的城市(国家)，基本上也就不可能存在具有很大政治权力和干预世俗生活的宗教

[17] 洪亮平.城市设计历程.北京：中国建筑工业出版社，2002

[18] 马克思恩格斯选集(第二卷).北京：人民出版社，1972

力量。正是基于这样的总体环境,古希腊的宗教与神话不仅没有成为古希腊人思想进步的禁锢,而且不断推动着他们对生活真谛的不懈探求。

古希腊人在崇拜众神的同时,更承认人的伟大和崇高,笃信人的智能和力量,重视人的现实生活。浓厚的人本主义氛围对希腊政治、经济、文化、科学、艺术等各个方面的发展均起到了极大的促进作用, 城市中大量的公共活动又促进了市民平等、自由和荣誉意识的增长。希波战争胜利以后,在雅典最高执政官 Periceles(前 443—前 429 年在位)的领导下,建设了欧洲古代最为彻底的自由民主制度。当时雅典的国歌里唱到:“世间有许多奇迹,人比所有的奇迹更神奇。” Periceles 在演说中明确地说:“人是第一重要的,其他一切成果都是人的劳动果实。” 古希腊的民主制度和相应的先进观念,使得人本主义的精神与生活形态进一步彰显。圣地建筑的功能,也由最初对神灵的崇拜转移到对人类精神的自我崇拜和对人性的讴歌。从这个意义上讲,雅典卫城以及 Olympia 的宙斯圣地等并不是膜拜神灵的禁地,而事实上更是市民公共活动的中心;与其说它是一个“神殿”,不如更将其视为古希腊人本主义的象征。

3 积极的公共生活与丰富的公共空间

大海造就了古希腊以贸易为主要特征的海洋文明和开放的人群性格,特别是希波战争胜利以后, 海上的强大霸权使希腊有能力控制了黑海和地中海的贸易,其开放的海洋文明进一步得以提升;而亚热带海洋性气候、明确而有力的自然景观、灿烂明媚的阳光、清新的空气、多山多石的环境,又大大刺激了希腊人喜爱户外活动的热情。可以说,这种独特、优越而适宜的自然景观不仅激发了希腊人的智慧与思考、强烈的创作欲与表演欲,也营造了一种和谐、积极、健康的公共生活氛围。

由于市民的大部分时间是在公共空间和室外度过的, 对他们而言私密生活并不最为重要, 因此希腊的大量住宅是狭小而俭朴的, 甚至城市也缺少统一、严整的规划。希腊古典主义盛期的作家 Dicaearchus 曾经描述雅典城“满是尘土而且十分缺水,由于古老而乱七八糟,大部分房子破破烂烂”,雅典甚至在相当长的时期里没有城墙和健全的防御体系(图 1-3)。而与之相反,雅典城市内的各种公共空间却是诱人的, 古希腊建筑中通过柱廊所围合出的半公共场所、许多开敞的城市广场空间以及高贵淳朴、庄穆宏伟的雅典卫城等建筑形态,一道构成了丰富多彩的城市公共空间体系,成为希腊人多姿多彩的户外生活的载体。特别是圣地建筑的重要性,已经远远超越了传统的宗教祭祀职能、防御职能而成为城邦公民举行礼仪活动的场所和公共活动的中心, 成为古希腊公共生活的反映、公众鉴赏的对象[19]。早期古希腊的广场在承担着贸易集市功能的同时，其“聚会”功能也逐渐被希腊人创造性地加以发展，正如英国戏剧学家威彻利所指出的：“广场甚至以压倒卫城的优势迅速发展，直至最后变成希腊城市中最重要的、最富活力的中心。”(图 1-4)

对自由生活的向往，造就了古希腊人的独立意识、决断性格以及闲暇、优雅的生活态度。虽然从物质生活的角度看，古希腊人事实上物质生活并不是十分的丰裕，但是他们拥有充足的时间和自由，在这些公共场所中充分地进行精神交流、发展个性，进行思考和追求审美享受，他们的精神世界是充实和向上的。可以说，古希腊的城市社会生活充溢着活力与公共精神。

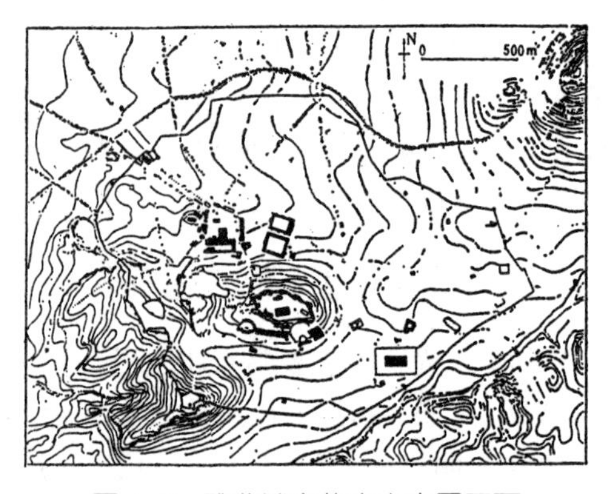

图 1-3　雅典城市的自由布局平面

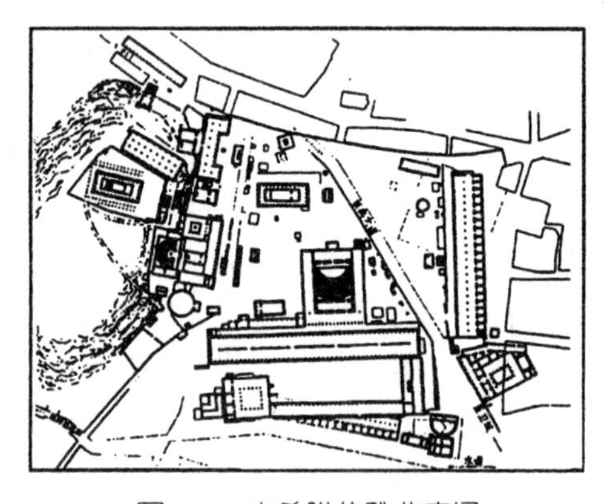

图 1-4　古希腊的雅典广场

[19] W Perkins. Cities of Ancient Greece and Italy: Planning in Classical Antiquity. George Braziller, 1974

四 理想城市的规划形态

1 从苏格拉底到亚里斯多德——关于理想国家(城市)的探求

希波战争以前的希腊城市大多是自发形成的。在城市的自由发展中,希腊城市中神与宗教的发展、自然的发展以及人的发展均得到了充分的体现与和谐的伸展,并熔炼成全新的城市生活、城市人。正如亚里斯多德的名言:"人们聚集到城市是为了生活,期望在城市中生活得更好。"为了这个朴素的目标,古希腊的许多思想家们持续探求着他们心目中理想的国家(城市)形态,苏格拉底(Sokrates)、柏拉图、亚里斯多德等就是杰出的代表。

苏格拉底认为,就人生幸福而言,没有什么能比城邦和城市生活自然发展更好的了。而苏格拉底的学生柏拉图撰写的《理想国》如同一幕海市蜃楼图景,试图将希腊社会引向一个永远也不能到达的理想彼岸。柏拉图强调这个"理想国(城市)"是用绝对的理性和强制的秩序建立起来的,首先,应该通过劳动分工和社会角色的分类来重整城市秩序;其次,城市居民应分为各个阶层:哲学家、武士、工匠、农民和奴隶,哲学是最高的知识,最理想的国家就是让哲学家(集智力和智慧于一身)当国王来治理国家。《理想国》中所设计的城市是按照"社会几何学家"的理想设计出来的(圆形+放射)。在柏拉图看来,完整性和均衡性只存在于整体之中,为了城邦应不惜牺牲市民的生活,甚至也可以牺牲人类与生俱来的天性[20]。他的这个思想对希腊后期的城市规划(包括希波丹姆斯模式,Hippodamus Pattern)产生了深刻的影响。亚里斯多德则提倡建立中产阶级统治的国家,并实行以下几条原则:第一,财产应私有公用,这样可以防止贫富两极分化;第二,公民(这里主要指中产阶级)应轮流执政,不得搞终身制;第三,必须实行法制,在法律面前人人平等;第四,城邦不能太大,也不能太小。

2 人本主义与自然主义的布局手法

在古希腊的诸多公共建筑以及建筑群中,突出反映的特征是追求人的尺度、人的感受以及同自然环境的协调,即使雅典这样重要的城市也没有非常明确的强制性人工规划。古希腊的许多城市与建筑、建筑群并不追求平面视图上

---

[20] 章士嵘.西方思想史.上海:东方出版中心,2002
袁华音.西方社会思想史.天津:南开大学出版社,1988

的平整、对称，而是乐于顺应和利用各种复杂的地形以构成活泼多变的城市、建筑景观，整个城市多由圣地(庙宇)来统率全局。这是一种早期的人本主义和自然主义布局手法，从而在城市规划史上获得了很高的艺术成就，最具代表性的应该是雅典卫城。雅典卫城的建筑群布局以自由的、与自然环境和谐相处为原则，既照顾到从卫城四周仰望它时的景观效果(从远处观赏的外部形象)，又照顾到人置身其中时的动态视觉美(在内部各个位置观看到的景观)，堪称为西方古典建筑群体组合的最高艺术典范(图1-5、图1-6)。

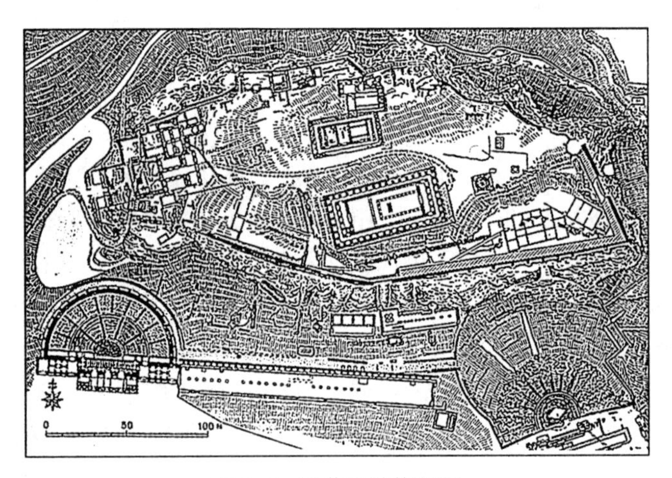

图1-5 雅典卫城的平面

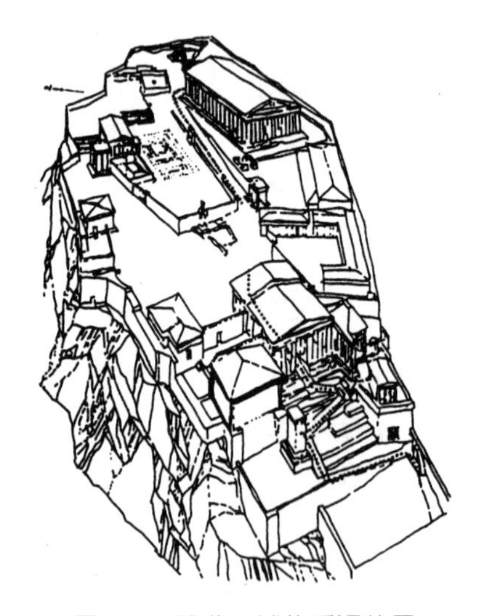

图1-6 雅典卫城的透视效果

3　希波丹姆斯模式：理性光芒的闪耀

在古希腊的城市规划中，除了上述的人本主义与自然主义布局手法外，随着古希腊美学观念的逐步确立和自然科学、理性思维发展的影响，也产生了另一种显现强烈人工痕迹的城市规划模式——希波丹姆斯模式。

希腊哲学家 Pythagoras（前 580—前 500）认为：“数为万物的本质，宇宙的组织在其规定中是数及其关系的和谐体现。”亚里斯多德则说：“美是由度量和秩序所组成的”，建筑物各部分间的度量关系就是比例，他主张对城市的规模和范围应加以限制，使城市居民既有节制又能自由自在地享受轻松的生活。柏拉图更是在其学院大门上写上“不懂几何学者莫进来”的字样。基于柏拉图、亚里斯多德等人有关社会秩序的理想，公元前 5 世纪的法学家希波丹姆斯在希波战争后的城市规划建设中，提出了一种深刻影响后来西方二千余年城市规划形态的重要思想——希波丹姆斯模式，他因而也被誉为“西方古典城市规划之父”。希波丹姆斯模式遵循古希腊哲理，探求几何与数的和谐，强调以棋盘式的路网为城市骨架并构筑明确、规整的城市公共中心，以求得城市整体的秩序和美。在历史上，希波丹姆斯模式被大规模地应用于希波战争后城市的重建与新建以及后来古罗马大量的营寨城，古希腊的海港城市米利都城（Miletus）、普南城等都是这一模式的典型代表（图 1–7、图 1–8），甚至影响了近代西方许多殖民城市的规划形态（图 1–9）。

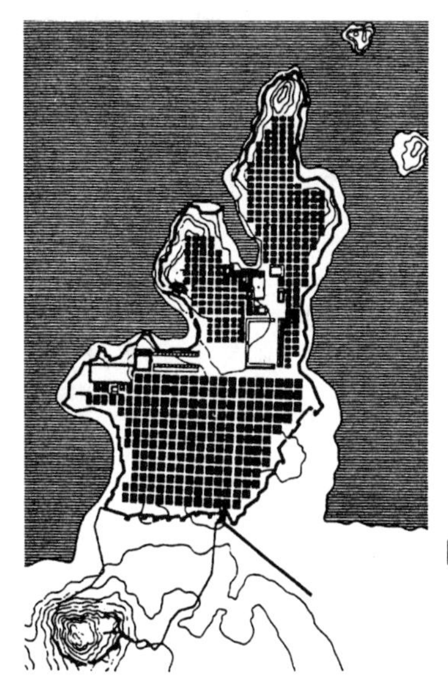

图 1–7　希波丹姆斯模式的代表——米利都城（Miletus）平面

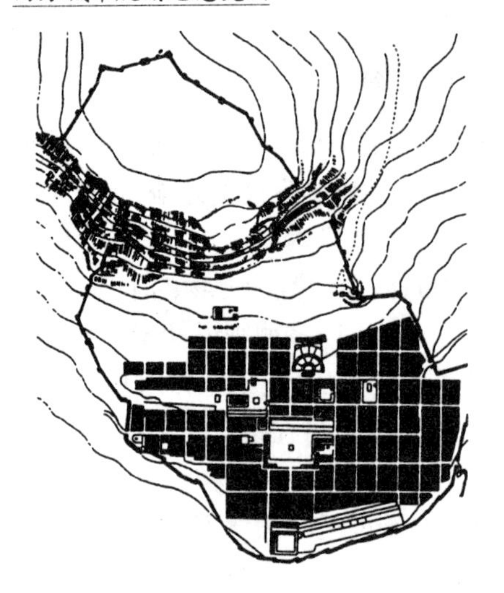

图 1-8　不顾地形而追求理性秩序的普南城

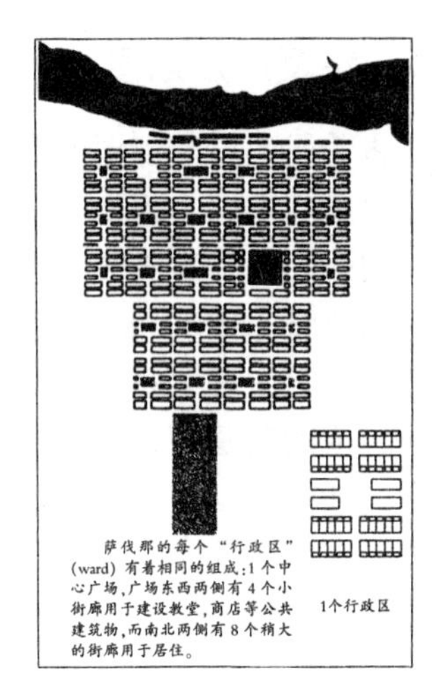

图 1-9　美国殖民城市萨伐那的规划平面

这种几何化、程序化、典雅的希波丹姆斯规划形式,一方面满足了希波战争后以及古罗马时期大规模殖民城市规划建设中迅速、简便化的要求,同时也确立了一种新的城市秩序和城市理想,既符合古希腊数学和美学的原则,也满足了城市中富裕阶层对典雅生活的追求。然而,希波丹姆斯模式也使得古希腊的城市规划从传统上灵活的“杂乱”、有机走向形式上的典雅或呆板,甚至为了构图的形式美而全然不顾自然地形的存在。这种模式也给城市生活的活力及城市的进一步发展带来了桎梏,为城市专制主义的滋生创造了条件(洪亮平,2002)。这一点与现代建筑运动所推行的机械城市的“秩序美”可谓异曲同工,1960 年代末“后现代主义”对现代城市机械理性缺陷的批判,也正是从这一角度切入的。

第二章

帝国理想：古罗马时期的城市规划思想

- 古罗马思想的渊源
- 古罗马思想的内核
- 古罗马的城市生活形态
- 古罗马的城市规划思想

在许多研究西方哲学与思想史的文献中，古希腊与古罗马基本是被列为一个等同的文化体系概念。但是，如果从更为深刻的角度考察，这两种文化形态之间仍然存在着巨大的思想性差异，并明显地表现在两者截然不同的城市规划理念与建设活动之中。

一　古罗马思想的渊源

1　古罗马发展的简单历程

古罗马是西方奴隶制发展的最高阶段。罗马原是意大利半岛南部一个拉丁族的奴隶制城邦，公元前 5 世纪建立起了共和政体，随后其不断对外侵略扩张。到了罗马帝国时期，其版图已经扩大到了欧、亚、非三洲，全国人口总数达到 1 亿以上，首都罗马的城市人口达到了百万(这也是西方历史上出现的第一个百万人口的城市)。古罗马的发展历史大致上可以分为三个时期，即伊特鲁里亚(Etruria)时期(前 750—前 300)、罗马共和国时期(前 510—前 30)、罗马帝国时期(前 30—476)。公元 395 年庞大的罗马帝国分裂为东、西两部分，东罗马建都君士坦丁堡，后来发展成为封建制度的拜占廷帝国；西罗马继续定都罗马城，直至 476 年灭亡。

2　古罗马思想的渊源与演化

从公元前 322 年亚里斯多德去世，到公元 529 年东罗马帝国的皇帝下令关闭雅典的所有学园，这段时期在西方哲学史、思想史上被列为一个相对独立的完整阶段，而这个阶段又具体经历了两个不同的文化时期：希腊化时期和罗马时期。在希腊化时期，古希腊的哲学思想随着马其顿王国的军事征服所带来的文化扩张而传播至东方，埃及的亚历山大与希腊的雅典当时被并列为西方文化和哲学的两大中心。在罗马时期，希腊哲学思想进一步传播到拉丁语地区，不擅长思辨的罗马人在哲学上基本上是因袭希腊人[21]。因此，从思想本源上看，这两个历史时期都是希腊哲学思想的延续，表现出基本稳定和一脉相承的特征。

古代的罗马国家先后经历了城邦时代、共和时代和帝国时代，在此过程中，其民主化程度总体上呈现出不断减退的态势。如果说古希腊城邦的存在与延续，是由希腊人对城邦的爱国热忱和人本主义精神所保证的，那么，古代罗马国家的存在则是完全依靠强力所保证的，这种强力首先指的是庞大而坚不可摧的罗马军队，其次指的是强大的超级国家行政机器。伴随着罗马国家的不断强大和持续的战争侵略，罗马军队、罗马城、罗马道路、罗马法和罗马官吏相继创立了，所有这些都奠定和维系了一个强大的中央集权国家。“罗马的原则是主权和强力的、冷酷的抽象观念……是纯粹意志的自私，它本身不包括任何道德的实现，全凭个人的利益获得内容”(黑格尔)。与古希腊人在相对贫瘠的物质生活中时刻折射出的不朽理性光辉相比，可以说，没有什么是可以被归功于“罗马思想”的。因此，长期以来西方的许多史学家与哲学家都认为，根本就没有什么值得推崇的“罗马思想”。

在这个漫长的由共和制转变为帝制的过程里，随着国家扩张而积累的巨大财富被很快地挥霍到奢华、腐朽的物质生活领域，罗马人的精神世界日益世俗化，从自由时代所继承下来的古希腊观念因为不再符合时代的精神，也随之而不断转化、蜕化——统治者为了实现集权的梦想而不再对古希腊全民民主式的政治生活过于强调；普通市民也开始越来越沉溺于庸俗享乐的现世生活之中，再也没有古希腊人那种追求崇高哲理的兴趣了。随着古希腊理性光辉的渐渐淡去，某些古老的观念尤其是那些最富宗教色彩的观念，却日益显现出其重要性来。到了公元3、4世纪，基督教终于取而代之统治了西方人的精神世界。

二　古罗马思想的内核

1　伦理化的倾向

社会背景与价值观的巨大转变，使得古罗马时期哲学思想的一个显著特

[21]　C Frederick.A History of Philosophy.Image Books，1985
R E　勒纳等著.西方文明史.北京：中国青年出版社，2003
袁华音.西方社会思想史.天津：南开大学出版社，1988

征就是伦理化的倾向。所谓伦理化，是指以伦理学为核心或归宿，人生的真谛不再是像古希腊思想家们所崇尚的那样去追求智慧，而是追求现实的幸福；不赞成“为智慧而智慧”的思辨精神和穷究世界奥秘的探索精神，而是追求不断满足享受的种种现实技法。因此与古希腊人相比，古罗马人在纯粹的思辨领域并没有什么大的建树。伦理化倾向之所以在古罗马社会中能不断滋长的原因，一方面是因为城邦制的瓦解所造成的社会动荡和重组、融合，深刻而全面地改变了人与人、人与社会的关系，人们在迅速变化的复杂社会环境中，普遍渴望安宁的现实生活，而罗马统治阶级的糜烂生活更加强化了这种社会文化倾向；另一方面是罗马人和东方人传来的实用主义态度与宗教信念，逐渐侵入了古希腊哲学思想的内部，摧毁了希腊哲学中固有的思辨、理性精神。

有必要指出的是，古罗马思想中的伦理化的倾向，使得原本属于哲学思辨范畴的某些对象出于实用的需要而不断从哲学领域分化出去，从而可以沿着更加专业化、科学化的方向发展，这客观上也使得古罗马时期几何学、天文学、力学、建筑学、地理学、历史学和文学等方面的成就更加辉煌。因此，古罗马时期也可堪称西方学术史上的“黄金时代”。

2 快乐主义与个人主义

古希腊的思想家们非常重视人的道德修养，他们把社会道德生活看作是整个宇宙秩序的一部分。柏拉图的名言是：“幸福是灵魂内各部分和谐、均衡和恰当的秩序的产物”，他认为人的心灵由三部分构成：理性、情绪和欲望。理性的独特作用在于能识破幻想的世界而去发现真正的世界；而情绪和欲望则会欺骗人们去相信那种不健康的“快乐”，灵魂失调就是情绪和欲望压倒了理性的结果，只有当理性处于能抑制情绪和欲望的时候，才能建立起人性的协调和安定。所以亚里斯多德认为：“适中是一种美德，适中是人有目的选择的结果，应是有理性的人所追求的目标，过度和不及都是错误的。”

而到了古罗马时期，随着物质财富的集聚和人类享乐心理的不断扩张，伊比鸠鲁(Epicurus，前 341—前 270)的“快乐主义”取代了古希腊社会思想中关于“人的至高道德修养”方面的追求，并在后来进一步演化成为功利主义、非理性主义的伦理思想，当今西方思想中的这些享乐主义成分，最早可以在这里找到渊源。伊比鸠鲁反对理性主义，把快乐作为其伦理思想的核心范畴，主张人的一切取舍都要从快乐出发，要以感觉来判断一切的善。但他同时也指出：“当我们坚持把快乐作为目的时，并不意味着恣意挥霍和淫荡无度。”正如黑格尔所指出的：“一方面他(伊比鸠鲁)把善的标准规定为快乐，同时他也要求一种思维的涵养(一种具有高度修养的自觉)[22]。"但可惜的是,当时古罗马的统治者们和罗马的公民们已经完全沉醉在巨大的、物质的享乐之中,他们根本不可能去冷静、深刻、辩证地理解伊比鸠鲁"快乐主义"的全部内涵。

伊比鸠鲁还是一个社会契约论者,他认为人们为了避免互相伤害而彼此订立契约以保持社会的公正,因此,"公正就是相互关系中的一种相互利益"。基于这样的认识,他认为个人应当高于社会,社会只不过是为个人谋利益契约的产物,是个人创造了社会、决定了社会,而不是相反。他的这种思想也奠定了后来西方文化中"个人主义"的基调。

3 从斯多葛派到宗教唯心主义

斯多葛(Stoic)派是后亚里斯多德时期一批哲学家的总称,他们主张服从天命、顺从天命,从而从泛神论走向宗教唯心主义,他们的许多主张后来都成为基督教教义的重要思想要素。"人是万物的尺度"是斯多葛派中重要人物普罗塔哥拉的名言,这样一个论调一方面打下了西方文化中人文主义的思想基础,但也成为后来怀疑论的思想基石,因而他们主张真理就是主观感觉和印象,而不同意有什么客观真理的存在[23]。当古罗马的国家政体由共和国转变为帝国体制以后,斯多葛派的思想几乎成为罗马帝国的"御用哲学",他们更加明确地指出:每一个人都有自己的命运,人不能改变或控制命运,但却可以控制对待命运的态度,正确的态度就是顺从命运,努力承担起命运赋予的职责。

4 超级国家的思想

斯多葛学派的创始人 Zero(前 336—前 264)著有一本《理想国》,虽然与柏拉图的《理想国》一书同名,却表达了完全与之相反的政治理念。在这部著作中提出的"世界城邦"和"世界公民"的思想具有划时代的意义。Zero 认为:有理性的人类应当生活在统一的国家之中,这是一个包括所有现存国家和城邦的超级"世界城邦",由于它的存在,使得每一个人成为"世界公民"。"世界城邦"和"世界公民"的思想,为后来罗马人不断通过侵略战争而建立的大一统庞大帝国提供了理论依据。

总之,与古希腊相比,古罗马的哲学、社会思想在总体上处于一种全面的庸俗化状态:哲学思想的伦理化使之逐渐丧失了指导道德实践的功能,伊比鸠

[22] 黑格尔著;贺麟译.哲学史演讲录. 北京:商务印书馆,1981
[23] 北京大学哲学系编译.古希腊罗马哲学. 北京:三联书店,1957

鲁的快乐主义被歪曲为纵欲主义，唯物主义被庸俗为物质利益至上而成为为贵族纵欲的辩解和安慰，斯多葛学派堕落为一种“御用哲学”，后起的新柏拉图主义、神秘主义修行方式与各种巫术、迷信相混杂……古希腊哲学思想的自身活力与光辉已经丧失殆尽。而后来的基督教以其朴素的信仰取代了古希腊哲学思想中繁芜的思辨和论辩，用新的伦理化宗教理想满足了人们的道德与精神追求。历史证明，基督教的兴起正是古希腊哲学走向衰亡的外部原因之一[24]。

三 古罗马的城市生活形态

1 古罗马城市建设的特征

虽然在思想上无法占据与古希腊比肩的高地，然而古罗马时代却毫无疑问是西方奴隶制发展的最繁荣阶段。在罗马共和国的最后一百年中，随着国势强盛、领土扩张和巨额财富的敛集，以罗马为代表的大量城市得到了大规模的建设和发展。到了罗马帝国时期，城市建设更是进入了鼎盛时期。与古希腊相比，古罗马时期的城市建设风格明显地表现为以下特征：

(1)世俗化的特征。古罗马的人们并不像古希腊人一样重精神而轻物欲，他们的城市生活中表现出强烈的世俗化特征。到了古罗马繁盛时期，城市里代表崇高精神寄托的神庙建筑已经退居次要的地位，而公共浴池、斗兽场、宫殿、府邸和剧场等宣扬现世享受的建筑大量出现，并呈现出令人难以想象的规模

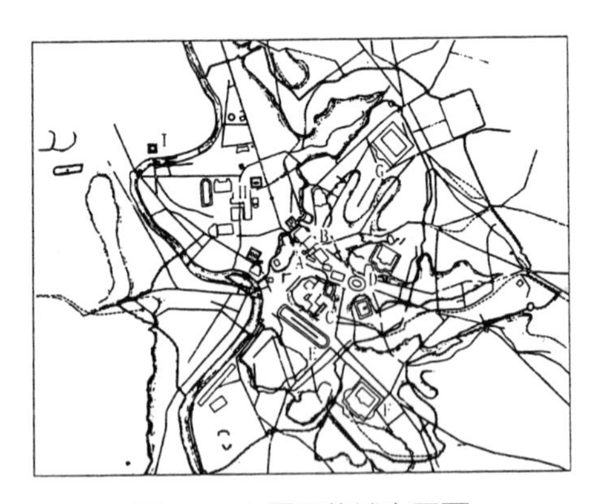

图 2-1 古罗马的城市平面

[24] 章士嵘.西方思想史.上海：东方出版中心，2002

和奢华(图 2–1)。

(2)军事化的特征。古罗马是一个极富侵略性的帝国,为了应对战争和防御的需要,其城市规划、建设也带有强烈的军事化色彩,这从维特鲁威(Vitracii,前 84—前 14)所描绘的理想城市形态中可以非常明显地看出来。在横跨欧亚非大陆的广袤疆土上,古罗马建筑了大量军事功能极强的“罗马营寨城”,并在全国开辟了大量的道路(我们今天常说的“条条大道通罗马”就是描绘了这样一个景象)来解决军队的集结和物资运输问题。罗马人还利用其卓越的建筑技术,修建了坚固的城墙、大跨度的桥梁和远程输水道等战略设施。

(3)君权化的特征。到了罗马共和国后期和帝国建立以后,城市更成为统治者、帝王宣扬他们功绩的工具,广场、铜像、凯旋门和纪功柱等成为城市空间秩序组织的核心和焦点,古希腊时期那种纯粹的市民公共活动,已经基本让位于有组织渲染的种种歌颂“伟大罗马”的整体性纪念活动,诸多广场也由最初的集会场所演变成了纯粹的纪念性空间。罗马城是君权化特征最为集中体现的地方,重要公共建筑的布局、城市中心的广场群乃至整个城市的轴线体系,一起透射出王权至上的理性与绝对的等级、秩序感,象征着君权神圣不可侵犯,这与东方帝国的城市特征有着本质的一致。(图 2–2)

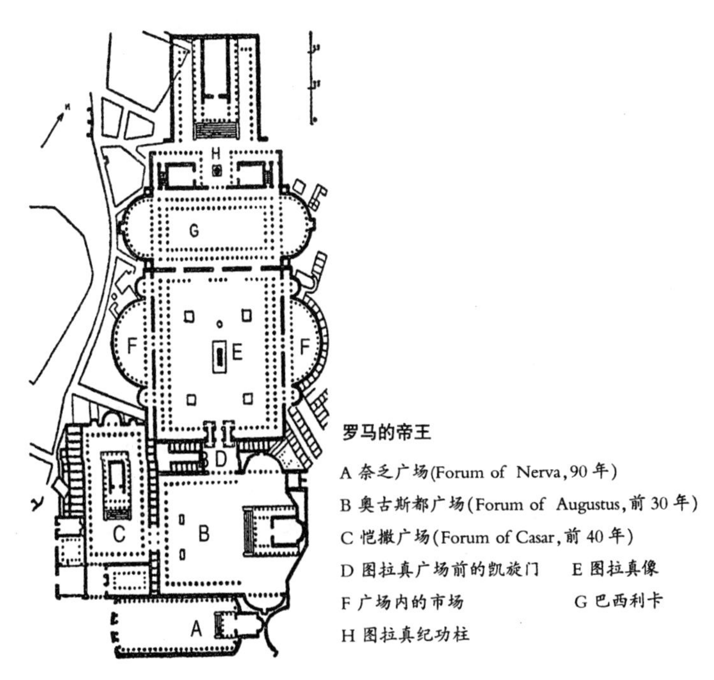

图 2–2 罗马城的帝王广场群

2 繁荣背后的“罗马病”（The Roman Sickness）

古罗马诗人 Horace(前 65—前 8)曾骄傲地歌颂道:“滋润万物的太阳啊……你未必见到过什么东西比罗马城更伟大。”然而,罗马虽然庞大而喧嚣,但实质上只是一座寄生的城市,在其极度繁荣与辉煌的表象背后,腐朽也从城市内部不可遏止地开始蔓延：奴隶主们几乎把创造的全部财富都用于非生产性的消费,而广大的罗马市民普遍对劳动表示出厌恶的情绪,残酷的剥削使得奴隶们消极怠工而毫无工作热情……与古希腊简陋的城市但却拥有充实的城市文明所不同的情况是,古罗马曾经创造出了辉煌的城市规划与建设成就,却始终未能造就出健康的城市生活与城市文化,城市物质繁荣与精神空虚的矛盾,使得罗马人渐渐迷失了方向。罗马的城市规划、建设在极限地满足少数统治者物质享受与追求虚荣心的同时,却对广大市民的实际生活没有多大的改善[25]。剥削与寄生、奢靡与享乐、内部的腐朽与外部的侵入,终于在公元 4 世纪末使得罗马帝国的大厦轰然倒塌。

客观地说,在城市建设、市政技术乃至城市管理等方面,罗马的成就均大大地超越了希腊。但可悲的是,罗马人的梦想一直是努力将城市造就成一个巨大的、舒适的享乐容器,却在根本上忽视了城市的文化与精神功能,忽视了城市环境所应具有熔炼人、塑造人的特质要求。在当今许多现代城市的规划设计中,对城市功能的认识上也常常存在着同样的误区,因而我们常常将它们称为不幸地遗传了“罗马病”[26]。

四 古罗马的城市规划思想

由于几乎没有任何精神枷锁、不可逾越的认知领域的制约以及受到强大国力的支撑,古罗马因而成为西方历史上最富有创造力的时代之一,正因为如此,所以欧洲有句谚语:“光荣归于希腊,伟大归于罗马。”古罗马城市规划思想的基石主要是来自于伊特鲁里亚(Etruria)文化与古希腊文化,前者为罗马城市的规划带来了宗教思想与规整平面;后者则使希腊化时期的希波丹姆斯模式在罗马帝国的庞大国度中得到了进一步的运用和发展,并同时吸收了非洲、亚洲等众多城市的先进做法。总而言之,古罗马的城市规划思想主要具有下面一些特点:

---

[25] 洪亮平.城市设计历程.北京:中国建筑工业出版社,2002
Hirons.Town Planning in History.Lund Humphries,1953

[26] 洪亮平.城市设计历程.北京:中国建筑工业出版社,2002

1 强烈的实用主义态度

古希腊人强调人与自然的和谐，表现为在城市规划中明显的人文意识以及人工建筑对广袤自然环境的谦逊态度,体现出古希腊人对相对抽象的、纯真理想的美好追求。而古罗马人并不是理想主义者,他们更加重视强大而现实的人工实践,因此他们不像希腊人那样尊重自然、善于利用地形,而是倾向于强有力地改造着地形,并以此来显示力量的强大和财富的雄厚。在城市规划上,罗马人更强调以直接实用为目的，而并非是像古希腊人那样将建筑视为雕塑而彰显其纯粹审美的艺术追求。总之,古罗马人将他们善于逻辑思维的突出才能和实用主义的态度,充分地应用于制定法律、工程技艺、管理城市和国家等方面,他们通过城市规划所追求的主要不是精神上与自然、宇宙的和谐,而是他们切身生活范围内的种种“现实”利益。因此罗马的城市规划原则与技艺更倾向于“实用哲学”、“拿来主义”,只要适合表现罗马沉着、威严与权力的一切艺术手法与技术手段均可为之所用(洪亮平,2002)。

2 凸显永恒的秩序思想

罗马城市规划的最大艺术成就与贡献，就是对城市开敞空间的创造以及对城市整体明确“秩序感”的建立。如果说古希腊广场中所表现出的那种自由、不规则、凌乱的空间形态隐喻了希腊人的自然主义思想,那么古罗马人却将广场塑造成为城市中最整齐、最典雅而规模巨大的开敞空间,并通过娴熟地运用轴线系统、对比强调、透视手法等,建立起整体而壮观的城市空间序列,从而体现出了罗马城市规划中强烈的人工秩序思想。

公元前30年,罗马共和国的执政官屋大维废弃了共和体制而正式称帝(奥古斯都皇帝)。从帝国建立到公元180年左右是罗马帝国的兴盛时期，歌颂权力、炫耀财富、表彰功绩成为这一时期城市规划与建筑的主要任务,城市中各种奢侈的公共建筑因而越趋规模宏大与富丽豪华，种种纪念性的建筑也大量增加。正如奥古斯都皇帝曾经不无自豪地宣称:“我得到的是砖头的罗马,而我留下来的却是大理石的罗马。”而后的罗马皇帝也一个个用更加壮丽的建筑来歌颂自己的丰功伟绩,象征罗马军事帝国的强大与永恒。帝国时期罗马的城市广场逐渐由早先的开敞变为封闭,由自由转为严整,罗马的规划师们娴熟地运用轴线的延伸与转合、连续的柱廊、巨大的建筑、规整的平面、强烈的视线和底景等空间要素,使得各个单一的建筑实体从属于整体的广场空间,从而使这些广场群形成华丽雄伟、明朗而有秩序的空间体系。即使在那些修建时间相隔较长、各具独立功能的建筑物之间,也可以通过这些轴线转折、序列转换的手法建立起某种内在的秩序(图 2-3)。洪亮平(2002)在《城市设计历程》一书中指出,古罗马的城市在总体空间创造方面,重视空间的层次、形体和组合,并使之达到宏伟与富于纪念性的效果,其高超的空间设计手法,以及对建筑群体秩序的把握与创造,使之成为后世城市规划设计的典范。

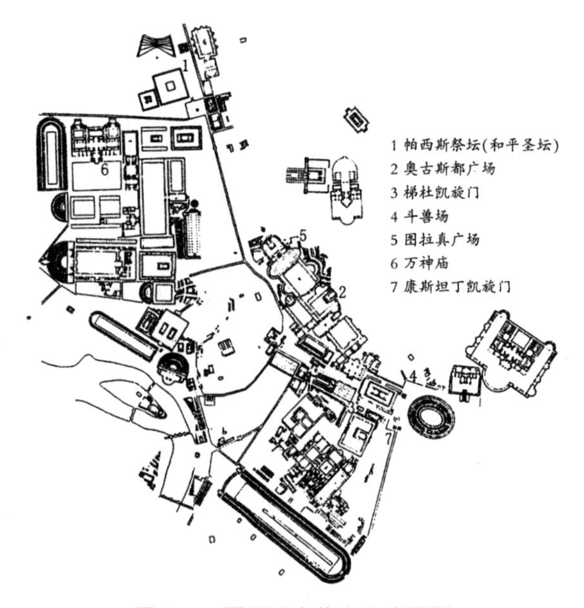

图 2-3 罗马城市的中心广场群

3 彰显繁荣与力量的大比例模数手法

与古希腊城市和建筑中所强调的有限感觉不同,古罗马城市规划、建筑设计的指导思想和重要任务之一,就是体现罗马国家强大的政治力量和严密的社会组织性。在人本主义思想内核的作用下,古希腊城市、建筑的比例和大小主要是以人体尺度为基础,一旦建立了这个标准即可推演出整个城市与建筑的大小。而与之相反,古罗马的城市规划与建筑设计中则是采用一组数学的比例关系,强调的是使城市、建筑本身的各部分之间相互达到协调,而并不需要以人的尺度作为参照,也就是说人是独立于整个空间型制体系之外的。为了使城市和建筑显现出一种具有征服力的崇高感与震撼感,罗马人在规划、建筑实践中通常热衷于选择大模数,例如古罗马的许多广场、斗兽场、公共浴室、宫殿等都达到了超人的空间尺度和规模,远远超过了其实际使用功能的需要。特别是到了帝国繁盛时期，罗马公民已经失去了共和国时期那种对政治热情的满足，而竞相追求浮夸的傲岸和无节制的艳丽及鄙俗的趣味[27]，于是“各城市争先恐后地建筑巍峨壮丽的大厦，这些大厦的断垣残壁不仅告诉旅行者或历史学家一去不复返的宏伟景象，而且给经济学家指点了关于挥霍的教训”[28]。

4 维特鲁威与《建筑十书》

维特鲁威是古罗马杰出的规划师、建筑师，公元前27年其撰写的《建筑十书》力求依靠当时的唯物主义哲学和自然科学的成就，对古罗马城市建设的辉煌业绩、大量先进的规划建设理念和技术进行历史性总结。《建筑十书》分十个篇章分别总结了自古希腊以来的城市规划、建筑经验，对城址选择、城市形态、城市布局、建筑建造技术等方面提出了精辟的见解，是一本百科全书式的成果。《建筑十书》奠定了欧洲建筑科学的基本体系，在文艺复兴以后更作为西方建筑学的基本教材达三百余年之久。

维特鲁威继承了古希腊的许多哲学思想和城市规划理论，提出了他的理想城市模式。在这个理想城市模式中，他把理性原则和直观感受结合起来，把理想的美和现实生活的美结合起来，把以数的和谐为基础的毕达哥拉斯学派的理性主义同以人体美为依据的希腊人文主义思想统一起来，强调建筑物整体、局部以及各个局部之间和整体之间的比例关系，并且充分考虑到了城市防御和方便使用的需要(图2-4)。维特鲁威的理想城市模式，对西方文艺复兴时期的城市规划、建设有着极其重要的影响[29]，那一时期很多人提出的“理想城市模式”基本都是维特鲁威《建筑十书》中的翻版。

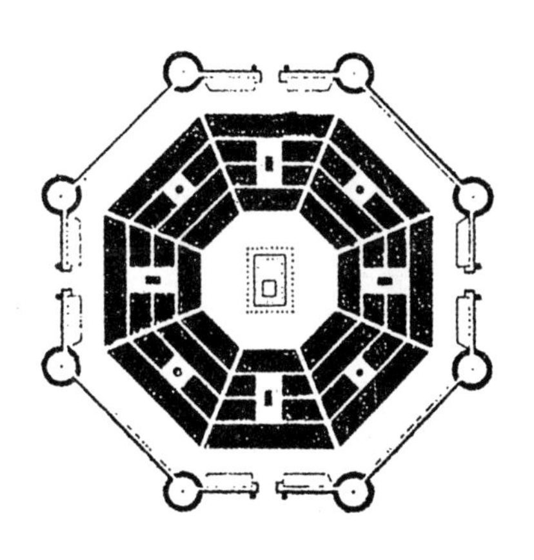

图2-4 维特鲁威的“理想城市”

[27] 谭天星，陈关龙.未能归一的路——中西城市发展的比较.南昌：江西人民出版社，1991

[28] 汤普逊.中世纪经济社会史.北京：商务印书馆，1997

[29] J Cottingham.Western Philosophy.Blackwell Publishers，1996
K Lynch. Good City Form.Harvard University Press，1980

第三章

文明涅槃：中世纪的城市规划思想

- 罗马帝国解体与西欧的凋敝
- 中世纪的宗教思想禁锢与深刻影响
- 中世纪的城市生活形态
- 城市规划思想——宗教图景与自然秩序

一　罗马帝国解体与西欧的凋敝

1　罗马帝国的分裂和拜占廷的文化延续

到了罗马帝国的后期，奴隶的劳动热情缺乏、社会公民普遍鄙视劳动、大批寄生阶层滋生、物质生产日益贫乏、贸易逆差日趋严重、财富恣意挥霍、道德沦丧，这时的帝国内临政权腐败、经济破产、奴隶起义迭起的危机，外遭北方蛮族入侵，已经处于濒临灭亡之境，罗马帝国的大厦摇摇欲坠。为了摆脱危机，公元220年罗马皇帝君士坦丁不得不将首都东迁至君士坦丁堡，企图利用东方的财富和奴隶制度相对稳定的局面来维系即将崩溃的帝国。但是迁都并未能从根本上挽救帝国灭亡的命运，公元395年罗马庞大的疆域分裂为东、西两个帝国。

东罗马后来发展成为封建制的拜占廷帝国，它因为欧洲经济重心东移而保持了相对的繁荣和稳定。当时的君士坦丁堡是繁荣的工商业中心，被誉为沟通东西方的“金桥”，公元500年时，君士坦丁堡已有100万人口，与早先极盛时期的罗马城相当。拜占廷帝国历经几度兴衰，于1453年终为土耳其人所灭。拜占廷帝国地处欧亚两大洲交界，其经济、文化发展水平远远超过当时的西欧，在这里，教会对文化的垄断远不如西欧教会那样强烈，古希腊、古罗马文化的传统在拜占廷未曾中断，同时它对埃及和西亚的东方文化兼收并蓄，使其又具有了综合特色。古希腊以后的人文主义思潮复兴最早就出现在拜占廷，早在11世纪拜占廷就发展了柏拉图的哲学思想，提出哲学应与神学相分离。13世纪以前，拜占廷就出现过类似意大利的文艺复兴思潮，当时人们热爱古典文学，崇拜理性力量，注重人的个性发展。15世纪中叶，当拜占廷帝国灭亡的时候，正逢西欧开始文艺复兴运动，它所保存的古典文化典籍和一批人文学者对西欧的文艺复兴起了巨大的推动作用。在一定意义上讲，正是由于拜占廷继承了古希腊、古罗马思想文化的精髓，才保证了整个欧洲文化根脉体系能得以延续。

2 西罗马的崩溃与西欧的凋敝

而西欧则远没有拜占廷那么幸运。公元476年日耳曼野蛮人用铁蹄摧毁了西罗马帝国，他们的入侵使西欧文明中断了长达六个世纪之久。西罗马帝国的灭亡，标志着地中海国家奴隶制度的终结和封建制度的开始。公元5至6世纪，当东方的拜占廷已是一个强盛的大帝国时，整个西欧世界正处于严重的衰落状态，这是西欧历史上文明、经济、社会的全面大衰退时期，它几乎使整个西欧在经历了古希腊、古罗马无可企及的文明高峰后，又退回到了物质与精神的原始和蒙昧状态。

历史学家一般将从西罗马帝国灭亡到14、15世纪欧洲资本主义制度萌芽(文艺复兴运动)这一漫长的封建时期称为“中世纪”，关于“中世纪”最早的概念是由人文主义历史学家比昂多提出来的。在这一千年左右的时间里，西欧由于生产力的衰退、战争频繁的破坏、国力的弱小以及基督教宗教思想的束缚，其经济、社会和文化发展十分缓慢，思想领域缺乏有创造力的建树，因此人们也习惯把它称为“黑暗的时代”、“黑暗的中世纪”，用来描述中世纪文化蒙昧和倒退的基本特征。尤其是在5至10世纪这段时间里，更是西欧哲学思想最黑暗的时代，不但古代哲学文献中有关希腊文和拉丁文的典籍几乎丧失殆尽，就连早期教会创立的基督教哲学也无人继承。从历史学的角度，一般将西欧的中世纪又具体划分为三个阶段：4至9世纪是西欧奴隶制崩溃和封建制形成的时期；9至12世纪是西欧封建社会形成的初期；12至15世纪是封建社会的盛期。本章标题中所言的“凋敝”主要是指第一个阶段，即10世纪以前西欧社会的整体衰败状态。

如上所述，5至10世纪西欧的社会与文化处于极端破落的状况，生产力极度薄弱，几乎退回到了自给自足的农业自然经济状态。落后的自然经济使得城市中的手工业和商业难以维系，整个社会生活的中心由城市转入了乡村。在这个薄弱的经济、文化环境中，西欧四分五裂，大大小小的封建领主们在各自封地里割据，没有集中统一的政权，所有的国家都名存实亡，古希腊、古罗马光辉的文化和卓越的技术成就也已在战火焚劫之余被彻底遗忘了。这个时候，罗马帝国时代诸多繁华的城市多数已经荒芜，不是自行衰亡沦为小城镇、孤零的城堡或变成农庄，就是在战争中成为废墟，仅有的一些城市成为了教会主教驻节的中心。在这个分裂动荡的时期，“除东部(拜占廷)外，不复存在真正的大城市”(汤普逊：《中世纪经济社会史》)，甚至连古罗马城的人口也已经从极盛时期的100万降到了4万。严格地说，10世纪前西欧的城镇与城堡并不是完全意义上的城市，由于封建割据，当时西欧的城镇和城堡大概有 3000 个，但其中 2800 个左右的城堡人口只有 100—1000 人，这些城镇、城堡充其量只是教堂驻地或封建领主们生活的堡垒，很难谈及健全的城市功能与经济活动，城市中仅有的一些建筑活动也大多是关于城堡或教堂的建设。在这个漫长的时期中，整个西欧几乎没有像样的城市建设，也很难寻觅到与古代城市发展的连贯性。

整个西欧凋敝了，然而更可悲的是，随着生产力一起没落的还有人们的整体精神世界。当古希腊、古罗马的人文主义与理性主义余晖已经在人类社会渐渐散去的时候，基督教已经开始全面占领了欧洲社会的现实世界与精神世界。

二　中世纪的宗教思想禁锢与深刻影响

1　基督教对世俗与精神世界的全面占领

中世纪极其粗暴地割断了古希腊、古罗马文明在欧洲的延续，直到文艺复兴时期的文化觉醒，这段历史如此生硬、毫不和谐地横断在西欧两个久远的时代之间，基督教在这里可谓是扮演了人类文明的“野蛮入侵者”。

早期的基督教曾是贫苦人的安慰，与古希腊建立在理性和认识能力基础上的道德观以及崇尚“知识就是美德”的信仰不同，基督教强调道德是与知识无关的、神启的、内在的心灵体验，其思想中渗透了一种深刻的社会悲观主义情绪，将注意力主要集中于人的心理和精神上，集中于宗教信条和仪式上，而不是对社会改革和社会正义的探索。中世纪早期西欧凋敝的整体社会境况，使得宣传“禁欲主义”、“博爱”和“自律”的基督教思想获得了肥沃的生长土壤，很多人“皈依宗教”以寻求精神的寄托，查士丁尼甚至将管理城市的财政和民权全权交给了教会。而一旦教会品尝到人世间财富与权力的种种乐趣后，就再也不愿意离开世俗的筵席了，久受压抑的欲望表现为对财富的疯狂攫取和不断建筑更加奢华宏伟的教堂。每一个主管教区就相当于一个城市，从 6 世纪开始，主教的冬居就成为“城市”的代名词。从某种意义上讲，由于教会的腐败统治导致形成的“黑暗时代”，至少不亚于罗马文明衰败或蛮族入侵的影响[30]。

在西欧世俗政权陷于分裂状态时，基督教的东西两宗——天主教、东正教却分别在罗马和君士坦丁堡建立了集中统一的教会。与西欧世界中羸弱而分散的封建政权相比，强大而统一的教会不仅统治着人们的精神生活，甚至控制

[30] 谭天星，陈关龙.未能归一的路——中西城市发展的比较.南昌：江西人民出版社，1991

着人们生活的一切方面。可以毫不夸张地说，宗教世界观统治了物质与精神领域的一切，《圣经》成为最高的权威。为了不断巩固宗教神圣不可撼动的地位和种种特权，在整个中世纪里基督教残酷地压制科学和理性思维的一切发展可能，宗教神学耗尽了这个时代的一切进步因素的有生精力。基督教会极端仇视古希腊和古罗马时期那些饱含着现实主义、人本主义和科学理性的古典文化，有意识地销毁了大量的古代著作和艺术品，以至于文艺复兴时期每一件古希腊、古罗马文学与文艺作品在西欧的发现，都被列为至宝而引起社会的轰动。难怪恩格斯发出这样的感慨："中世纪是从粗野的原始状态发展而来的，它把古代文明、古代哲学、政治和法律一扫而光，以便一切从头做起。"

2 凌驾于王权之上的神权

11 世纪中叶以后，随着西欧若干封建制国家的形成，基督教所带来的对上帝的责任与对国家的责任两者之间的冲突，激化了教会与国王之间的矛盾。基督教在早先其教义中很重要的一条是要求人们既要服从世俗的政权，又要服从上帝，即"一仆二主"。但是随着宗教势力的扩大，神权与王权之间的矛盾和斗争也就必然发生了。自从教皇格雷高里七世(1021—1085 年在位)以来，教皇在意大利、法国、西班牙、英国、德国乃至整个西欧都建立起了实际而有效的控制力量，在整个西欧形成了受罗马教廷统一指挥的单一组织，巧妙而又无情地与封建国王追逐着权势。一直到 14、15 世纪，教会在与世俗统治者的斗争之中通常总是处于优势地位的：教会可以决定一个国王是否应该永恒地升入天堂还是下地狱；教会可以解除臣民们对国王效忠的责任，从而就可以鼓动反叛。当时的封建统治者和广大人民都深深地相信教会掌握着天堂之门的钥匙，虽然所有的武装力量都在国王这方面。

神权论鼓吹尘世间的一切权力均来自于上帝。教皇格雷高里七世曾系统地阐述了神权论的思想，认为教皇不仅在教会内部事务上拥有至高无上的权力，而且在其他方面教皇的地位也超过任何世俗的国王和皇帝。他用"日月论"比附道：教皇的权力是太阳，皇帝的权力是月亮，月亮的光来自太阳，皇帝的光来自教皇。教皇英诺森(1198—1216 年在位)则自称是"万王之王，万主之主"，广泛插手于欧洲各国的事务。教皇卜尼法斯七世(1294—1303 年在位)颁布了"一圣通谕"，正式规定教会权力高于一切的世俗权力。经院哲学是中世纪重要的宗教意识形态和思想武器，意大利神学家阿奎那(T. Aquinas，1224—1274)是最重要的代表之一，他认为：国王是从属于教会的，国家在一定的范围内是自治的，有其合法的职能；但人的精神上的目的……只能通过神的权力而建立起来……世俗权力要受宗教权力的支配。社会生活的最终目的是要达到一种完美的境界,要享受上帝的快乐,而它单靠人类的德性是达不到的,还要靠神的恩赐,唯有神的恩赐才是永生的。阿奎那的伦理格言是"无限的真善美就是上帝",上帝是最高的神学德性,也是最高的道德规范。

3 宗教与世俗权力的论争

11 世纪以后,西欧社会就世俗权力和宗教权力之间的关系进行了许多辩论,争论维持了几个世纪,世俗权力的地位在这场旷日持久的斗争中逐渐得以提高。吉莱希厄斯著名的"两把剑理论"是一种典型的折中主义论调,他指出:上天注定人类社会要承受宗教和世俗两种权力的统治, 每一种权力都有赖于另一种权力的帮助和支持,任何人不得兼而有之。而亨利四世在 1075 年给教皇的信中就已经明显表露了对教会的不屑, 他是这样写的:"我虽然是一个不才的基督教徒,却被任命为国王,并正如教父们的传统所教导的,我们只受上帝的审判,不能因为任何罪行而被废黜,除非我背弃了自己的信仰,但这种事情是绝不会发生的。"[31]

12 至 15 世纪后,随着城市中市民精神的滋生与发展,教堂已经不再是纯粹的宗教神秘活动场所,它们逐渐成了城市公共生活的中心,除了宗教典仪以外,它们还兼作城市的公共礼堂、市民婚丧仪式的地方甚至是剧场,教堂的功能也逐步开始世俗化了,市民文化因此更多地渗透到教堂建筑中去。教会本身也在新的历史条件下发生着变化,它日益贪求世俗的权力和财富,宗教节日成了热闹的集会[32]。即使连当时权威的神学家阿奎那也不得不承认:"在被感知时令人得到满足的东西就是美。" 而早期的基督教圣人则坚持认为:"事物本身引人喜爱的美是低级的,沉溺于这种美是'罪孽'。"(A. Augustinus,354—430)但是在这一期间,教会也对世俗文化发动了多次反扑,13 世纪时还利用经院哲学掀起过"神学复兴"运动,教会霸占了所有重要的大学,大树神学不可置疑的正统地位,培养了一批批"宗教理论家",散布种种谎言和诡辩,并设立宗教裁判所来迫害一切敢于追求真理的人。

---

[31] 萨拜因著;刘山等译.政治学说史.北京:商务印书馆,1986

[32] 谭天星,陈关龙.未能归一的路——中西城市发展的比较.南昌:江西人民出版社,1991

三　中世纪的城市生活形态

1　教区与社区的合一

公元5世纪后，当庞大的罗马帝国逐步走向衰亡的时候，基督教的思想快速侵入了人们生活的各个方面并很快成为西欧人新的精神支柱。到了6世纪，当西欧世界整体上处于一种分崩离析、封建领主退守庄园的境况的时候，此时在整个西欧世界唯一强大而广泛的社会组织便是教会[33]。与西欧土地上的到处分裂和弱小的封建政权形态相比，基督教会作为一个统一的组织却拥有着广阔的领地和极高的政治、精神地位，聚揽着封建主和广大信徒们捐赠的充足的财富，它主宰着全社会的精神生活和文化教育，可以说其影响深入到西欧社会生活的方方面面。

基督教的思想逐渐在修道院的高墙内确立了克制、秩序、诚实和精神约束等等一整套平静而又森严的道德标准[34]，随后这些品格便通过新的生活方式和商业活动，流传到西欧中世纪的众多城镇。教会从人们的信仰与精神生活入手，最终建立起了严密、理性、规范及多少又有一些亲密与人情味的社会组织和社会秩序，从而奠定了西欧中世纪最稳定、最密切的城市社区形式，对西欧中世纪城市文化、城市生活与城市规划建设都产生了极大的影响，甚至对以后西欧资本主义的商业道德与社会规范也影响深远[35]。因此我们可以说，基督教早期遍地分布的教区是西欧城市社区形成的最初动力和原形，当时城市的整体结构、城市的分片区空间组织以及其中所包含的种种社会活动，基本上都是围绕大大小小的教堂而展开的。教会当之无愧成为中世纪西欧城市社区网络关系形成与维系的最重要的纽带与媒介，这一点直到今天我们依然可以在西方城市中很容易地找到明显的验证。

2　城市的兴起与城市自治运动

经历了近5个世纪的经济与社会凋零以后，到了公元9至10世纪，在西欧的土地上由于农业生产力的逐渐恢复和大量剩余产品的出现，手工业开始

---

[33] 洪亮平.城市设计历程.北京：中国建筑工业出版社，2002

S 马斯泰罗内著；黄华光译.欧洲政治思想史.北京：社会科学文献出版社，1992

[34] S 马斯泰罗内著；黄华光译.欧洲政治思想史.北京：社会科学文献出版社，1992

[35] 洪亮平.城市设计历程.北京：中国建筑工业出版社，2002

从农业中急剧分化出来，并带动了商业的活跃。于是在一些交通要道的节点、城堡附近和早先的一些城市中开始聚集了人口（主要是手工业者与商人）与经济活动，逐步形成了一些重要的工商业中心，如后来的一些重要工商业城市威尼斯、热那亚、佛罗伦萨、米兰、罗马、巴黎、伦敦、布鲁日、科隆、卢卑克等，都是在那个时候开始兴起的。10世纪以后，西欧普遍出现了经济繁荣，人口总数从950年的2200万迅速增长到了1350年的5500万。西欧真正意义上的城市开始普遍兴起了，这其中既有原先一些早已存在的城市重新开始复兴，更有那些适应新的工商经济形态而孕育出的大量新城市。但是无一例外，这个时期兴起的城市不同于以前自上而下建立的“政治、军事堡垒”，基本上都是“自发生成”的，几乎没有任何政治力自上而下的推动。从经济意义上看，11世纪末开始的十字军东征更加速了西欧经济的商品化进程，十字军东征打开了地中海久已封闭的大门，使得海上贸易大大发展起来，地中海沿岸特别是意大利的城市如雨后春笋般（Marshroom City）发展并繁荣起来，许多古罗马时代的“城镇”和“自治市”复活了。正如汤普逊所认为：十字军东征虽然没有直接建造西欧的城市，但是它刺激了城市生活，使城市不断扩大并丰富起来（汤普逊：《中世纪社会经济史》）。

11至12世纪西欧的城市发展出现了质的飞跃，在许多城市中为了促进工商业的进一步发展，经济力量日益强大的商人和手工业者阶层成立的各种行会通过赎买或武装斗争的方式，从当地领主或教会手中取得了不同程度的自治权，从而逐渐摆脱了城市对封建领主与教会的依附关系，获得了不同程度的自治。这种城市自治运动最早开始于意大利，而后很快扩展到了尼德兰、法国、德意志及整个西欧[36]。城市自治不仅进一步促进了工商业的发展，而且为西欧市民文化的生长提供了必要的土壤。在这些自治城市中，市民阶层逐步壮大起来，市民享有了一定的个人自由，并催生了市民意识的逐渐觉醒，自古希腊、古罗马以后久违的各种世俗文化也重新萌生并发展起来。在这些自治城市里，税收不再是封建主巧取豪夺以满足个人消费的手段，而具有公共性质，它一般被用于市政建设特别是城防费用[37]。城市议会是这些自治城市的主要行政机构，掌管着行政事务和武装力量，有些城市实际成为了独立的“城市共和

[36] 斯宾格勒著；刘世荣等译.西文的没落.北京：商务印书馆，1995
袁华音.西方社会思想史.天津：南开大学出版社，1988

[37] 谭天星，陈关龙.未能归一的路——中西城市发展的比较.南昌：江西人民出版社，1991
W Anders.A History of Philosophy.Clarendon，1982
R E 勒纳等著.西方文明史.北京：中国青年出版社，2003

国”。在5至10世纪，西欧的城市建设基本停滞。到了12至13世纪，手工业与商业的繁荣促使人口与各种经济活动的进一步集聚，城市建设也得到了较大的发展。这时候虽然教堂仍是城市中最重要、最中心的建筑物，但是商店、行会、仓库、码头、港口等各类适应新社会生活需求的公共建筑物多了起来，并逐渐增加着它们的重要性。

11至13世纪的城市自治运动，从本质上讲是一场反封建、争取自治权的斗争，它的直接影响是在西欧的许多地方建立起了适合于市民生活的城市制度，并为后来文艺复兴时期思想的解放铺垫了必要的土壤。在这些自治的城市里，“城市的空气使人自由”[38]，以手工业者、商人和银行家为主体的市民阶级正式登上了城市历史的舞台。正如恩格斯所言：“从中世纪的农奴中产生了初期城市的自由居民，从这个市民等级中又发展出了最初的资产阶级分子。”因此，这个时期是西欧城市与社会发展史上的重大转折，一切新生活、新思想、新运动的种子开始萌芽。

3 市民生活与世俗文化的萌芽

自5世纪罗马帝国崩溃至10世纪以前，西欧经济的凋敝、城市的衰落导致了城市生活的枯竭。10世纪后随着城市的兴起，西欧城市中新的市民文化更多地代表了大多数市民的公共利益及其价值观的要求，建立起了相对公平的社会生活游戏规则，营造出城市生活中平等相待、亲切和睦的交往氛围和广泛参与城市建设与管理事务的公众意识[39]。此时的封建统治者出于对征收商业税、增强财政、促进国家与城市繁荣的考虑，对新兴资本主义的萌芽总体上表现为支持的态度，封建统治者力求把自己打扮成“公共利益”的保护者，其思想和行动逐步向重商主义方向发展，这是中世纪后期由于经济结构变化而带来的整体思想上的重大转变。今天我们熟悉的许多商业、制造业、银行业、经营技术和信贷等业态，全都起源于中世纪的城市，例如1260年至1347年间仅佛罗伦萨就有80家银行。

11世纪初来自蛮族入侵的浪潮在西欧已经基本结束，封建制度在这个地区内逐渐巩固地建立起来，社会对知识文化的需求不断增长，并要求摆脱封建主与教会对文化教育的垄断，文化教育在西欧许多城市中开始复苏，一个重要的标志

[38] W Perkins.Cities of Ancient Greece and Italy：Planning in Classical Antiquity.George Braziller，1974
[39] 洪亮平.城市设计历程.北京：中国建筑工业出版社，2002
A Rapoport.Human Aspects of Urban Form.Perbaman Press，1977
L Mumford.The Culture of Cities. Harcourt，Brace and Company，1934

就是12世纪后期在西欧一些城市中开始出现了大学的组织，最早的世俗大学是意大利的波伦那大学。大学建制是欧洲中世纪教育制度中绽放的最绚丽的花朵，大学的诞生是中世纪对人类文化与社会发展的一大贡献。中世纪的大学一般由艺学院、神学院、法学院和医学院等四个部分组成，艺学院和神学院成为继希腊学院之后的哲学摇篮，当时的巴黎大学就是13、14世纪欧洲哲学的中心。

总之，中世纪的市民文化既是世俗的，又是神秘的，它们为后来发生的两场伟大的思想解放运动——文艺复兴和宗教改革，作了充分的准备。历史学家克罗齐曾经客观地指出："古代后期的哲学、科学、历史和风俗中浸透了迷信，然而在智性方面，古代后期并不比新兴的基督教徒强，事实上比它差。因为在新兴的基督教中，寓言逐渐形成了，而且被精神化了，它们含有一种更崇高的思想，含有一种关于精神价值的思想，这种价值不是这一民族或那一民族所特有的，而是整个人类所共有的。"

四　城市规划思想——宗教图景与自然秩序

1　凸显以教堂为核心的空间组织理念

教权在中世纪欧洲的所有社会力量中无疑是最为强大的。在城市里，教堂常常占据着城市的最中心位置，并凭借着其庞大的体量和超出一切的高度，控制着城市的整体布局。不同于古希腊、古罗马的城市，宗教建筑基本上成为中世纪城镇中唯一的纪念性、标志性建筑，代表了这个时期欧洲建筑的最高技术与艺术成就。在西欧封建社会盛期兴起的哥特式建筑是教堂的主体形式，其"巨大的形象震撼人心，使人吃惊……这些庞然大物以宛若天然生成的体量物质地影响着人的精神。精神在物质的重压下感到压抑，而压抑之感正是崇拜的起点"(马克思)。

在中世纪几乎所有不同规模的城镇中，一般都是呈现出如此非常一致的格局：在教堂前面形成半圆形或不规则的但围合感较强的广场，教堂与这些广场一起构成了城市公共活动的中心；而道路基本上是以教堂、广场为中心向周边地区辐射出去，并逐渐在整个城市中形成蜘蛛网状的曲折道路系统。由于教堂占据了城市中心并构成了绝对的制高点，所以中世纪城市的天际线是非常优美而有秩序的。最典型的如法国的圣密启尔山城(Mont S. Michel)，其位于山顶的教堂以庞大的体量和高耸的塔尖，突显了整个山城巍峨险峻的气势。(图3-1)

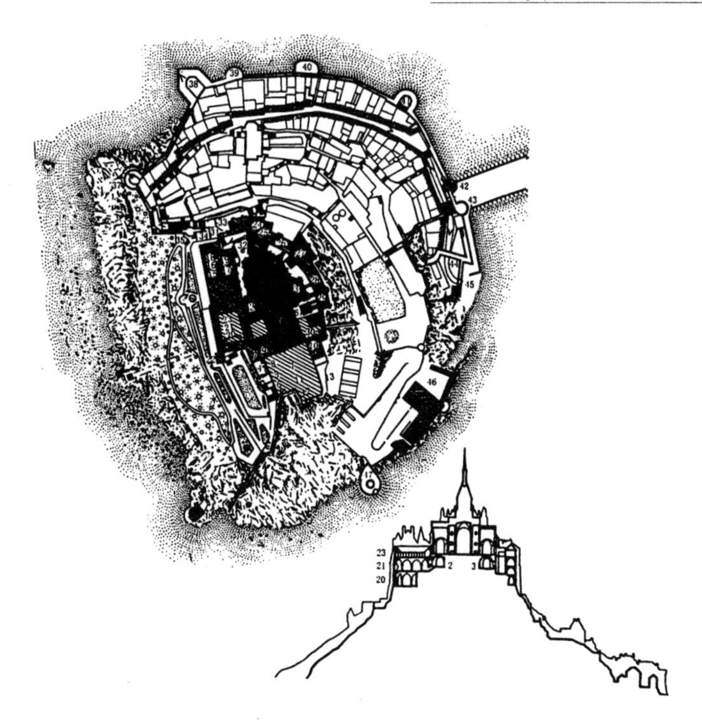

图 3-1　圣密启尔山城的平面图和立面图

2　实行自然主义的非干预规划

作为一个物质景观环境，中世纪的城镇无疑是美好、朴素而雅致的，城镇的规模在很大程度上取决于其周围土地所能提供的粮食以及维持自给自足人口的能力。几乎在中世纪所有的城市中，教堂一般都占据了城市的中央，但是城市总体布局结构非常自然。中世纪的西欧由于各个国家、各个城邦之间连绵不断的战争，客观上强化了城堡防御的需要，城堡一般都选址于水源丰沛、粮食充足、易守难攻、地形高爽的地区。10 世纪后围绕这些城堡或交通节点发展起来的城市，总体形态多以环状、放射环状为多。这种形态既体现了城市本身自发生长的空间特征，同时也是为了利于防御和节约筑城的成本。虽然到了中世纪后期，由于工商业的发展也建造了一些格网状城市（这种城市形态可以快速、方便地建成，并且可以满足工商业临街布局的需要），特别是在那些无历史遗迹的新建城市中常常采用这种形态，如法国的 Aignes Mottes 城（1246）、Villeneuve-surLot（1264）等，但是数量很有限。

人们一般认为，对中世纪城市规划的理解并不需要理性的或抽象的高深设计理论，因为这些城市无论是景观还是尺度都是非常接近人的，给人以明确的造型感，即使是那些规模极小的城镇，也由于它的弯曲的街道而具有丰富且细致的视觉和听觉效果(图 3-2)。由于封建割据造成了西欧地域的长期分裂，却因此在西欧各个地区中形成了丰富多彩、特色强烈的地方建筑风格，不论是宗教建筑还是居住建筑尤其是民间住宅，它们活泼自由的风格适应了千变万化的自然和人文环境。中世纪城镇的平面常常表现出毫无逻辑的迷宫形式(因为它缺乏基本的几何形和明确的空间序列导引系统)，除了以教堂为核心形成的公共区域以外，城市里并不再存在着其他明确、纯粹的功能分区，手工业与商业活动基本上都是就近混杂在城市居民密集的区域里。早期的中世纪城市中也没有明确的街道功能与形式分类，后来随着城市扩大、交通量增长的需要而逐渐生成了相应的街道形式，从城门到中心广场一般都有直接、方便的街道，而大量其他的街道以及密如蛛网的通至住宅的巷道就狭窄不一、曲折多变，且常常是尽端式的。

由于宗教思想的禁锢及其对文化教育的垄断，造成了中世纪西欧社会人才极度匮乏的局面(当然也包括规划师、建筑师)，事实上在所有的文献资料里

图 3-2　中世纪的帕多瓦城平面

都很难找到有关中世纪著名规划设计师的记录，城市基本上没有统一完整的规划设计意图。从这个角度看，中世纪形成这种自然的城市整体艺术景观并不是有意识规划设计的结果，而是城市自发演化导致的产物，所以从这个意义上讲，中世纪也是西方城市规划历史上难得的“自然主义”（非人为干预）盛行时期。当然，除了人才匮乏的原因，还由于城邦经济实力所限，加之不时的战争骚扰，所以中世纪城市的规划设计和建设中除了教堂几乎也没有超自然的神奇色彩和震撼人心的象征性概念（如古罗马那样）。也有学者对此持不同的意见，他们认为中世纪规划师的设计思想实际上更倾向于“描述性”而不是“独断性”，这种“自然主义”的表象实际上正是他们的一种有目的的、高明的规划思想体现，F. 吉伯德基本上也持同样的观点[40]。

3 力显丰富多变的景观与亲和宜人的特质

从规模角度看，西欧中世纪的城市比古罗马的城市要缩小了很多，但是中世纪的城市却独有一种平和、安详、亲切宜人的特质，这是在今天的许多城市中难以寻觅和比拟的。

这些中世纪的城市建设中充分利用了地形制高点、河湖水面和自然景色等各种特质要素，从而形成了各自不同的个性。中世纪城市和建筑普遍具有宜人的尺度与亲切感，建筑环境亲切可人，广场的规模和尺度非常适合于所在的城市社区[41]，例如西耶那（Siena）的大广场、佛罗伦萨的西格诺里广场等等。城市中民居和建筑群一般具有良好的视觉、空间感和尺度的连续性，给人以美的享受。最有特色的空间介质是城市内蜿蜒曲折而又宽窄变化的街道，弯曲的街道消除了狭长而单调的街景，街道空间的收放变化也就自然形成了很多小而别致的空间节点（场所），给步行时代穿行于城市中的人们创造了无比丰富、动态多变而又富有趣味的视觉景观和心理体验，永远不会使人感到单调和乏味。同时，由于地域文化风格的差异，中世纪欧洲每个城市几乎都有它自己的环境特色。以城市主色调为例，有红色的西耶那、黑白色的热那亚、灰色的巴黎、色彩多变的佛罗伦萨和金色的威尼斯等等。应该说，这些城市主色调也是长期自发形成的，这不是一个躁动的时代，在基督教内敛、自律精神的熏陶下，每一幢建筑都平和而谦逊地安于成为城市整体中的一员，默默接受着时代的洗礼，以

---

[40] F 吉伯德著；程里尧译.市镇设计.北京：中国建筑工业出版社，1983

[41] 根据 L 贝纳沃罗在其《世界城市史》一书中的推算，当时西欧人口最多的城市米兰和巴黎约有 20 万居民，威尼斯有 15 万，佛罗伦萨有 10 万，而此时君士坦丁堡和巴格达各有 100 多万人口。

至于色彩都是如此一致、和谐。

4 追求有机平和背后的内在秩序

如上文所述，在很多人认为西欧中世纪城市拥有自然、整体的艺术成就是自发形成的，而并非是有意识规划的结果的同时，也有学者认为，中世纪城市美的秩序，来源于对自然地形形态的有机利用以及对基督教生活的有机组织。这些城镇是围绕着修道院或城堡发展的，首先在广场附近扩大，然后沿着道路呈扇形渐次展开，它合乎逻辑地呈现为中心放射形，城市中那些弯弯曲曲、纷繁迷乱而秩序井然的街道，记录着岁月的流逝与城市的沧桑。城市整体空间格局主要呈现出封闭的形式，把各自分散的建筑物有机地组织成绚丽多姿的建筑群体，一个建筑物的立面通常与左邻右舍都发生关系，作为一个孤立的建筑实体而与周围环境基本无关的情况是很少的。城市内多狭隘和向上的空间，高耸的尖塔、角楼、山墙等都表达了超凡脱俗的视觉与精神效果。城市内的公共广场常常与大大小小的教堂连在一起，市场也通常设在教堂的附近。教堂与市场，一个是精神活动的场所，一个是世俗生活的舞台，彼此共同密切了居民的交往。

由于城市中基本形式要素是相互影响和具有恒久作用的，所以无论在平面还是立面上，在表面的杂乱背后不可掩饰地都流露着一种整体的、内在的有机秩序，所以中世纪城市的景观给人的印象是非常统一而美丽的(图 3-3)。有些学者认为，在思想上中世纪的“规划师”们更倾向于按照生活的实际需要来

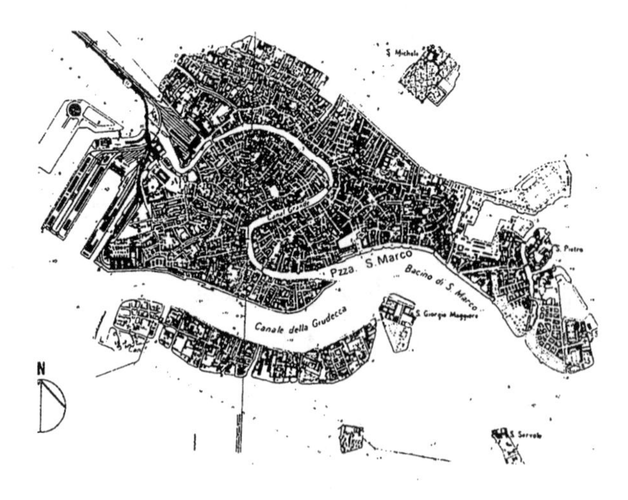

图 3-3 有机秩序——威尼斯城市总平面

反映当时基督教生活的有序化和自组织性，并按照市民文化平等和大众利益的原则毫不夸张地布置他们的生活环境。因此，中世纪城市和谐而统一的“美”,实质上是当时城市社会生活高度有序化的客观反映,而不是形式上的空间秩序设计的结果(洪亮平,2002)。

从城市设计的角度看,中世纪自然优美、亲切宜人而又和谐统一的城镇环境具有极高的美学艺术价值,它“将一定的体系引入大自然,其结果是使自然和几何学之间的差距越来越小,直到最后几乎完全消失”[42],所以也常常被人们称为“如画的城镇(Picturesque Town)”。总之,虽然中世纪的意识形态是黑暗的,但这一时期的城市规划设计“作品”却在西方城市艺术史中有着极其重要的地位。然而正如上文所述,在相当程度上看,这些城镇所凝练成的极高艺术价值正是“无规划”与“自然主义”思想的杰作。

---

[42] L 贝纳沃罗著;薛钟灵等译.世界城市史.北京:科学出版社,2000

第四章

重启心灵：文艺复兴时期的城市规划思想

时代发展的需求终于催生了文艺复兴(Renaissance)的到来。14至15世纪的西欧文化发展整体上交织在一种经济、政治和宗教的复杂矛盾与斗争的境况之中,文化上出现了新旧并行和交替错落的局面:人文科学与神学、古典哲学与经院哲学、个人主义与权威主义、批判精神与教条主义、理性与信仰、经验科学与自然哲学、科学与伪科学等相互混淆与撞击,表现出明显的过渡时期文化特征。

一 文艺复兴的起源、内涵与发展

1 文艺复兴的产生背景

中世纪虽然是西欧思想文化发展史上的禁锢期,但是其重要性在于它为西方近代资本主义的孕育创造了必要的条件——对商品经济的发展和催化作用,尤其是10世纪后大量市集的出现,构筑了从中世纪到近代工商业过渡的桥梁,促进了资本主义的萌生和发展。到中世纪晚期,随着生产力和生产关系的进一步发展,城市中产生出来的市民阶级和资产阶级成为新时代的代表,他们已经提出了诸如政治代表权、法律面前平等等明确的要求,社会下层争取人身自由的斗争和要求宗教改革的运动也高涨起来,一种新的思想、新的制度正在顺应新的需求而成长、弥散起来。

除了上述内因作用以外,从外部环境看,15世纪文艺复兴在西欧的普遍展开还有几个巨大的时代背景作为推动力:① 随着1453年东罗马拜占廷帝国的灭亡,大量的学者和古希腊、古罗马的艺术成果流向意大利,促进了人文主义精神的兴起与传播。这些古典思想与艺术的成果,正如恩格斯所说:“在惊讶的西方世界面前展示了一个新世界——希腊的古代;在它的光辉形象面前,中世纪的幽灵消失了,意大利出现了前所未有的艺术繁荣,这种艺术繁荣……

以后就再也不曾达到了"[43]。② 美洲新大陆的发现推动了西欧的航海和贸易发展，并大大促进了科学技术的发展、社会文化的发展与经济结构的转型。③ 德国的宗教改革运动，打破了基督教在西欧长期一统世界的思想禁锢。④ 中国的造纸、印刷等技术传入西方，促进了知识在普通大众中的快速传播。

2 文艺复兴运动的内涵

从本质上看，"文艺复兴"是资产阶级为了动摇封建统治和确立自己的社会地位，而在上层建筑领域掀起的一场思想解放运动。为了突破封建主义尤其是宗教的思想枷锁，它借用了"复兴古典主义——古希腊、古罗马"的外衣，而其事实上产生了一种新的文化——为资本主义建立统治地位制造舆论，资产阶级"借用它们的名号……以便穿着这种久受崇敬的服装，用这种借来的语言，演出世界历史的新场面"[44]。由于希腊、罗马的古典文化是面向现实人生的，包含着丰富的人文精神(古希腊哲学家普洛塔高瑞斯就曾说过："人是万物的尺度")，所以曾经被基督教会斥为异端而禁锢了千年之久。古希腊、古罗马有关自由与人文的种种思想在这时候的复活，促使人们用怀疑的眼光去批判一切现存的理论教条，同时对新的知识、新的社会形态产生了极大的热忱。简要地说，文艺复兴时期的思想集中体现为唯物主义哲学、科学理性和人文主义，而人文主义又是其中的核心思想基础。早期的资产阶级从其自身的利益和发展需要出发，高举"人文主义"大旗，反对中世纪的禁欲主义和教会统治一切的宗教观，提倡尊重人、以人为中心的新世界观，提倡人性、人权、人道，反对禁欲主义、蒙昧主义，提倡科学、理性，主张个性解放。

3 文艺复兴运动的衰竭

然而，14 至 15 世纪西欧资产阶级的诞生，也意味着 10 世纪后西欧城市中所形成的市民阶级产生了分化。文艺复兴时期的文化一方面同封建、宗教文化进行着对立的斗争，另一方面，文艺复兴的学者们用拉丁文写作，卖弄典故、自恃高雅，正如贵族出生的阿尔伯蒂(B. Alberti，1404—1472)所傲慢地宣称："建筑无疑是一门非常高贵的科学，并不是任何人都宜于从事的"。文艺复兴特别是其后期的文化与艺术，越来越脱离市民大众而成为一种阳春白雪式的"精英文化"。后来，大多数的人文主义学者、艺术家常常聚集在贵族和教皇们的宫廷里，成为

---

[43] 马克思恩格斯选集(第三卷).北京：人民出版社，1972

[44] 马克思恩格斯选集(第一卷).北京：人民出版社，1972

权贵们恭顺的臣仆,新文化渐渐失去其原有的光芒。16世纪中叶以后针对发端于德国的宗教改革运动,教皇在全欧洲展开了疯狂的镇压,残酷迫害进步的思想和科学;封建贵族们也纷纷在一些城市复辟,那些曾经"空气令人自由"的诸多城市共和国几乎被颠覆了,文艺复兴受到了沉重打击并终于在16世纪末结束了。

但是无可否认,文艺复兴"是人类从来没有经历过的一次最伟大、最进步的思想变革,是一个需要巨人而且产生了巨人的时代——在思维能力、热情和性格方面,在多才多艺和学识渊博方面的巨人时代"(恩格斯)[45]。15至16世纪所创造的大量文艺复兴典范之作,无论是建筑、雕塑、绘画、诗歌等等,都已经构成人类文化遗产中最重要的组成部分。它们虽然没有改变整个世界,也不能缓解一个完全变化了的世界中的新的社会和道德冲突,但是它们确实构成了一个文化模式的集合,长期以来一直为整个世界所瞩目[46]。

二 文艺复兴时期的重要社会思想

15至16世纪文艺复兴时期西方的社会文化思潮,从主体上可以归结为五类:人文主义、古代文艺复兴、宗教改革、自然科学精神和传统的经院学术。布格哈特将这一时期的成果简洁地概括为"人的发现和世界的发现"两大主题[47]。毫无疑问,"人文主义"是这一切思潮中的核心和原动力,下面的论述也将主要围绕"人文主义"及其外延而展开。

1 人文主义复兴与乐观主义的情绪

文艺复兴作为一场反对西欧腐朽宗教与封建统治的运动,它从湮灭已久的古希腊、古罗马著作中寻求可以用来反对封建、神权的文化武器,其中心思想就是用人文主义来对抗自中世纪以来所建立起来的以神为中心的宗教哲学和封建思想,用人性来取代神性,以便从思想上为资本主义的顺利发展开辟道路。文艺复兴的人文主义精神核心内涵有两个主要方面:一个方面是肯定人生,焕发对生活的热情,争取个人在现实世界中的全面发展,莎士比亚(Shakespeare,1564—1616)曾借哈姆雷特之口大声喊出了"人是世界的美";另一个方面则是爱好自然,按照人文主义者P. Mirandola(1463—1494)的理解,上帝创

[45] 马克思恩格斯选集(第三卷).北京:人民出版社,1972

[46] L贝纳沃罗著;薛钟灵等译.世界城市史.北京:科学出版社,2000

[47] 布格哈特著;何新译.意大利文艺复兴时期的文化.北京:商务印书馆,1979

造了人,使人懂得大自然的规律,就应该爱它的美丽、赞赏它的伟大。

高扬人性的大旗是人文主义者的共同特征,人文主义者以“人的尊严”、“人的崇高”为题,人的价值、人的灵魂和肉体、人的创造和幸福等都是他们讴歌的对象(图 4-1)。P. Petraca(1304—1374)是第一个自称为“人文主义者”的学者。而德国的人文主义者 R. Agricola(1443—1485)说:人体的比例是万物的尺度,人体的构造就是小宇宙。西班牙人文主义者 J. L. Vives(1492—1540)热情讴歌了人的形象:“……所有这一切如此协调一致,任何一部分若被改变或损益,都会失去全部的和谐、美丽和效用”[48]。艺术家阿尔伯蒂说,人是自然的一部分,人在自然界中的崇高地位在于自然赋予人的卓越本性。阿尔伯蒂从自然主义的角度,强调人的创造、伦理和审美都是对自然和谐的把握与模仿,崇高的人性充分体现在艺术与自然的和谐之中[49]。

文艺复兴不仅意味着中世纪以后西方人类意识的普遍觉醒、对世界和人

图 4-1 文艺复兴时期崇尚的人体完美尺度

[48] E Cassirer. The Renaissance Philosophy of Man.Chicago, 1954

[49] A J Morris.History of Urban Form: Before the Industrial Revolution. Wiley,1979
C Frederick.A History of Philosophy.Image Books,1985

的重新发现，而且诞生了现代社会的雏形，是西方意识世俗化的决定性阶段，现代生活的一切方面几乎都与它发生了这样或那样的联系。人文主义思想在文艺复兴时期的许多文化和艺术作品中都得到了体现，产生了如但丁(Dante，1265—1321)、彼得拉克(Petrarch，1304—1374)、瓦拉(Valla，1407—1457)、莎士比亚等不朽的思想家、艺术家。正如西方的一位艺术史学家弗朗卡斯特尔所宣称的："人从此认识了自己的自主性，他们为拥有自由分辨万物的能力感到骄傲，他们认为自己是地球上推动和谐生活的主人翁。"总之，一种新的柏拉图主义的气质再度抬头，对人的力量的重视使人们回忆起雅典在其力量达到顶峰时的乐观主义[50]。

2 从人文主义衍生出对唯美的认知与追求

对人的崇拜进而引申出人们对自然、宇宙的普遍热爱以及对"美"和"宇宙秩序"的追求，这时候古希腊毕达哥拉斯学派的古典唯美哲学因而复活了并被大大发展。文艺复兴时期的艺术家们受到毕达哥拉斯、亚里斯多德、柏拉图等人的深刻影响，追求柏拉图式的理想美、理性美，崇尚抽象的唯理主义的美学，强调把美的客观性用几何和数的比例关系固定下来。

文艺复兴时期的学者们普遍认为美是客观的，是内在的，之所以"赏心悦目"是因为人们感知了美的结果；他们认为美是和谐完整的(这实际上是从古希腊、古罗马时期开始哲学家对美的最基本定义)，"美就是各部分的和谐……按照这样的比例和关系协调起来，以致既不能再增加什么，也不能减少或更动什么"(阿尔伯蒂)，"美产生于形式，产生于整体和各部分之间的协调，以及部分之间的协调"(帕拉第奥)，而"一致性的作用是把本质各不相同的部分组成一个美丽的整体"(阿尔伯蒂)；他们认为美是有规律性的，从古希腊的毕达哥拉斯、维特鲁威以来，人们都相信客观存在着的美是有规律的，文艺复兴者进而认为建筑的内在美是和统摄着世界的整体规律一致的，这个规律就是——"数"的规律。"美要符合和谐所要求的严格的数字……这是自然绝对而又首要的原则"，"事物的自然美不在于事物本身，而在于事物之间的可用数学描述的比例关系，审美就是一种发现比例"(阿尔伯蒂)，"没有任何一种人类的艺术可以离开算术和几何而获得成就"(乔其奥)。

文艺复兴时期对唯美主义的竭力追求，不仅在那个时代催生了大量的艺术、城市、建筑作品，而且其更重要和深远的意义在于：自古希腊传统中断以

[50] 罗素著；朱家驹等译.西方的智慧.北京：世界知识出版社，1992

后,从此在西方人的思想中再次埋下了追求客观、探索未知、穷尽真理的近代自然科学的意识源泉和精神种子。但是,文艺复兴的学者们把数的规则看作是世界的绝对公理,认为它一旦被发现,就是普遍的、万能的、永恒的价值,甚至可以不顾具体内容、时代和对象而进行普适性的套用和检验,在这一点上,文艺复兴的艺术家们表现出了典型的形而上学世界观。

3 人文主义对近代自然科学精神的启蒙

文艺复兴时期的大师们一般都主张追求科学、提倡文化、反对愚昧,赞扬人的勇敢和敏捷等,于是,一种与自然科学的发展相平行的唯物主义自然哲学观也开始在西欧世界中孕育、成长起来,可以说,一切近代自然科学的发展包括几何学在内,都是以此为基础的[51]。正如达·芬奇(1452—1519)所说的那样:"我们全部认识都是从感觉开始的……凡是不通过感觉而来的思想都是空洞的,都不产生任何真理,而只不过是一些虚构"。[52] 阿尔伯蒂为了研究美的本质而把数学引入自然之中,他说:"我每天越来越相信毕达哥拉斯教导的真理:自然按照始终如一的方式活动,它的一切运动都有确定的比例。"[53]他相信,和谐的数学比例使得自然成为完善和神圣的,他甚至发出了"自然即上帝"的感叹(正如毕达哥拉斯学派曾把上帝看作是至高无上的数学家那样)。文艺复兴时期的大学者们普遍相信,对自然的数量关系知道得越多,就越接近于上帝和宇宙的对立统一的本质,艺术只要带上了数学的特征,就会上升到更加崇高的地位。从积极的角度看,阿尔伯蒂、Cusa(1401—1464)等文艺复兴学者提出的"用数学研究自然"的思想,为近代西方自然科学的发展开辟了道路。

人文主义与唯美主义对当时及日后自然科学的发展产生了巨大的影响,后来西方近代杰出的哲学家、科学家都受到了这两种思想的深刻熏陶。以英国培根(F. Bacon,1561—1662)、霍布斯(T. Hobbes,1588—1679)、洛克、休谟等人为代表的经验论以及法国以笛卡儿(R. Descartes,1596—1650),德国以斯宾诺莎、莱布尼兹等人为代表的唯理论,这些学说思想中反封建、提倡科学的成分,都来源于文艺复兴时期对自然科学精神的启蒙[54]。

---

[51] W Anders.A History of Philosophy.Clarendon,1982
M Camhis.Planning Theory and Philosophy.Tavistock Publications,1979
[52] 赵敦华.西方哲学简史.北京:北京大学出版社,2001
钱广华.西方哲学发展史.合肥:安徽人民出版社,1988
[53] L B Alberti.Ten Books on Architecture.London,1995
[54] 钱广华.西方哲学发展史.合肥:安徽人民出版社,1988

4 人文主义对宗教改革的推动

文艺复兴的人文主义思想催生了西欧的宗教改革运动。16世纪教士马丁·路德(Martin Luther,1483—1546)为了冲破传统基督教的黑暗禁锢统治,在德国掀起了宗教改革运动,主张政教分离,认为宗教不可凌驾于政权之上,提出"自由是上帝最神圣的话,是基督的福音",人人有权读《圣经》,人人可以直接与上帝沟通。加尔文(Jean Calvin,1509—1564)是瑞士的宗教改革家,他对马丁·路德的宗教改革思想进行了进一步的扬弃,对后来西方的民主政治和社会生活都带来了深远的影响。

宗教改革产生出的新教运动特别是其中的清教运动,在形式上是对道德败坏的罗马教廷的一种公然反叛,但其实质却又是对已经衰败了的基督教的另一种形式的复兴[55],企图以此来挽救教会在西方世界中的不断颓势。此外,当时西欧工商业的发展又给这种宗教复兴注入了许多新的内容(如尊重劳动和财富),于是在上述过程之中,一种独特的资本主义经济伦理逐渐形成了——清教徒的禁欲主义、经济合理主义思想和自由主义的政治制度相结合,便使得西方资本主义的发展成为事实[56]。从此在西方,人们寻求"精神天国"的热忱开始逐渐地让位于对经济利润和现实幸福的孜孜追求;宗教的根系慢慢枯萎,并最终为西方功利主义的世俗精神所取代。到了这时,西方已经步入了近现代资本主义社会。

三 文艺复兴带来的崭新城市生活

14至15世纪在意大利城市里最早掀起并席卷欧洲的文艺复兴运动,不仅是对传统僵化社会的一种深刻反思,对神权主义、神秘主义的无情鞭挞,对人类自身价值的高度赞扬,而且对孕育着这场运动的载体——城市,更是一种文化精神上的巨大革新。一方面,这些新观念、新思潮使城市人们的社会生活方式发生了巨大变化;另一方面又使得城市展示出意气风发的面貌[57]。人们在认识自身的同时,也开始重新认识城市,编织着新的城市生活图景。文艺复兴时期西欧城市生活的新形态着重可以归结为以下两个方面:

---

[55] J Cottingham.Western Philosophy.Blackwell Publishers,1996
C Frederick.A History of Philosophy.Image Books,1985
[56] 章士嵘.西方思想史.上海:东方出版中心,2002
[57] 谭天星,陈关龙.未能归一的路——中西城市发展的比较.南昌:江西人民出版社,1991

1 城市生活对人本主义的追求

人文主义的核心是人，人性、人的价值和尊严、人的权威都是文艺复兴时期人们追求与讴歌的对象。文艺复兴的学者们鼓吹人应当欣赏并享受人生具有的权利、自由与幸福，从而形成一种较为普遍的社会价值取向，这与中世纪的经院哲学、教会中心观念等都是格格不入的。人们已经厌倦了宗教思想笼罩下的禁欲、僵化、清苦的生活，而要求丰富多彩的世俗生活享受，要求对个人价值的肯定与实现。早在1321年，当时佛罗伦萨自治共和国中的佛罗伦萨大学就已经开始反宗教神权、提倡人本自由，甚至对该市的市民"强迫入学"。据说在14世纪，"当时的佛罗伦萨没有不能读书的人，就连驴夫也能吟诵但丁的诗句"[58]。可以说，如果没有广大城市民众对知识的普遍渴求和素养，也就不会催生与认可文艺复兴大师们的辉煌成就。

2 城市建设活动的世俗化主旨

在以前基督教神权统治时期，西欧城市空间要素中最突出的主体元素是教会和封建王公的宫殿。15世纪以后随着新兴资产阶级的成长，越来越要求城市建设能显示出他们的富有和地位，府邸、市政机关、行会大厦等豪华、气派的新建筑开始逐步占据城市的中心位置，同时，城市里各种满足世俗生活、学习等需求的场所也越来越多起来。总之，新的经济要素、新的城市生活和新的文化认知，都要求对从中世纪继承过来的城市中的道路、广场、生活区、生产区等进行重新规划整理，而这一切都需要首先把教会这个否定人性的"庞然大物"挪位，文艺复兴时期的城市建设主旨日益显现了世俗化的趋势[59]。例如威尼斯的圣马可广场在经历了几个世纪的建设后，终于在文艺复兴时期完成了它的世俗化过程，总督府、市场、图书馆等世俗建筑与先前的教堂一起构成了新的城市中心(图4-2)。在佛罗伦萨，市中心已经主要是由市政厅和广场所组成的，教堂被撇在了旁边，城市里最豪华的建筑也不再是教堂，而是那些富裕市民的府邸。

总之，文艺复兴时期城市的民众心态、价值追求、社会风尚以及文学与艺术等多方面，都汇流成了一首激昂、奔放、充满征服感的城市文化主旋律，它虽

---

[58] W Perkins.Cities of Ancient Greece and Italy:Planning in Classical Antiquity.George Braziller,1974

[59] 谭天星，陈关龙.未能归一的路——中西城市发展的比较.南昌：江西人民出版社，1991
Hirons.Town Planning in History.Lund Humphries,1953

然在表达的方式上多姿多彩，但实质上是用一种精神——人本主义一以贯之的。因此有学者认为，文艺复兴实际上是城市文化精神的一种新的、更高层次的再现与提升。

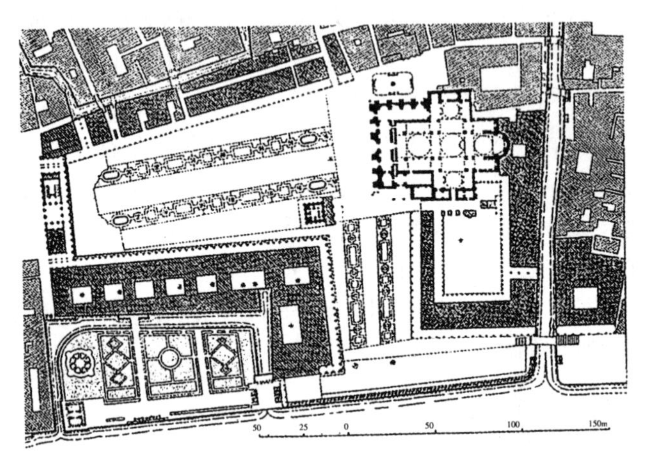

图 4-2　威尼斯圣马可广场总平面

四　文艺复兴时期的城市规划思想

1　追求理想王国的城市图景

中世纪曲折、狭小的城市结构已经不能适应新生活的需要了，文艺复兴早期的一些城市，如米兰(Milan)、波罗纳(Bologna)、西耶那、佛拉拉(Ferrara)等为了应对新的经济、生活形态，纷纷进行了改善交通、改进卫生和增强防御等规划行动。文艺复兴的思想解放运动也有力地推动了城市规划与设计思想的发展，在文艺复兴时期的规划设计中，人的主观能动性被进一步强调，并认为数与宇宙关于美的规律决定了城市必然存在"理想的形态"，这种理想形态是可以用人的思想意图加以控制的。于是中世纪所崇尚的自然主义、宜人尺度的设计思想被放弃了，西欧的城市规划设计思想中愈来愈重视所谓的科学性、规范化，各种理想城市(Ideal Cities)的布局形态：正方形、圆形、八边形、同心圆等模式像"雪花"一样变化(图 4-3)。建筑师阿尔伯蒂继承了古罗马维特鲁威的思想，是文艺复兴时期用理性原则考虑城市规划设计的第一人，他致力于对体现秩序、几何规则的"理想城市形态"的追求。在其撰写的《论建筑》一书中，从城镇环境、地形面貌、水源、气候和土壤等方面着手,对合理选择城址和城市以及街道在军事上的最佳形式都进行了探讨,提出了利于防御的多边星形平面[60]。阿尔伯蒂将他的城市规划思想归纳为两条:一是便利;二是美观。在这一的思想影响下,西欧出现了一大批“理想城市”的规划设计者并提出了各自的模式,例如斐拉锐特(Filarette)的八角形理想城市、棱堡状城市和斯卡莫奇的理想城市等等。

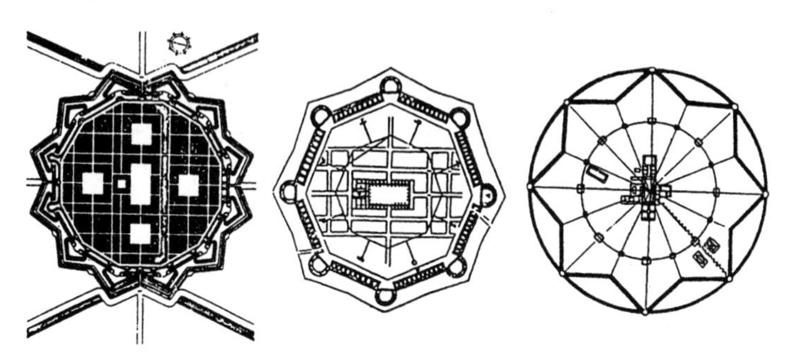

图 4-3 文艺复兴时期的理想城市模式

文艺复兴时期虽然产生了大量关于理想城市形态、格局的整体探索,但当时已经存在的封建城堡大多经历了数个世纪历史的洗礼,新兴的资产阶级也还没有全面掌握城市的政权,因此理想的城市方案在当时条件下实行起来是比较困难的。事实上,在文艺复兴时期按照图纸建造的理想城市并不多,只有一些军事型防御城市会采用这种方式(如威尼斯王国的帕尔曼—诺伐城),但它却曾影响了整个欧洲的城市规划思潮,尤其是对后来的古典主义和巴罗克风格产生了重要的影响。在当时社会的政治和经济状况还没有为城市的大发展创造好必要、充分条件的境况下,文艺复兴时期的大规模城市改建工作除罗马、米兰等个别案例外,一般也并未普遍得以施行。于是规划师们不得不放弃了完成“综合艺术总图”的理想和尝试,而致力于改造设计城市中的某一细小部分,并由细节逐步扩大到周围的环境——对中世纪城市进行“织地毯”式的小规模修补(图 4-4),府邸、别墅、庭园、广场是他们演练最多的题材,最具代表性的如米开朗基罗(Michelangelo)对罗马市政广场的改造,准确地说,他们已经将自己定位于建筑师了[61]。

---

[60] 王建国.现代城市设计的理论和方法.南京:东南大学出版社,1991

[61] 王建国.现代城市设计的理论和方法.南京:东南大学出版社,1991
王受之.世界现代建筑史.北京:中国建筑工业出版社,1999

图 4-4 文艺复兴时期对中世纪城市的微细部改造

2 高雅与精英主义的营造思维

如上文所述,文艺复兴时期产生的资产阶级新文化,一方面在同封建文化进行着对立的斗争,另一方面也开始逐渐脱离市民大众。这些艺术家们大多聚集在权贵和教皇的宫廷里, 利用后者的权势和财富来实现自己的种种艺术理想。从严格意义上讲,文艺复兴时期的人文主义实质上也是一种高雅主义和精英主义,它后来滑向巴罗克形式并催生了法国宫廷古典文化的兴起,也是顺理成章的必然(洪亮平,2002)。

这一时期,世俗建筑的建造成为城市中主要的建设活动,它在反封建、倡导理性的人文主义思想的指导下,提倡复兴古希腊、古罗马尤其是后者的建筑风格,在建筑轮廓上讲究整齐、统一与条理性。文艺复兴时期的规划、建筑大师们,如乔托(Giotto)、米开朗基罗、拉斐尔(Raphael)、阿尔伯蒂、斐拉锐特、封丹纳(Fontana)等,都具有很高的艺术素养,规划师、建筑师、哲学家、艺术家、文学家们紧密地结合在一起,共同推动了建筑与城市规划艺术的发展。文艺复兴时期的大师们还将纪念性建筑群的设计推进到艺术的王国, 以帕拉第奥 (A. Palladio)、米开朗基罗为代表,他们在抄袭和改进古典形式时,甚至比罗马人更"罗马"(图 4-5)。15 世纪时透视法的发现进一步导致了新的空间关系概念的建立,并在西欧开始形成整套科学理性的城市规划设计理论,真正意义上的建筑学也就从此开始产生了。16 世纪中叶,意大利开设了包括研究建筑形式在内的"绘画学院",17 世纪上半叶法国专门设立了传授古典主义的"法兰西学院",维特鲁威的《建筑十书》(公元前 27)、阿尔伯蒂的《论建筑》(1485)、帕拉第奥的《建筑四书》(1570) 等,成为建筑学的必读教材。F. Brunelleschi (1377—1466)对建筑学的工作方法进行了理性与专业的总结,认为建筑师既要有严谨的知识又要有文化的风采,建筑学也不同于任何其他机械劳动(工匠活动)而被认为是一种如科学和文学那样的自由、高雅艺术。

图4-5 罗马圣彼德教堂及广场

从此,建筑和城市规划不再是过去那种匠人们从师学艺的经验传承,而成为一种深刻和高雅的文艺构思,普通人不可企及[62]。达·芬奇、米开朗基罗、拉斐尔等人所享有的社会声望是以前的艺术家们从未有过的,他们被看成为天才,他们的成就已经覆盖了整个视觉艺术的全部领域。艺术处于当时西欧社会文化的绝对中心地位,被当作普遍的原则而得到高度的重视和崇敬。借助于艺术,规划师、建筑师们不但设计并组织了他们周围的全部环境,而且又可以用艺术来表现事物的本质和外表。

文艺复兴时期城市规划的高雅与精英主义思想还表现在对城市的整体改建方案中。佛拉拉城改建的规划师 B. Rossetti 可以被看作西方最早的现代城市设计者之一,他设计了一个独特的视觉系统,将城市所有道路都和一些重要的视点相连:从城门到宫殿、城门到城堡、宫殿到宫殿以及重要的建筑之间,均

[62] 王受之.世界现代建筑史.北京:中国建筑工业出版社,1999

L Sandercock.Making the Invisible:A Multicultural Planning History.University of California Press,1998

L 贝纳沃罗著;薛钟灵等译.世界城市史.北京:科学出版社,2000

建立了整体性的联系。教皇西斯塔五世时期 Fontana 主持了罗马改建规划，Fontana 提出了进行全城性结构规划的新概念，在整座城市中建立了完整的街道系统和视觉走廊，将高大的纪念性建筑物作为城市中的关键地标(图 4-6)。曼德瓦城的摄政王、主教 H. Gonsague 曾这样称赞建筑师 G. Romano(1492—1546)的功绩：他是“国家真正的英雄，应当在城市的每一个入口为他立一尊塑像，因为是他使得这座城市变得如此伟大、坚固和美丽”。

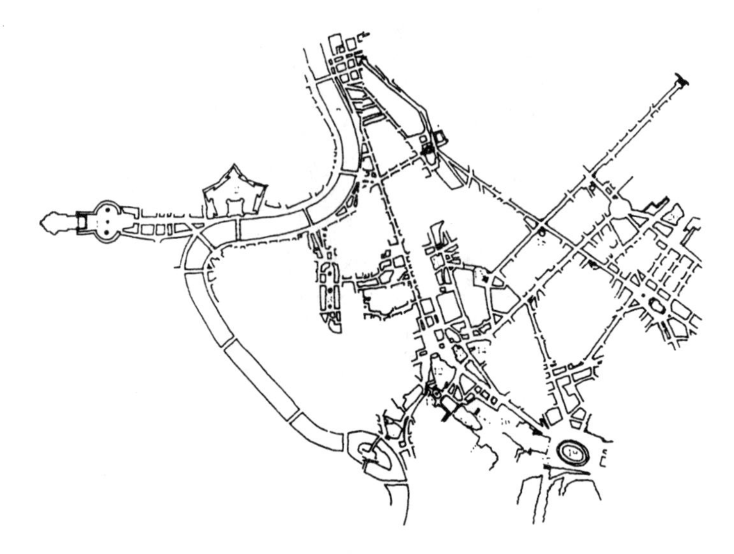

图 4-6　罗马改建规划中的轴线与广场系统

3　尊重文化与“后继者”原则

对于文化的尊重是文艺复兴时期艺术家们崇高的内在精神品质，他们认识到任何伟大的作品都是在经历了时间长河的洗礼后而由集体完成的，并且是不同时代、不同风格相互协调的结果。文艺复兴时期的建筑与城市规划者们，自始至终地尊崇着这一艺术法则——“后继者原则”，他们不惜经年累月，甚至一代接一代地去完成他们思想上认为是不朽的功业。因此，文艺复兴时期的大师们都非常珍惜和慎重地对待前人留下的艺术作品（包括建筑和整座城市），虔诚地恪守着城市和谐与整体的艺术法则 [63]。最著名的案例就是历时

[63] 洪亮平.城市设计历程.北京：中国建筑工业出版社，2002
沈玉麟.外国城市建设史.北京：中国建筑工业出版社，1989

120年几易总建筑师后才最终建成的罗马圣彼德大教堂及其广场。佛罗伦萨的城市中心、威尼斯的圣马可广场等,都是在几个世纪中结合历史现状逐步、持续地进行改建,既保存了优秀的历史遗产,又不断进行着新的创造,从而最终成为历史上最有名的广场与建筑群(图 4-7)。在威尼斯的圣马可广场,高耸的塔楼与横向的建筑水平线条形成鲜明的对照,它四周不同历史时期建造的建筑既统一又富于变化,通过不同尺度的广场空间围合和空灵的敞廊成功地协调了几个世纪以来不断建造的作品,通过不同空间的互迭、视觉上相似形和对比性的运用,达到了时空、形体和环境等和谐统一的艺术高峰,终于营造了这个"欧洲最美丽的客厅"(拿破仑)(图 4-8)。

这真是一个对艺术无比尊重、崇敬的时代,文艺复兴时期的大师们在艺术创作过程中表达出无限内敛和镇定的思想境界。所以说,文艺复兴并不是一场疾风暴雨式的对传统文化进行彻底否定与破坏的"暴力革命",而是一种对既有人类文明成果的谦逊承继、扬弃并注入崭新要素的文化进步过程。

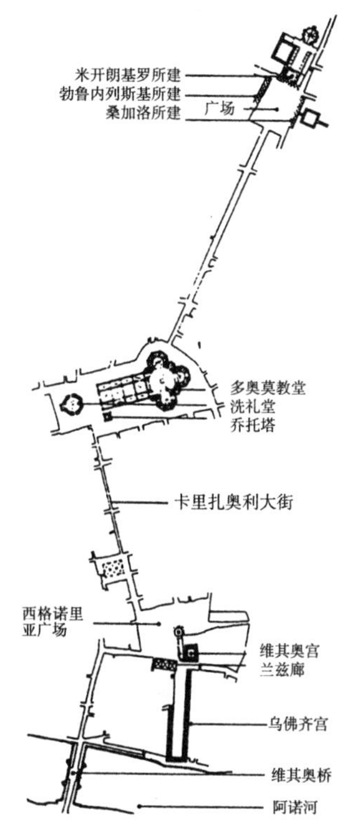

图 4-7 "后继者原则"在佛罗伦萨城市改建中的体现

图 4-8 从海上看威尼斯圣马可广场的效果

4 两种城市规划思想的分野与交融

16世纪末,在西欧的建筑与城市规划设计领域出现了两种不同的艺术形式倾向,其背后的本质实际上是由两种不同的思想主体所操纵的:一种是追求形式上新颖尖巧的手法主义,在17世纪被反动的天主教会所利用并发展成为巴罗克(Baroque)的风格形式;另一种则是泥古不化,教条主义地崇拜古代,后来为君主专制政体所利用并发展成为以法国学院派为代表的古典主义(Classicism)风格。

一般认为,早期文艺复兴只是对西欧中世纪城市进行了十分有分寸的、恰到好处的修改,扩建了广场和新建了部分建筑群,而真正对西方城市规划产生决定性影响并改变其城市格局的则是16世纪后的巴罗克主义[64]。从17世纪起,意大利转向一个天主教反改革运动的时期,在罗马教廷中开始兴起了巴罗克风格。从形式上看,巴罗克是文艺复兴的一个支流和变形,但其思想出发点却与人文主义截然不同:它善于运用矫揉造作的手法以产生特殊的视觉效果,来烘托教会神秘而不可动摇的权势。与早期的文艺复兴相比,巴罗克城市规划有着明确的设计目标和完整的规划体系:在指导思想上,它是为中央集权政治和寡头政治服务;在观念形态上,它是当时几何美学的集中反映[65]。

巴罗克的典型做法就是彻底抛弃西欧中世纪城市中自然、随机的空间格局,它将建筑风格的原理放大到城市,通过建立整齐、具有强烈秩序感的城市轴线系统,来强调城市空间的运动感和序列景观。为此,城市道路格局一般倾向于采用"环形+放射"式,并在转折的节点处用高耸的纪念碑等来作为过渡和视觉的引导。这种规划设计手法客观上有助于把不同历史时期、不同风格的建筑物联系起来从而构成一个整体的环境。当时以教皇、君主、贵族和新兴资产阶级等为主流的城市社会生活,具有明显的豪华虚张的特性。盛大的阅兵、铺张的宫廷生活和繁琐的社交仪式,都非常需要借助于巴罗克的环境和场所来展开[66]。17世纪的罗马城市改建是巴罗克城市规划思想的重要典范,封丹纳受教皇委托进行罗马改建规划,他通过修直道路、改建广场和建设喷泉,运用中轴线、方尖碑等为整个城市建立起了强烈的视觉系统,使得罗马实现了难以描绘的壮丽,这种造型构思符合了教廷建立中央集权帝国的梦想(图4-9)。

---

[64] 洪亮平.城市设计历程.北京:中国建筑工业出版社,2002

[65] 洪亮平.城市设计历程.北京:中国建筑工业出版社,2002
吴家骅.环境设计史纲.重庆:重庆大学出版社,2002

[66] 王建国.现代城市设计的理论和方法.南京:东南大学出版社,1991

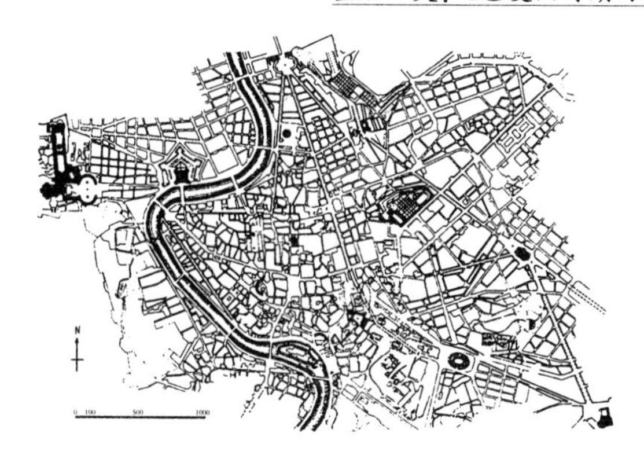

图 4-9 封丹纳的罗马改建规划

巴罗克的城市设计对后世城市规划产生了巨大的影响，它越过阿尔卑斯山催生了法国的唯理主义和古典主义,后来又越过大西洋传到北美,几个世纪后它还受到某些新兴集权国家权贵们的青睐[67]。它那种豪华铺张以及壮观的城市构图,对大多数统治者们都有着很大的吸引力[68]。L. 芒福德(Lewis.Mumford,1895—1990)在他的《城市发展史:起源、演变和前景》(*The City in History: its origins,its transformation,and its prospects*)一书中对巴罗克规划是这样进行深刻批评的:“巴罗克的城市,不论是作为君主军队的要塞,或者是作为君主和他朝廷的永久住所，实际上都是炫耀其统治的表演场所……将城市的生活内容从属于城市的外表形式,这是典型的巴罗克思想方法,但是它造成的经济上的耗费几乎与社会损失一样高昂……逐步改建城市其他地方所迫切需要的财力、物力,被强制地集中到一个区。”“巴罗克规划师们,自以为他们建立的式样是永恒不变的,他们不仅严密组织空间,而且还想冻结时间;他们无情地拆除旧的,同时又顽固地反对新的。”“在这流行风尚的背后,是巴罗克规划师对绝对权力虚摆架势的迷信。”[69][70]

而在法国，自 16 世纪起这个国家的统治者便致力于实现国家的统一,17世纪中叶法国成为欧洲最强大的中央集权王国。在法国,这时与意大利文艺复兴后期巴罗克同时并进发展的是为君权服务的“古典主义”(Classicaism)风

[67] 王受之.世界现代建筑史.北京:中国建筑工业出版社,1999
A J Morris.History of Urban Form: Before the Industrial Revolution. Wiley,1979
[68] 洪亮平.城市设计历程.北京:中国建筑工业出版社,2002
[69] L 芒福德著;倪文彦,宋峻岭译.城市发展史:起源、演变和前景.北京:中国建筑工业出版社,1989
[70] L Mumford.The Urban Prospect.Brace & World Inc,1968
L Mumford.The Culture of Cities. Harcourt,Brace and Company,1934

格，古典主义文化成为了欧洲新教文化和城市规划、建筑中的“正宗”。1585年卡拉齐(A.Carrache)兄弟在波罗尼亚成立了传播严格、规范的古典主义思想的卡拉齐学院，对后来法国古典主义建筑和艺术的诞生起了很大的推动作用。17世纪法国的绝对君权正如日中天，为了巩固君主专制，统治者及其御用学者竭力标榜绝对君权与鼓吹唯理主义，把君主制度说成是“普遍和永恒的理性体现”，并开始大力提倡能象征中央集权的有组织、有秩序的古典主义文化。古典主义建筑一般在外形上显得端庄雄伟，但其内部则尽奢华之能事，在空间效果和装饰上常带有强烈的巴罗克特征，到18世纪甚至演化为脂粉味更浓的洛可可(Rococo)流行风格。简要地说，古典主义的规划思想在建筑群与城市总体布局中强调轴线对称、主从关系、突出中心和规则的几何形体，强调统一性和稳定感，这些将在下一章中重点讲述。

不同于在建筑风格上两者间的截然区别，在城市规划领域，巴罗克风格与古典主义风格始终在相互影响、相互渗透中发展，因为它们的本质目的是一致的：都是通过壮丽、宏伟而有秩序的空间景观来喻意着中央集权的不可动摇。事实上，在城市规划思想领域，最后这两种风格已经难以区分，多是以“巴罗克+古典主义”的混合形式出现。“巴罗克+古典主义”的规划设计思想曾经对西方的城市规划建设产生了重要的影响，例如19世纪拿破仑三世时期巴黎行政长官欧斯曼(Haussmann)主持的巴黎改建规划、美国首都华盛顿的城市规划设计、澳大利亚新首都堪培拉的设计等等，都明显地体现出了这种风格特征(图4-10、图4-11)。18世纪法国资产阶级革命的启蒙运动又开辟了文化和城市规划设计思想的新时期，同样也对全欧洲产生了深刻的影响。

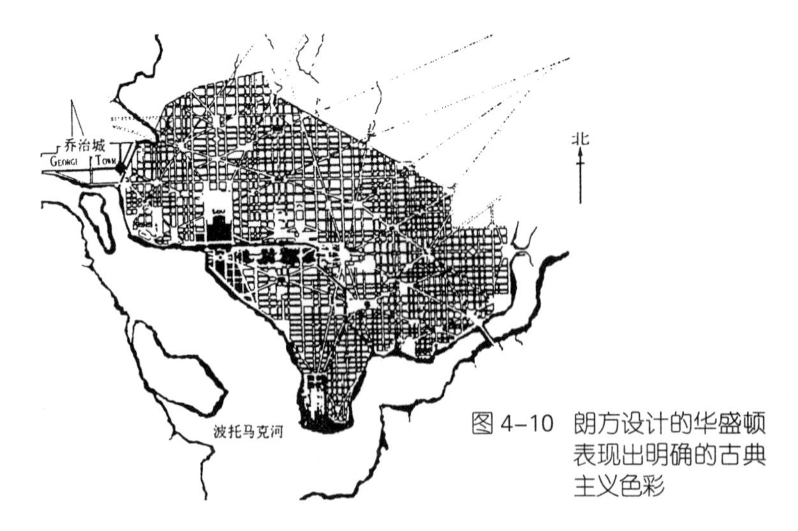

图4-10 朗方设计的华盛顿表现出明确的古典主义色彩

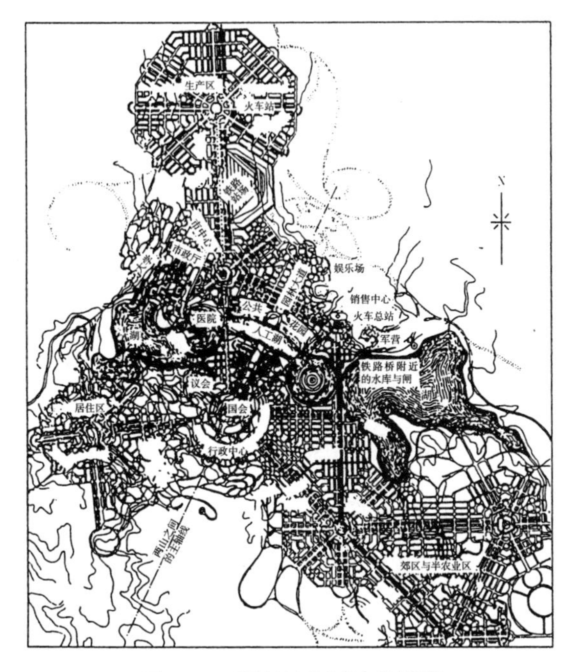

图 4-11 格里芬的堪培拉规划

总之，文艺复兴特别是在其后期的城市规划设计已经成为权贵们的专有物,在实践中产生了严重的片面性。城市规划、设计成为被政治力量和权贵们用以体现其政治理念和艺术主张的控制工具，并且把中世纪城市设计的很多有益经验抛弃了，特别是有关亲切的尺度感和住宅与街道之间的亲密关系方面。权贵们将城市作为表达他们宏大政治意图、炫耀财富和夸赞功绩的艺术品,他们的观点成为随时都必须达到的目标,规划师不过是实现他们心中蓝图的艺匠,而公众的福利、平民的生活却经常被置于无人问津的地步。但是即便如此,文艺复兴时期的城市规划思想及其艺术成就依然是如此辉煌灿烂。F.吉伯德是这样评价的:“这个时候锻造出来的城市规划设计的历史链条，仍然是我们现在思想的根源，它的成就仍然保持在西方城市规划设计的最高造诣之中。”[71]

[71] F 吉伯德著;程里尧译.市镇设计.北京:中国建筑工业出版社,1983

第五章

唯理秩序：绝对君权时期的城市规划思想

- 以法国为代表形成的绝对君权
- 理性之光：启蒙运动时期的西方思想
- 理性思想与绝对君权的结合：古典主义思潮的滥觞
- 权力下的秩序：唯理主义的规划思想

16至19世纪中叶,一方面是资本主义制度的萌芽与成长,促使欧洲的经济、社会与政治发生了重大转折;而另一方面,封建势力和天主教会又竭力阻止时代的进步,所以这一时期西欧各国的历史情况极其复杂。一般认为,从英国的资产阶级革命(1640)到普法战争、巴黎公社运动(1871)是欧洲封建社会制度瓦解和灭亡的时期,也是自由资本主义形成和发展的时期,是西欧社会结构发展演变的一个重要分水岭。正是在这样一个巨大的转折时期,在欧洲的很多国家中出现了一段封建君权异常强盛的时期,我们一般将历史上的这段时期称为西方的"绝对君权"时代。

一 以法国为代表形成的绝对君权

15世纪的文艺复兴运动抨击了神权,也使得西欧许多国家久被压抑的君主王权得以释放并不断膨胀。而这时候,资本主义的增长也迫切需要一个和平的国内环境和统一的市场,这种需求此时与君主们扩大王权、统一国家的愿望是一致的。于是国王与资产阶级新贵们暂时结合起来,互相利用,共同反对封建割据和教会势力,这些封建君主们通过爵位、保护工商业等手段笼络资产阶级,赢得了资产阶级暂时对君主政权的支持。就是在这样一个背景下,16至19世纪中叶在欧洲先后建立了一批强大的、中央集权的绝对君权国家,如法国、德国、奥地利、俄罗斯等,而尤以法国的绝对君权最为鼎盛。17世纪法国的路易十四建立了古罗马帝国以后欧洲最强大的君权,并骄傲地宣称"朕即国家"。欧洲各国奴颜媚骨地向法国学习一切,从文学、艺术直至生活方式[72]。这是一个"伟大的时代"(伏尔泰),一切的存在,其首要的任务就是荣耀君主;一切的科学、文学、艺术、建筑乃至城市规划建设都必须为君主政权服务。

在绝对君权时期,古典主义引领了17至19世纪中叶以前法国文化艺术

---

[72] 钟纪刚.巴黎城市建设史.北京:中国建筑工业出版社,2002
R E 勒纳等著.西方文明史.北京:中国青年出版社,2003

的总体潮流,它的哲学基础是反映自然科学初期重大成就的唯理论;它的政治任务是颂扬古罗马帝国之后最强大的专制政体[73]。当时代表进步潮流的许多思想家,如培根、霍布斯、笛卡尔等都是君主主义者,笛卡尔甚至把忠实的君主政体看作普遍理性的最高代表与秩序的核心。

二 理性之光:启蒙运动时期的西方思想

宗教改革运动之后,西欧的工商业迅速发展,城市中的资本主义生产因素已经大量出现。宗教改革主要是减少了教廷对社会统治的影响,但封建君主们却乘机攫取了对社会的几乎全部控制权。在这样的背景中,启蒙运动(Enlightenment)起源于17、18世纪的法国,从本质上看它是资产阶级用来批判宗教神权和所谓封建制度永恒不变等传统观念的又一次思想解放运动,为资产阶级的革命进行着舆论的准备和思想上的洗礼。

1 资产阶级的人性论

启蒙运动是指17、18世纪西方的理性与科学思想启蒙,虽然其在形式上表现为对理性主义的追求,但其实质上却是人文主义的进一步具体化。此时人们已从对神的顶礼膜拜转而对人的崇拜,并相信人类凭借理性能够完善地认识整个世界。这一时期西方著名的启蒙思想家有英国的洛克、休谟、霍布斯,法国的伏尔泰、孟德斯鸠、卢梭等,还有德国的莱布尼兹、康德等,但以法国的启蒙运动最为彻底,影响最大,法国大革命就是它的直接后果。这些启蒙思想学说的一个共同核心就是宣扬资产阶级的"人性论","自由"、"平等"、"博爱"是其主要口号。有人比喻在18世纪的法国,思想的交流甚至比货物的流通还要快,巴黎等城市兴起了许多思想团体,巴黎东部、南部就有近三十所城市学院,城市里漂亮的图书馆、"沙龙"等成为人们获取新知的场所[74]。

2 理性精神的启蒙

17世纪和18世纪是西方社会崇尚理性的时代。所谓"理性时代"的"理性"有其特殊意义:如果说古希腊的理性是关于心灵与宇宙相通的思辨,中世

---

[73] 陈志华.外国建筑史(19世纪末叶以前).北京:中国建筑工业出版社,2004

[74] C Frederick.A History of Philosophy.Image Books,1985
陈志华.外国建筑史(19世纪末叶以前).北京:中国建筑工业出版社,2004

纪的理性是神学和宗教信仰的助手，那么近代的理性则是渲染一种新的时代精神——自然科学的精神[75]。近代理性主义哲学的特征、对象、问题和作用无不与当时的自然科学密切相关，所以说，理性主义之所以能够成为近代西方社会的主体精神之一，首先是因为它与自然科学精神的紧密关联。“启蒙学者是非常革命的，他们不承认任何外界的权威，不管这种权威是什么样的，宗教、自然观、社会、国家制度，一切都受到了理性的批判；一切都必须在理性的法庭面前为自己的存在做辩护或者放弃存在的权利。思维的悟性成了衡量一切的唯一尺度”(恩格斯)[76]。启蒙理性的认识论虽然在很大程度上包含了自然科学早期所固有的机械论和形而上学成分，但是确实为自然科学的进步开辟了道路。

3 近代自然科学的哲学精神

——探索自然奥秘的求知精神。在中世纪，人们认识、研究自然都要受到神学教条的严格束缚；而近代自然科学家则没有传统的包袱和现存的答案，他们只相信通过自己的探索而建立的知识。他们非常明确地提出：科学认识自然的目的是为了控制自然、改造自然。

——重视观察和实验的求实精神。牛顿(Issac Newton,1642—1727)等学者认为，科学的经验是实验，而不是常识；科学的方法是归纳而不是类比，实验的方法是按照科学理论设计用以认识自然的必由手段。

——通过精确量化而达到确定性的目的。自古希腊的毕达哥拉斯、文艺复兴运动以来，在西方世界人们一直相信数的和谐是事物的本质，只有经过数量化的学问才是真正的知识。近代自然科学家则相信，确定的知识必须是精确的、经过数学分析的。正如伽利略(Vincenzo Galileo,1564—1642)所说：“自然这本大书是用数学符号写就的”。笛卡尔的分析几何、牛顿和莱布尼兹的微积分等新数学手段的发明，为研究复杂现象提供了精确的手段。尤其是笛卡尔建立了近代哲学的第一个体系而被称为“近代哲学之父”，他的哲学体系像数学的公理体系一样，处处透射出简洁、严格与和谐之美[77]。

——理解世界的机械论图式。西方早期自然科学的范式是牛顿力学，它只承认事物发展之间清晰而明确的因果链，它将世界的模型想象成一架巨大的机器，世间万物都是有形而无灵魂的零件，没有本质的高下之分，它们按既定

[75] 钱广华.西方哲学发展史.合肥：安徽人民出版社，1988
[76] 马克思恩格斯选集(第三卷).北京：人民出版社，1973
[77] 章士嵘.西方思想史.上海：东方出版中心，2002

的规律运动着,于是就构成了整个世界和宇宙。笛卡尔强调认知事物的基本方法是:"把每一个考察的难题分解为细小的部分,直到可以适当地、圆满地解决的程度为止";然后,"按照顺序,从最简单、最容易认识的对象开始,一点一点地上升到对复杂对象的认识"。这种由分解到综合的机械论思维是认识和推动近现代自然科学进步的有效武器,并进而深刻地影响了近代西方城市规划哲学的基本思想体系,后来集中体现在 1933 年的《雅典宪章》和柯布西耶(Le Corbusier,1887—1966)等人的"机械理性城市模式"之中。

4 启蒙理性的进一步发展

18 世纪中叶当启蒙思想在西方世界盛行时,理性主义比 17 世纪更具激进的批判和否定精神,它将批判的矛头直接指向宗教迷信和专制制度。启蒙理性的另一重要特点是乐观主义的历史进步观,启蒙学者认为以前人类社会产生的弊病和灾难都是欺骗和迷信所造成的,启蒙的任务就是消除一切非理性、反理性的东西,而当理性的光芒一旦照耀世界,理性的人就能代替全能的上帝,黑暗的人间就会变成光明的天堂[78]。

而另一方面,针对人类对于理性的狂热迷恋,17 世纪末在西方社会中就掀起了一场"古今之争"——争论古典文艺和现代文艺孰优孰劣。法兰西学院的院士 C. 彼洛(1613—1688)认为除了由理性判断的美之外,还应该存在由习惯和口味判断的美,主张"完善的美、卓越的美可以在不严格遵守比例的情况下获得",没有放之四海皆准的规则,人们更应该不断地去创造。虽然最终的争论是以崇古的一方获胜而结束,但这场"古今"艺术之争却对绝对的理性主义提出了质疑,也昭示着绝对君权体制的没落。随着理性主义的衰落,在 18 世纪末至 19 世纪中叶,浪漫主义运动在西方盛行起来。从历史的观点看,浪漫主义是对过分强调理性和普遍概念的启蒙运动的反叛(一如西方在 1960 年代末掀起"后现代精神"对"现代精神"的反叛那样),浪漫主义推崇情感,主张想像力的创造性发挥,坚持"美感(人们心理对美的直觉感知)第一"的美学标准。后来有不少哲学家如康德、黑格尔等,他们的思想都是理性主义与浪漫主义的结合。

总体而言,17、18 世纪在欧洲兴起的启蒙运动是一场思想解放的运动、历史进步的运动,它用光明驱散了黑暗,用理性代替了蒙昧,为日后资本主义政

---

[78] 赵敦华.西方哲学简史.北京:北京大学出版社,2001
张志伟,冯俊等.西方哲学问题研究.北京:中国人民大学出版社,1999

治体制的确立和资本主义世界的快速发展，奠定了深刻的思想基础[79]。然而，当17、18世纪西欧的资产阶级政权还没有完全建立、巩固之前，思想启蒙运动的认识成果却被许多封建君主们所蓄意曲解和借用，尤其是其中的理性主义思想一度被发展为绝对君权时期的"御用哲学"。

三 理性思想与绝对君权的结合：古典主义思潮的滥觞

17世纪开始，古典主义在法国文学、艺术等方面占据了绝对统治地位。古典主义既是君主专制制度的产物，也是资产阶级唯理主义在美学上的集中反映。从思想来源上，古典主义是理性主义或者更准确地说是"唯理主义"的直接产物。

16至17世纪欧洲自然科学的发展，孕育了以培根和霍布斯等为代表的唯物主义经验论和以笛卡尔为代表的唯理论。他们都认为客观世界是可以被认知的，强调绝对理性方法在认识世界中的作用[80]。而理性方法的实质就是算术与几何(霍布斯)，它们是适用于一切知识领域的理性方法(笛卡尔)，艺术中最重要的原则是"它们的结构要像数学一样清晰和明确，合乎逻辑"(笛卡尔)，这些思想为古典主义文化、艺术的发展提供了深刻的哲学基础。笛卡尔是17世纪西方最具代表性的唯理主义思想家，他最主要的观点是：人类社会的一切活动均应置于由同一原点所建立的几何坐标系中，由此所产生的秩序才是永恒的和高度完美的[81]，而这正是绝对君权时期的君主们求之不得的"圣经"。

古典主义者认为，古罗马文学与艺术(包括建筑与城市规划)中就包含着这种超乎时代、民族和其他一切具体条件之上的绝对规则，于是，古罗马君权主义思想中的绝对理性再次复活了，并被高雅地冠之以"古典主义"的名号。唯理主义与古典主义的思想基础都是一元论，它要求在社会生活和一切文化艺术的式样中建立起"高贵的体裁"和统一的规则，这些规则是不依赖于感性经验的，是理性的、绝对的、唯一的、超时空的，这种文化为较严格地创造自然或人工环境提供了依据[82]。古典主义的产生是为了适应当时占绝对统治地位的

---

[79] 章士嵘.西方思想史.上海：东方出版中心，2002
C Frederick.A History of Philosophy.Image Books，1985
J Cottingham.Western Philosophy.Blackwell Pubishers，1996
[80] 赵敦华.西方哲学简史.北京：北京大学出版社，2001
[81] 孙施文.城市规划哲学.北京：中国建筑工业出版社，1997
洪亮平.城市设计历程.北京：中国建筑工业出版社，2002
[82] L 贝纳沃罗著；薛钟灵等译.世界城市史.北京：科学出版社，2000

君权政体的需要:在社会生活的一切领域中,体现出唯一、秩序、有组织的、永恒的王权至上的思想要求。古典主义的文学与艺术作品讲求明晰、精确和逻辑,要求尊贵、雅洁,它既反对矫揉造作的巴罗克潮流,也反对市民文化中的"鄙陋"和"俚俗"。它们对抽象的对称和协调的追求,对艺术作品的纯粹几何结构和数学关系的寻求,对轴线和主从关系的强调,对至高无上的君主的颂扬,成了城市规划建设中越来越突出的主题。

"一种生活的艺术在塞那河畔形成,整个欧洲,远至雾色浓重的施普雷河畔,都在多少有些笨拙地模仿它。"[83]欧洲权贵们趋之若鹜地来到法国,来到巴黎,学习法国古典主义"高雅生活"的一切方面,包括它的城市规划[84]。

四 权力下的秩序:唯理主义的规划思想

国王的政治权力与新兴资产阶级雄厚的经济实力在这个时期结合了起来,使得城市的规划、建设在这些绝对君权国家达到了令人叹为观止的规模与气势。为了表达好古典主义这个"高贵的题材",1655 年法国国王在法兰西学院的基础上成立了"皇家绘画与雕刻学院",并于 1671 年又成立了建筑学院,专门用来培养御用规划师、建筑师。法兰西建筑学院的教授勃朗台(F. Blondel,1617-1686)严守着路易十四对学院的训诫而激动地宣称:"学院将使建筑重放古时的光彩,将为国王的荣誉而工作","学院的任务是为建筑学说建立起一个规范,然后把这规范教给人"。毋庸置疑,这种"规范"就是高雅、绝对和不容置疑的古典主义秩序。

1 古典主义园林中首先透射出的唯理秩序

唯理秩序的思想与手法,应该说首先是从法国的古典主义园林中被发现、发展的。文艺复兴时期阿尔伯蒂在《论建筑》一书中就有关于园林布置的论述,他充分强调外部景观的重要性,提出使自然地形服从于人工造型的规律,把坡地和植物塑造成明确的几何形状,并使大自然从属于人的尺度,按照对称和比例塑造物质环境[85]。古典主义者并不欣赏自然的美,笛卡尔和后来的理论家们都认为"艺术高于自然"。17 世纪的造园家 B.布阿依索就说:"人们所能找到的

[83] 米盖尔. 法国史.北京:商务印书馆,1985
[84] 钟纪刚.巴黎城市建设史.北京:中国建筑工业出版社,2002
[85] 吴家骅.环境设计史纲.重庆:重庆大学出版社,2002

最完美的东西都是有缺陷的,必须加以调整和安排,使它整齐匀称。"勃朗台作为古典主义建筑理论的权威,强调"我们在任何一种艺术美中所能感受到的一切满足,都取决于我们对规则和比例的认识"。他们用以几何和数学为基础的理性判断来完全替代直接的、感性的审美经验,并把它不折不扣地运用到园林建设——对大自然的雕琢中去。

在唯理主义思想主导下的西方古典主义园林,区别不同的风景形式完成了对自然的种种人工剪裁艺术,使人们看到了一个完整而有序的景观。规划设计中强调轴线和主从关系,追求抽象的对称与协调,寻求构图纯粹的几何结构和数学关系,突出地表现了人工的规整美,反映出控制自然、改造自然和创造一种明确秩序的强烈愿望[86](图 5-1),试图"以艺术的手段使自然羞愧"(put nature to shame by means of art)(A.Lenote)。法国乃至欧洲最早的古典主义园林是 A. Notre 设计的维康宫(Vaux-Le-Vicomte)(图 5-2)和随后 A. Lenote 设计的凡尔赛宫(Palais de Versailles,1670—1710)。法国古典主义园林在设计中冲破了意大利园林风格的约束,成就了法兰西园林独特的简洁、豪放的风格。巨大的园林四周不设围墙,使园林中的绿化冲出界限与周围田野连成一片,并

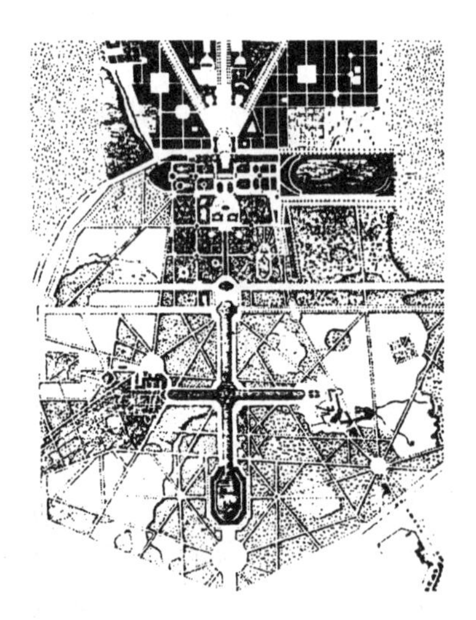

图 5-1 法国古典主义园林中表现出的强烈的人工痕迹

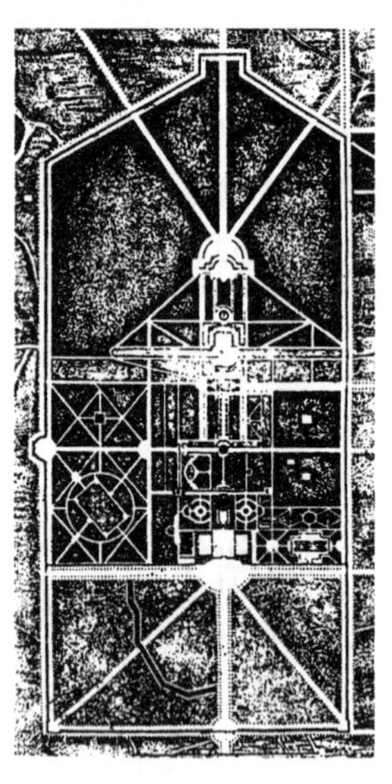

图 5-2 维康宫(府邸)总平面

[86] 吴家骅.环境设计史纲.重庆:重庆大学出版社,2002
陈志华.外国建筑史(19 世纪末叶以前).北京:中国建筑工业出版社,2004

强烈地借用了巴罗克造园中取得无限景深感的手法。

当时,欧洲的传教士曾将中国与西欧的城市、园林风格进行了对比,并得出一个简练而精辟的结论:“中国的城市是方方正正的, 而园林却是弯弯曲曲的;西方的城市是弯弯曲曲的,园林却是方方正正的”,这其中的原因既有深刻的社会文化背景和制度差异 (详见有关中西方园林艺术比较方面的文献),实际上也反映了当时尚不足够强势的西方君主和在不足够强大的经济力量环境中的无奈。在绝对君权的早期,面对中世纪自然生长、饱经战乱留下来的狭小、弯曲、破烂的城市,西方的君主们只得首先在有限的园林空间中去寄托他们伟大的理想,渲染其神圣的气质。

2 从凡尔赛宫到城市:君主的气质无所不在

但是君主们并不会满足囿于园林中的有限寄托, 他们更需要通过城市和城市中无所不在的建筑,来表达他们日益强大的权力和日益富足的经济实力。当时权臣高尔拜就曾对路易十四说道:“正如陛下所知,除赫赫武功而外,唯建筑物最足以表现君王之伟大与浩气。”

古典主义的建筑师与规划师们敏锐地发现了古典主义园林中规整、平直的道路系统和圆形交叉点的美学潜力, 并迅速将它们移植到整个城市的空间体系中,这种设计思想立刻得到了君主们的竭力支持。最早运用这种思想的是 C. Richelien 和造园大师 A. Lenote 在巴黎郊外设计的许多新城堡,将巴黎城市与郊区的宫殿、花园、公园和城镇等共同组成了一个大尺度的景观综合体 (图 5-3),他们首次把整个城市作为完整的“园林”进行了设计(将自然环境引

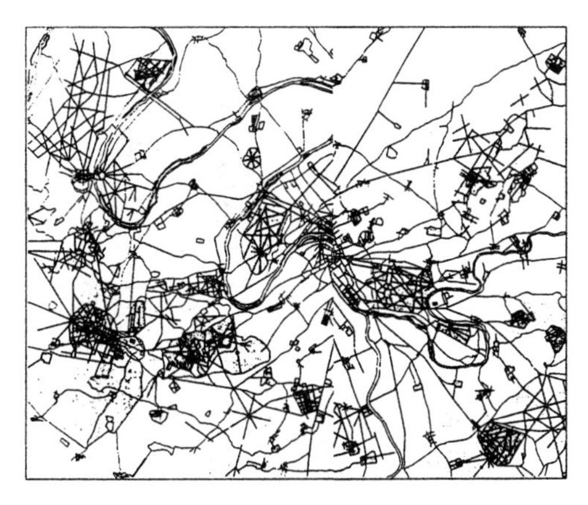

图 5-3 16—17 世纪巴黎及其郊野的空间体系

入城市的做法也是当时规划者追求的主要目的之一，这种思想一直延续到今天)。很快,路易十四就要求把他的罗浮宫、凡尔赛宫等也和伟大的城市秩序不可分离地联系到一起，对着罗浮宫构筑起一条巨大壮观而具有强烈视线进深的轴线,这条轴线后来一直作为巴黎城市的中轴线(图 5-4、图 5-5)。然而,更壮观、更经典的纪念碑式的景观体系,还是从巴黎西南 23 公里的凡尔赛宫延伸到城市的古典主义整体视觉系统。

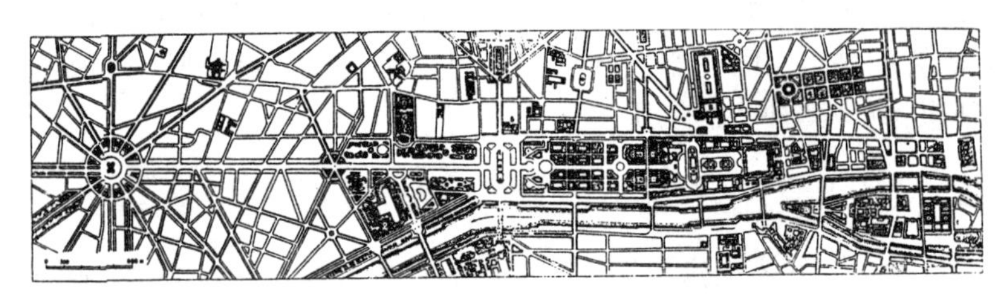

图 5-4 巴黎城市的中轴线

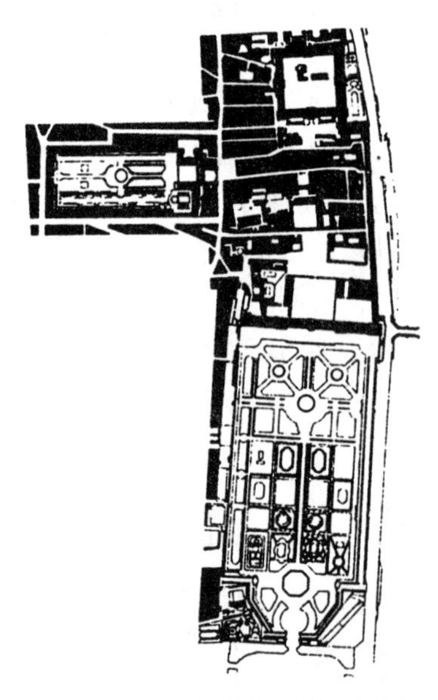

图 5-5 巴黎罗浮宫的总平面

凡尔赛宫是路易十四时期法国古典主义城市设计的巅峰之作，它的总设计师是 A. Lenote。A. Lenote 将宫殿设立于城市的一端与公园的边缘处,作为整个构图的重心;从巨大的宫殿前向城市延伸出三条主要呈放射状的大道,它们相互之间呈各约 20°~25°的交角并一起构成约为 50°的角,这个景宽的把握能够使得景物被很好地包含在人的一个单一视野中;在三条放射状大道中,事实上只有一条是通到巴黎的,但在观感上却使凡尔赛宫有如是整个巴黎甚至是法国的集中点;通过凡尔赛宫前一个长达3公里的中轴线、对称的平面、巨大的水渠、列树装饰等造成无限深远的透视,建立起一个从郊外宫殿到整座城市的充满秩序、宏伟之感而又错综复杂的空间体系[87](图5-6);在城市里则通过旺道姆广场、协和广场等构筑起多条次轴线并不断向城市各处延伸,这些广场也充满了强烈的理性主义规划设计思想,并广泛地影响着法国其他城市和欧洲的广场设计,如法国南锡市中心广场、丹麦哥本哈根的阿玛连堡广场等。从凡尔赛宫到巴黎的景观系统组织,突出地表现了古典主义讲究全面规划、明确主从关系、追求和谐统一与有条不紊的风格,也集中反映了法国王权、财富和超越自然的思想,表征了中央集权与绝对君权的神圣伟大。

18世纪法兰西共和国为独裁的拿破仑帝国所取代,1793年巴黎城新规划中的突出成就是通过爱丽舍田园大街(Champs Elysee)的建设、凯旋门以及高度规整性的住宅布局,强调了穿过拥挤市区的一条宽阔轴线。从本质上看,这仍然是将法国古典园林设计的原则应用于城市之中。拿破仑三世时(1853—1870)法国陷入了经济萧条、社会道德衰败和政治危机的全面颓势之中。为了改变这种状况,1853年巴黎地方行政长官Haussmann以他著名的粗暴和冷酷无情的性格推行了庞大的城市改建计划。他集中力量在巴黎城市中修建了一些新林阴大道,这些大道既为军队的快速集结和进行城市战提供了条件,也满足了当时政治家和企业家合伙进行投资事业的要求。虽然后来

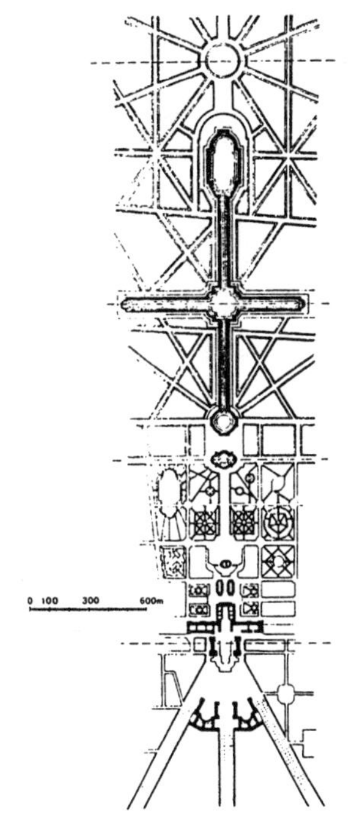

图5-6 凡尔赛宫的总平面

[87] 吴家骅.环境设计史纲.重庆:重庆大学出版社,2002
王建国.现代城市设计的理论和方法.南京:东南大学出版社,1991

人们对 Haussmann 的巴黎改建思想与手法一直毁誉参半、褒贬不一(图 5-7)[88]，但是它却使巴黎毫无疑问地成为了当时世界上最美丽、最先进、最开放的城市，有人用"庞大、空敞、自由、和谐、实用"等词语来概括巴黎当时的城市风格(图 5-8)。总之，几个世纪以来巴黎城市形成的壮丽、秩序的整体空间体系，无处不体现着王权至上的唯理主义思想(图 5-9)。

图 5-7 对 Haussmann 外科手术式粗暴改建的讽刺

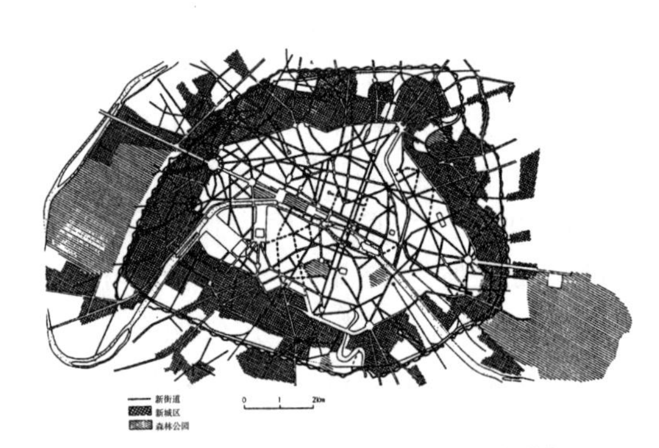

图 5-8 Haussmann 的巴黎改建规划

图 5-9 16—17 世纪巴黎城市的轴线体系

[88] 很多人认为 Haussmann 的巴黎改建有三大罪状：①用巴罗克的大拆大建改造巴黎古城，为帝国风格树碑立传；②巴黎改建大部分是表面文章，未解决实质性的问题，广大市民没有得到丝毫好处；③其手法为后世许多城市所仿效，流毒之深、影响之大，远远超越了巴黎改造本身。

3 古典主义思想广泛而深远的影响

凡尔赛宫、罗浮宫乃至整座巴黎城等，都是反映古典主义城市规划思想的典范，其对当时西方各国、后来资本主义世界的城市规划以及19世纪末、20世纪初的城市美化运动等，都产生了深远的影响，至今我们仍然可以在西方乃至世界各地的城市规划设计中，随时发现这种思想的痕迹。

俄罗斯的圣彼得堡、德意志的卡尔鲁斯、西班牙的那波里等城市，也是君权专制时代的典型产物，它们的规划中都受到了法国古典主义的明显影响。在1667年大火后的伦敦重建中，C.Wren为国王卡尔五世设计了一个将法国古典主义思想运用于城市的大规模改造方案，但是当时由于王权的薄弱、土地所有权的冲突和经济的拮据而没有得到实施(图5-10)。古典主义思想也被后来一些新兴的资产阶级共和国所使用，如Le Enfant(1790)的华盛顿规划、W. Griffin的堪培拉规划等，将"激动人心"的巴罗克式规划和具有强烈秩序感的古典主义构图结合在一起，正是这些新兴国家首都建设所需要的[89]。我们在后来巴西新首都巴西利亚(Brasulia)的规划中，也明显地发现到这种思想的痕迹。然而，对古典主义的一味模仿必然会不可避免地滑向形式主义的窠臼。19世纪希腊雅典的古典主义改建规划就几乎彻底破坏了古希腊时期的有机城市结构形态(图5-11)；而在华盛顿规划中，城市一半以上面积的土地被用于建设道路和广场，真正可以用于建筑的城市用地不到总用地的1/10，其几何形的放射布局虽然具有震撼人心的美感，但在功能上却完全不符合市民居住的要求；澳大利亚的堪培拉规划则将首都的尊严和花园城市生活结合在一起，将城市空间的主角全部让位于自然山水，开创了一个生态式巴罗克规划的先例[90]。显然，这些城

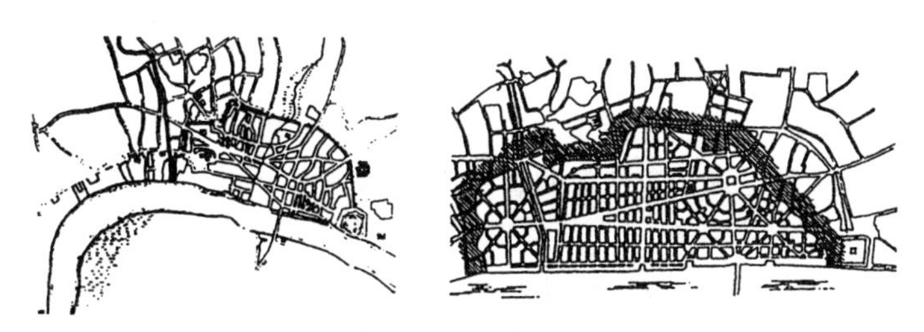

图5-10 1666年伦敦大火前的城市及大火后的改建规划

[89] 王受之著.世界现代建筑史.北京：中国建筑工业出版社，1999

[90] 洪亮平.城市设计历程.北京：中国建筑工业出版社，2002
王建国.现代城市设计的理论和方法.南京：东南大学出版社，1991

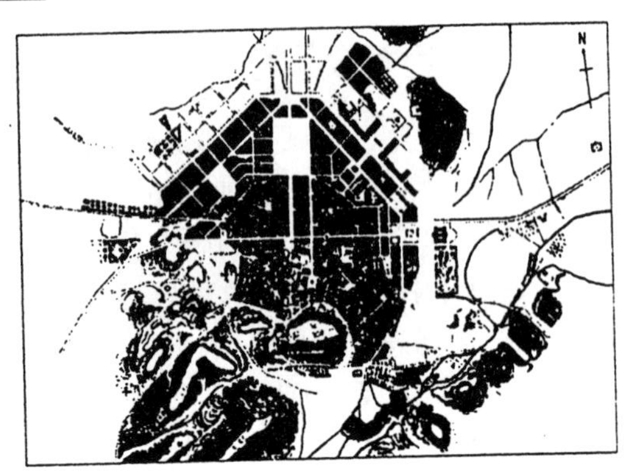

图 5-11 19 世纪雅典的古典主义改建规划

市的规划都是过于考虑景观形式背后隐喻的政治含义，而忽视了城市基本功能的失败之作[91]。

4 对古典主义规划思想的辩证认识

古典主义、唯理主义的城市规划思想，在提出规划结构真实性、逻辑性、清晰性等方面有其突出的成就，其构图简洁、几何性强、轴线明确、主次有序，追求完整而统一效果的思想，都是值得人们借鉴的，在城市规划思想史中应该有其应得的地位。但是它们把抽象的教条看作是超越民族和时空而绝对存在的"规划真理"，在规划设计中追求一种冷肃、盛气凌人的气氛，反对创作中对个性、热情的体现，只是着意于追求冷冰冰的"数的和谐"，这些都是不可取的[92]。18 世纪在法国宫廷中诞生并迅速弥漫社会的洛可可风格，虽然充满了脂粉味，总体格调不高，但它却推动着设计思想的重心转向自然化和生活化，以至于古典主义的权威小勃朗台后来也不得不宣称：我们不必拘泥于规则，建筑(城市)应该有性格、有表情，应该影响甚至震动人的心灵。

当古典主义思想与理论已经发展到成熟体系时，欧洲的绝对君权却已经开始衰退。17 世纪末、18 世纪初法国等西欧国家专制政体的危机接踵而来，资产阶级在借用君主政权完成其原始财富积累以后，也开始强烈要求更高、更多的政治地位与权利，不时向封建政权发出强力的冲击。而当 18 世纪中叶资产阶级推行的启蒙思想盛行时，古典主义又遭到了更大的挑战。资本主义的真正时代，已经在西欧古典主义的不断颓势中到来了！

---

[91] 王受之著.世界现代建筑史.北京：中国建筑工业出版社，1999

[92] 陈志华.外国建筑史(19 世纪末叶以前).北京：中国建筑工业出版社，2004

第六章

先驱探索：资本主义初期的城市规划思想

- 19 世纪西方城市发展的基本情况
- 西方资本主义初期的思想大发展
- 近代城市规划思想及其实践的产生
- 空想社会主义的探索
- 近代人本主义规划思想的两位大师
- 现代机械理性规划思想的起源
- 城市美化运动与自然主义的探索

16世纪末爆发的尼德兰革命拉开了欧洲资产阶级革命的序幕,随后的英国(1640)与法国(1789)资产阶级革命将整个西欧都推上了资本主义制度的发展轨道。相比于封建社会形态，资本主义制度代表了一种更为先进的生产关系,它的发展直接促进了17世纪后半叶西方世界中科技的突飞猛进,以及带来了17世纪后半叶和18世纪的生产力大飞跃,并最终导致18世纪下半叶开始席卷欧洲的产业革命[93]。到了19世纪,整个西方社会基本上已建立了资本主义制度并迎来了机器大生产的时代，人类的文明与社会发展从此掀开了新的历史篇章。

科技革命和产业革命主要发生在1760年代至1860年代这一百年左右的时间,它主要是以物理学、化学等科学知识的重大进展为基础,并进一步推动了资本主义世界在生产与生活领域的一系列重大发明[94]。工业的发展如同脱缰的野马,正以无法想象和预料的速度、规模,强烈地改变着人类所赖以生存的自然环境以及人类社会生活本身。蒸汽机、轮船、火车等的发明,使人类在相当大的程度上克服了时间与空间的限制，又进而促进了工业生产规模的扩大和效率的提高,并使得工业集中在城市成为可能[95]。城市从此在人类历史上真正成为经济生产的绝对中心，并以它的巨大集聚效应带来了资本主义国家飞速城市化的开始。

但是从中世纪继承而来的古老城市形态并不能适应机器大生产的种种要求,资本主义大生产如洪水猛兽般的冲击,引发了西欧城市在组织制度、社会结构、空间布局、生活形态等方面的全面、深刻变化。城市内的一些要素和空间布局等,均不折不扣地成为资产阶级追逐资本的“垄断工具”[96],社会矛盾激化、社

[93] C Frederick.A History of Philosophy.Image Books,1985
R E 勒纳等著.西方文明史.北京:中国青年出版社,2003

[94] 章士嵘.西方思想史.上海:东方出版中心,2002

[95] L 芒福德著;倪文彦,宋峻岭译.城市发展史:起源、演变和前景.北京:中国建筑工业出版社,1989
沈玉麟.外国城市建设史.北京:中国建筑工业出版社,1989

[96] 马克思恩格斯选集(第二卷).北京:人民出版社,1972

会道德沦丧、城市环境恶化……对当时资本主义城市中的各种尖锐矛盾的诸多思考与探索性尝试，都有力地促进了近代西方各种规划理论与思想以及实践活动的产生，许多来自不同学科背景的先驱们从各种角度提出了医治“城市癌症”的药方，他们很多前瞻性的思想至今看来仍然熠熠生辉。可以说，作为面对经济、社会发展现实问题的一种解决手段，作为政府管理城市的有力工具，真正意义上(或者说科学意义上)的城市规划是在近代工业革命以后才开始产生的[97]。

一　19世纪西方城市发展的基本情况

1　城市急剧爆炸的时代

到了19世纪下半叶，西欧各国和大洋彼岸的美国都已进入了资本主义经济高速发展的阶段。工业大生产所带来或引发的新型生产要素、社会结构、生活形态和社会需求等等，都是人类历史上从未经历过的。工业革命导致新型的工业城市在广大的区域内像雨后春笋一样迅速生长(mushrooming growth)[98]出来。对于城市而言，它终于摆脱了几千年来一直作为政治、军事堡垒的“寄生”角色，而真正成为经济生产与人类生活的中心与重心，现代城市的面貌开始逐步形成了。

资本主义制度取代封建制度，是一场有关生产力与生产关系领域的全面、深刻变革。这种变革所导致的，一方面是西方世界经济生产方式、社会组织方式、空间行为方式等发生了跨越式、爆炸式的变化；另一方面却是相对滞后的城市空间结构被动性调整与极其匮乏的现代城市规划理论应对的尴尬局面，城市建设中的种种矛盾诸如畸形昂贵的地价、恶劣的居住条件、混乱的城市结构、阶级空间的日益对立、阻塞的城市交通、严重不足的公共卫生设施、持续恶化的生态环境和不断退化的城市景观等，都使得资本主义大发展初期的城市患上了可怕的“癌症”。可以说，刚刚登上统治舞台的资产阶级对这些情况的应变是极其不足的，在城市规划、城市管理方面的经验是非常稚嫩的[99]。

经济生产方式从传统的工商业向机器大生产的转型，直接带来了城市人口的爆炸式增长。据跟踪统计，1750年英国工业革命前全国有80%以上的人

[97] 孙施文.城市规划哲学.北京：中国建筑工业出版社，1997
[98] P Hall.Urban and Reional Planning.Penguin Books，1975
[99] 仇保兴.19世纪以来西方城市规划理论演变的六次转折.规划师，2003(11)

口生活在农村;到1830年前后,英国人口总数的一半已经居住于城市;到19世纪末,则是全国80%的人口居住在城市里。一些重要的工业城市如伦敦的人口由1800年的86万增加至1850年的236万,1900年的453万;巴黎的人口由1800年的55万增加至1850年的105万,1900年的271万;柏林的人口由1800年的17万增加至1850年的42万,1900年的190万;纽约的人口由1800年的8万增加至1850年的70万,1900年的343万等等。速度如此之快的人口集聚城市化过程所引发的一个突出问题是:城市建设亟待改进。如果说17、18世纪欧洲很多城市(如伦敦)的规划、建设中还带有古典主义理想色彩的话,那么19世纪城市的快速扩展则几乎全是为了适应机器大生产发展的需要。据统计,1600年伦敦市区的面积只有750公顷,1726年即增加至9160公顷,扩大了12倍之多(图6-1)[100]。这个时候,西欧的城市面貌、市政设施、生态环境等无一不染上了大工业时代的特点,大量出现的新兴工业、商业与交通建筑不仅体现的是资本主义世界的强大经济与技术实力,而且也彰显着全新的时代特征与崭新的生活形态。

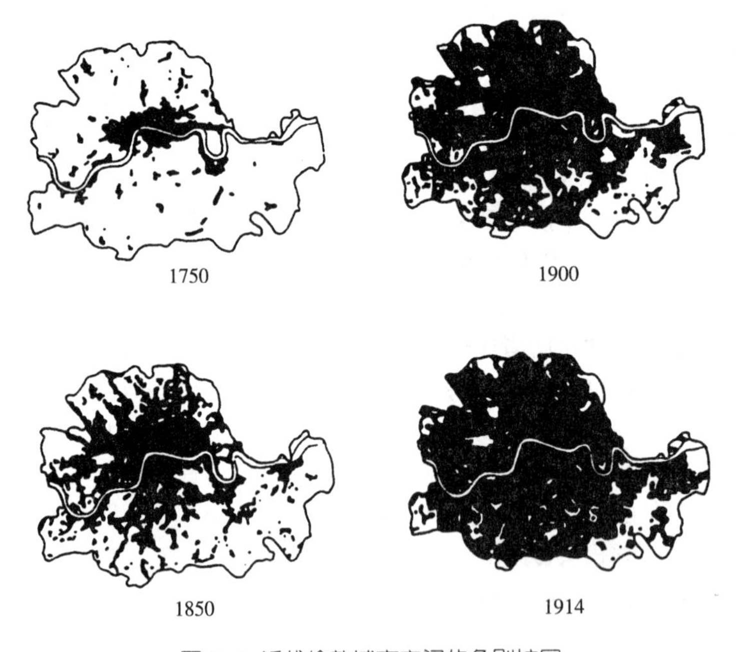

图6-1　近代伦敦城市空间的急剧扩展

[100] 谭天星,陈关龙.未能归一的路——中西城市发展的比较.南昌:江西人民出版社,1991

2 社会矛盾的极度尖锐化

然而对于城市里的广大平民来说，“暴政的树梢被砍去了，寄在一个人身上的王权被推翻了。但是天哪，压迫的大树依然存在，自由的阳光仍然照不到穷苦的老百姓身上”[101]。正如L. 芒福德所指出的那样：“人类在资本主义体系中没有一个位子……为了发展，资本主义准备破坏最完善的社会平衡……它们都得为快速交通或经济利益而牺牲。”资本主义制度的确立带来了城市内阶级结构的巨大变化和深刻重组，造就了产业无产者与工业资本家两个根本对立的阶级，城市的社会与空间发展也因此而具有了新的特质。对此，恩格斯在《英国工人阶级状况》中有详尽的调查和描述，而美国学者W. Dubois于1899年发表的《费城的黑人》(*The Philadelphia Negro*)一书，则可以被称为恩格斯著作在美国写照的姊妹篇。

处于狂热追求剩余价值利润状态的资产阶级此时根本无视广大产业工人的基本生存需要，恶劣的城市环境导致了中世纪以后在欧洲城市中出现了“新地狱”。如果说中世纪的黑暗只是带来了人们精神生活上的地狱，那么现在的城市地狱对人们身心的摧残则是更直接、更残酷的。根据W. Farr(现代统计科学的发明者）的调查显示，1841年利物浦市民的平均寿命是26岁，1885年曼彻斯特居民的平均寿命只有24岁，婴儿的死亡率高达80%，而维多利亚时代伦敦东部工业区中产阶级的平均寿命是45岁、商人27岁、体力劳动者22岁。资本主义的生产制度虽然开辟了一种新的文明，但是这种文明是建立在无产阶级的痛苦之上的，工人阶级的利益、待遇及其政治斗争日益成为城市政府不得不颇费心思的对象之一。这时西方的资本主义城市中普遍面临着“要么建设，要么革命”的选择(L. 柯布西耶)，特别是到了19世纪后半叶面对严峻的社会矛盾与恶劣的城市环境现实，西方城市政府不得不将工人的生活、劳动、居住、工资、政治地位和社会救济等一系列问题纳入到市政管理的日程中去。

二 西方资本主义初期的思想大发展

文艺复兴之前，按照宗教的教义人们将自然界的一切归结于神的创造，而不可能去探究事物因果现象之间的关系。文艺复兴带来了人类对自身价值的重新发现，对宗教神权的批判催生了西方近代的思想启蒙运动，并进而为近代

---

[101] S马斯泰罗内著；黄华光译.欧洲政治思想史.北京：社会科学文献出版社，1992

资本主义的科技革命、工业革命铺平了道路。然而,19 世纪资本主义工业革命高潮时期西方社会的思想状况 “比以往任何时期都更加复杂”(B.Russell,1872—1970)[102],究其原因,主要有以下几个方面[103]:

(1) 思想领域的空前扩展。包括来自美国和俄国对欧洲的重要贡献,都使得欧洲从古典哲学到现代哲学领域中的领军地位得到进一步的确立。

(2) 科学的进步成为社会发展的持续推动力。自 17 世纪以来科学便是推动欧洲社会进步的动力,到了 19 世纪在地理、生物、物理、有机化学等方面又有了许多突破性的进展,这种进展带来的革命不仅是科技意义上的,也包括对人类价值观的深刻改变。

(3) 机器大生产的形态深刻地改变了欧洲的社会结构。这种改变,给人类带来了新的、相对于外部环境而不断膨胀的自我力量意识。

(4) 怀疑、批判过去的态度。西方社会此时对于过去的传统从思想上、政治上和经济上都具有了一种全面的批判意识,甚至抨击了那些迄今为止尚视为不容评判、无懈可击的信念和制度。

1 公民社会意识的确立

西方国家一般把他们在资产阶级革命后建立起来的社会称为 “公民社会”。与欧洲以前两千多年的社会形态相比,资本主义公民社会的基本特征是:公民具有平等的法律地位,社会具有自主性,公民远离国家的控制和监视,国家在调整社会生活方面的职能受到限制, 公民按照集体社会生活的利益履行自己的职责[104]。一般认为:社会契约论、民主观念、人权思想是公民社会的三大支柱。这时在西方社会具有重要影响的是:伏尔泰关于人生来平等自由的思想、孟德斯鸠提出的“三权分立”的国家政治体制,以及卢梭的平等思想和人民主权思想等。相比于西欧,公民社会的思想在新兴的资产阶级共和国——美国得到了更充分的彰显。最具代表性的是 T. Jefferson(1743—1826)的观点,他认为所有人都是平等的,生命、自由和追求幸福的权力是上帝赋予人们不可让度的权力,人们是为了保障这些权力才通过契约成立政府的,人们在成立政府时并没有放弃这些权力,政府是由于被统治者的同意才取得正当权力的。

---

[102] 吴家骅.环境设计史纲.重庆:重庆大学出版社,2002

[103] C Frederick.A History of Philosophy.Image Books,1985
章士嵘.西方思想史.上海:东方出版中心,2002

[104] 袁华音.西方社会思想史.天津:南开大学出版社,1988

2 功利主义与实用主义的哲学态度

18、19世纪是西方资本主义国家在完成资产阶级革命后，社会生产力得到极大发展的时期。不久以后,完全现代形式的资本主义民主制度就在西方世界完全建立起来了。与人类社会以往任何社会制度形态的最大不同在于,资本主义制度是以追逐经济利润为核心的，社会生活因而也体现出了强烈的世俗性、功利性色彩。19世纪至20世纪上半叶弥漫在整个西方世界的功利主义、实用主义、实证主义以及自由主义等思潮,都是其制度文化本质的进一步表现形态。从思想意识方面来说,鼓吹功利主义与实用主义的清教学说从伦理上促进了西方资本主义制度的形成,自由主义则从政治和社会制度方面保证了西方资本主义的发展,而实证主义则促进了西方近代自然科学与技术科学的飞速发展[105]。

3 科学主义与实证主义的思维

科学主义和实证主义是近代西方十分流行的思潮，孔德把实证主义看作是人类智慧的最高体现,鼓吹处处以单纯的规律探求为目标。在此思想内涵的指导下,欧洲的近代自然科学体系得以最终确立。

哥白尼(Nicolaus Copernicus 1473—1543)的《天体运动论》是一场思想上的大革命,导致了后来牛顿宇宙观的产生,也是人类对大自然理解的一次根本性变革。后来的布鲁诺（1548—1600)、伽利略、开普勒（Johannes Kepler, 1571—1630)、牛顿、达尔文(Clarles Darwin,1809—1882)等,又进一步发扬了科学主义与实证主义的思想。牛顿为西方带来了一个崭新的宇宙观和宇宙秩序，其机械运动观念在几个世纪里深刻地影响着人类的思维方式——牛顿甚至把人的身体也看成一架机器，这也许对柯布西耶机器城市思想的形成也产生了重要的影响。科恩曾说:“在可以应用理性原则的思想和活动的几乎每一个层次上,都留下了牛顿革命的重大影响。”[106]艾塞亚·伯林是这样评价的:“牛顿思想的冲击是巨大的……道德的、政治的、技术的、历史的、社会的等思想和生活领域,没有哪个能避免这场文化变革的影响。”正是这种对物质世界存在着客观规律性的主体思想和信仰,不断鼓舞、推动着人们对自然的无尽探索。从这个意义上讲,18、19世纪不仅开启了一个科学方法的新时代,也使之成为一个信仰科学的时代。

---

[105] 章士嵘.西方思想史.上海:东方出版中心,2002
[106] 科恩著;鲁旭东等译.科学中的革命.北京:商务印书馆,1998

但是另一方面,也正如马克思曾批判霍布斯的那样:“感性(在这里)失去了它的鲜明的色彩而变成几何学家的抽象感性,物理运动成为机械运动或数学运动的牺牲品,几何被宣布为主要的科学。”和文艺复兴、古典主义时期对唯理思想的追求一样,有的近代哲学家甚至企图用几何学公理的方法来建立起一种规范全人类的伦理学和政治哲学。在近代诸多的科技革命中,达尔文有关进化论的思想是唯一的一场生物学革命,它指出人类只不过是宇宙中整个生物进化链条上的一环。这场进化论认识革命的重要意义在于摧毁了以人为宇宙中心的传统宇宙观,沉重地打击了文艺复兴以来人类的自我陶醉观念,使人们对世界、对人与人的制度的本质等进行了重新思考,人们开始不再把社会看成是静止的、不变的,而是一个动态的进化过程。

19 世纪西方资本主义世界思想领域的重大发展对社会的作用是广泛而深远的,包括对城市规划思想的深刻影响。可以说,正是 19 世纪的西方社会、科学的主体思想催生了现代科学意义上的城市规划学科的诞生;然而也正是这种思想,使得后来的现代主义城市规划中长期留下了实用主义、机械理性的深深烙印。需要在此特别指出的是:在近代,当西方社会主流追求对自然和历史规律性的主动认识、掌握乃至干预,从而将人类的理智和智能提高到空前的位置之时,也有一些思想家们在这种历史洪流面前看到了西方文明症结的另一面,他们以嘲讽的口吻把资本主义所掩盖的虚伪方面揭示出来,形成了西方文化传统中与理性主义相对立的“非理性主义”潮流,并逐渐造成了西方文化的多样性局面。这种在当时尚属启蒙的思想,终于在 1960 年代以后的西方社会中以“后现代主义”的形式全面、充分而深刻地表现出来。

三 近代城市规划思想及其实践的产生

1 城市公共环境改良的实践

仇保兴博士认为,公共卫生运动、环境保护运动和城市美化运动这三者贯穿于西方城市化的全过程,深刻地影响了近现代城市规划的起源[107]。由于人类聚居模式的转变,导致了传染病在西方世界的迅速蔓延,1347 年至 1352 年泛滥欧洲的“黑死病”导致死亡人数达到三千万以上,欧洲人的平均寿命从 30 岁缩短到了 20 岁。在随后的三百年里西方国家又多次爆发了各种传染性疾

[107] 仇保兴.19 世纪以来西方城市规划理论演变的六次转折.规划师,2003(11)

病,1849年流行世界的鼠疫曾涉及六十多个国家与地区(包括亚洲的印度、中国香港等)。严峻的公共卫生局面,促使欧洲各国开始关注城市环境整治和基础卫生设施建设。作为最早的工业化国家,英国的情况毫无疑问是最严重的。1855年英国实施了《消除污害法》(*Nuisance Remover Acts*),1866年实施《环境卫生法》与 *Torrens Act*,1875年实施的 *Cross Acts* 准许地方政府制定改善贫民区的计划。英国还于1875年制定了世界上第一部《公共卫生法》(*Public Health Act*),强制性规定了城市里卫生设施和住宅的最低建设水准。在随后的50年里英国的城市规划一直是由卫生部门负责,后改由健康部负责。为了改善工人的生活与工作环境,R. Owen 等人倡议通过规划来兴建工人住宅,这又促使英国在1890年颁布了《工人阶级住宅法》(*The House of The Working Class Act*)。

这一时期西方城市中的人口和用地急剧扩张,各种新的空间要素不断出现,城市的蔓延已经大大超出了人们的预期,也超出了人们常规手段的驾驭能力,城市形态呈现出犬牙交错的"花边"(Ribbon)形态和明显的"拼贴"(Collage)特征,城市环境的异质性增强,特色日渐消失,质量日益下降[108]。在为追逐利益而不断争斗的西方世界里,这时候"有一个问题几乎使人们没有什么分歧:不仅在英国,而且在欧洲、美洲以及我们的殖民地,不论属何党派,大家几乎一致地对人口继续向已经过分拥挤的城市集中、农村地区进一步衰竭的问题深感不安"(E. 霍华德,1898)。"如何针对现实的危险,妥善地对症下药,无疑是一个非常重大的问题"(英国《圣詹姆斯报》(*St. James's Gazette*)1892年6月6日)。这一时期在西方的城市规划领域,许多社会改革家、规划师、建筑师、工程师、生态学家等都针对大城市存在的种种问题进行了研究,力图通过改造大城市的物质环境来解决社会问题,缓和尖锐的社会矛盾,从而重新建立起一个和谐、高效、新型的社会。这时人们已经强烈地意识到,有规划的设计对于一个城市的发展是十分必要的,也许只有通过整体的形态规划,才能摆脱城市发展现实中的困境。这种思想认识曾一度主导控制了整个西方城市规划的理论和实践活动[109],包括19世纪中叶奥斯曼的巴黎改建规划、美国格网状城市的总体规划、霍华德(E. Howard,1850—1928)的田园城市理论、西谛(C.Sitte,1843—1903)的城市形态研究、阿伯克隆比(P.Abercrombie)的大伦敦规划、柯布西耶的光明城、《雅典宪章》的诞生乃至二战后西方国家的普遍重建,等等。

---

[108] 王建国.现代城市设计的理论和方法.南京:东南大学出版社,1991

[109] 王建国.现代城市设计的理论和方法.南京:东南大学出版社,1991

把富裕居住区与贫困居住区通过城市空间的重新划分而隔绝开来，是大部分西欧国家在资本主义社会初期进行城市改造时必然要进行的一项基本工作，这个活动最早、最典型的是开始于19世纪中叶Haussmann主持的巴黎改建，其目的除了解决当时城市功能结构由于急剧变化而产生的种种尖锐矛盾和对帝国首都进行装点外，还在于从中心区迫迁无产阶级，改善巴黎贵族与上层阶级的生活与居住环境，拓展大道、疏导城市交通、提高军事行动能力等[110]。Haussmann的巴黎改建对欧洲各国的首都建设产生了重要影响，就连当时经济相对落后的奥地利，其皇帝也亲自启动了全面改造维也纳的工程(1857)而在大洋彼岸的美国，这个新兴的资产阶级共和国几乎是在一张白纸上以极其现实、功利主义的态度，描绘着一张张快速发展的城市的蓝图。在纽约、费城等绝大多数城市，为了应对城市急速增长的空间需求和满足土地商业投机的需要，一种由测量师依靠丁字尺快速绘制出的缩小街坊面积、增加道路密度的"方格形"城市形态正在不断蔓延。但是，这充其量只能看作是资本主义大城市应付工业和人口快速集聚的简便"方法"，而不能被视为真正意义上的"规划"[111]。

2 近代城市规划思潮的风起云涌

除了各种实践探索以外，更为重要的贡献是19世纪末有关近现代城市规划的各种理论与思想被纷纷提出。这些近代城市规划思想家们通过批判过去和各自提出自己的先驱型理论、模式，试图使新生的资产阶级认识到：他们已经不再是暂时的统治阶级，而是这个新时代的领导阶级，他们的所作所为必须要为整个社会的发展负责。但是，当时西方城市官僚体系中的事务主义者却都把他们的多数论断视为空想，"一部分思想在19世纪末得到了及时的认识和接受，但是更多的直到第一次世界大战结束后才被感兴趣的公众所知晓，迄至1939年小规模的试验开始被承认和接受，1945年开始这些思想的影响才在实际的政策和设计中起作用"(P. Hall，1975)。P. Hall又进一步将这些城市规划思想划分为两派：英美派(Anglo-American Group)和欧洲大陆派(Continental European Group)[112]，他认为英美派的规划思想多是关注大城市的疏散问题，而欧洲大陆派的规划思想关注得更多的是城市内部优化问题。其实这种区分

[110] 王建国.现代城市设计的理论和方法.南京：东南大学出版社，1991

[111] P Hall.Urban and Reional Planning.Penguin Books，1975

[112] P Hall.Urban and Reional Planning.Penguin Books，1975

的意义并不是很大,而且事实上由于在制度、意识形态上的明显差异,英、美两国在城市规划思想与实践的传统方面仍然存在着巨大的分野。按照作者的认识,英国的城市规划传统应该和所谓的欧洲大陆派走得更近一些;而在美国则更多地体现了实用主义、自由主义的浓郁色彩。正如P. Hall自己所指出的那样:“美国的规划是不成其为规划的,这个国家看来是一个由猖獗的个人主义左右着经济发展和土地利用的地方——经济规划总是趋向于范围很大的区域,而物质环境规划却过于地方性和小规模。”

四 空想社会主义的探索

在资本主义早期极端残酷的剥削时代,很多怀有社会良知的先驱们开始质疑资本主义制度的合理性,并用思考或实践去憧憬着他们心目中理想的国家与城市形态。推翻、埋葬资本主义制度,建立以公有制为主体、消除剥削的民主社会,被他们公认为是解决问题的根本途径[113]。我们今天一般将这些早期伟大思想家们的各种理论与概念,统称为“空想社会主义”。其实,“空想社会主义”者所提出的“天下大同”思想早在古希腊时期就引起了哲人们的思考,甚至可以说在西方历史上的任何一个时代,对这样的理想社会的想象都没有停止过,但是直到近代残酷的资本主义制度现实呈现在人们面前时,空想社会主义才演变、成长为一股有深远意义的社会思潮。

近代历史上的空想社会主义源自于英国杰出的人文主义者莫尔(Thomas More,1478—1535)的“乌托邦”概念。早在1516年他的名著*The Utopia*中就提出了实现公有制的乌托邦设想,他深信“如果不彻底废除私有制……人类就不可能获得幸福”。莫尔期望通过对理想社会组织结构等方面的改革,来改变当时他认为是不合理的社会制度与形态,并描述了他理想中的建筑、社区和城市的乌托邦形态。这种先进的思想影响了以后许多代的空想社会主义者:圣西门(Saint—Simon,1760—1826)、傅立叶(Charles Fourier,1772—1837)、欧文(Robert Owen,1771—1858)等等。19世纪空想社会主义的代表人物欧文和傅立叶等人,不仅通过著书立说来宣传和阐述他们对理想社会的坚定信念,同时还通过一些实践来推广和实践自己的理想。英国工业家欧文认为,社会中的一切罪恶都是由于不合理的资本主义社会制度产生的,因此必须建立理想的社会制度。关于这个“理想制度”、“和谐制度”,法国人傅立叶提出的模式是以法

---

[113] 言玉梅. 当代西方思潮评析. 海口:南海出版公司,2001

朗吉(Phalanges)为基本单位的社会形态,并精确地计算出法朗吉的最佳人数是1620人,在这里根据劳动性质或种类的不同分成若干生产队,大家共住在一所大厦中,成员可以根据自己的爱好选择劳动内容,多样化的劳动方式符合自然的多样化情欲,在劳动中竞赛将取代竞争,劳动将成为乐事[114]。欧文甚至变卖自己富裕的家产而带着信徒们到美洲大陆去实践他的社会主义社区“新协和村”(New Harmony)(图6-2)。戈定(Godin)力图在盖斯(Guise)这个地方通过“千家村”将傅立叶的理想变成现实。美国人J.H.Noyes于1848年在纽约州建立了类似的“奥乃达社区”(The Oneida Community)。

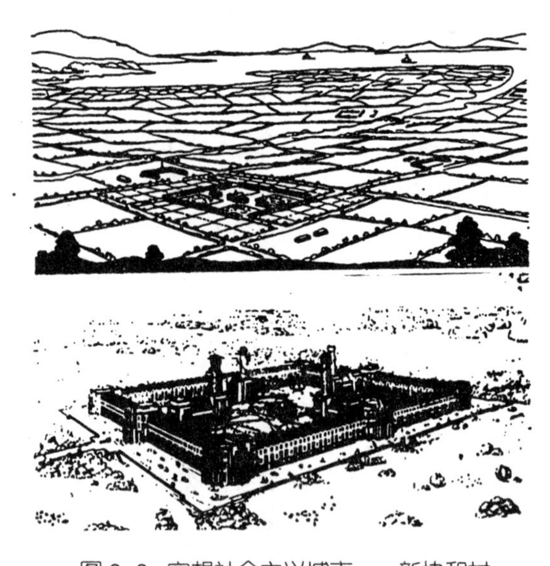

图6-2 空想社会主义城市——新协和村

然而,在资本主义社会中是不可能存在理想的社会主义城市的。恩格斯在《反杜林论》中对18世纪末、19世纪初的空想社会主义者是这样评价的:“在这个时候,资本主义生产方式以及资产阶级和无产阶级间的对立还很不发展……这种历史情况也决定了社会主义创始人的观点。不成熟的理论,是和不成熟的资本主义生产状况、不成熟的阶级状况相适应的。解决社会问题的办法还隐藏在不发达的经济关系中,所以只有从头脑中产生出来。”“这种新的社会制度一开始注定要成为空想的,它愈是制定得详尽周密,就愈是要陷入纯粹的幻想。”但是,“使我们感到高兴的,倒是处处突破幻想的外壳而显露出来的

[114] 沈玉麟.外国城市建设史.北京:中国建筑工业出版社,1989

天才的思想萌芽和天才思想,而这些却是那班庸人所不能看见的”,它被近代西方人本主义规划思想的先驱们注意到了。空想社会主义者的理论、实践虽然在当时的西方世界中没有产生实际的影响,但是其进步思想对后来的城市规划思想、理论(包括霍华德的田园城市)发展都产生了重要的作用。

五　近代人本主义规划思想的两位大师[115]

霍华德、盖迪斯(P. Geddes,1854—1932)与芒福德被并称为西方近现代三大“人本主义”规划思想家[116]。盖迪斯曾经热情支持霍华德的思想,芒福德更是一直尊称盖迪斯是他的导师。毫无疑问,他们是近现代人类规划史中三颗最璀璨耀眼的巨星,在人文主义规划思想方面达到了后人难以企及的高峰。

人本主义的城市规划思想家,他们从一开始就敏锐地觉察到了工业社会和机器化大生产对人性的摧残和毁灭,因而他们把城市规划、建设和社会改革联系起来,把关心人和陶冶人作为城市规划与建设的指导思想,这比千百年来将城市规划、建设仅仅看作是用工程技术手段来满足统治者需要的旧观念显然要进步得多[117]。人本主义思想家普遍认为:城市尤其是大城市,是一切罪恶问题的根源,是反人性的和不人道的,因此必须加以控制和消灭。因此,他们的思想与所有理论的基本出发点是“出自人性对大自然的热爱”,目标是实现“公平”、“城市协调和均衡增长”,其基本空间策略一般是“分散主义”。

1　霍华德与社会(田园)城市思想

在西方近代诸多的城市规划思想家中,占首位和最有影响的毫无疑问当首推E. 霍华德(P. Hall,1975)。霍华德出生于英国的平民家庭,青年时期到美国闯荡并开始接触W. Whiteman(1819—1892)、R. W. Emerson(1803—1882)等人的著作与思想,特别是著名的美国政论家T. Paine(1737—1809)的思想对他影响很深,用霍华德自己的话讲,T. Paine的学说“使我成为独立思考的人”。回到英国后,他长期在议会里担任速记员,使其对社会问题以及资产阶级政要的观点有了更深刻的认识。在霍华德的年代,“现在使人们感兴趣的问题是,在我们已经获得民主的情况下,我们将做些什么?在它的帮助下我们将创

---

[115] 本部分内容主要参考了:金经元.近现代西方人本主义城市规划思想家.北京:中国城市出版社,1998

[116] 还有人将莱特也列为人本主义规划大师之一,作者对此并不赞同,因为其“广亩城市”的基本出发点与思想深度都无法与这三位大师相提并论。

[117] 金经元.近现代西方人本主义城市规划思想家.北京:中国城市出版社,1998

造怎样的社会?我们是否能无休止地看着伦敦、曼彻斯特、纽约、芝加哥之类的景象,它们的喧嚣和丑陋、谋钱取财、罢工、奢侈和贫困的悬殊对比?或者我们是否能够建立一种社会,使人人享有艺术和文化,并以某些伟大的精神目标支配着人类的生活"?(*Daily Chronicle*,1891 年 3 月 4 日)于是,伦敦政府授权霍华德进行城市调查并提出一整套的整治方案。现在看来,霍华德的工作思路明显受到了当时英国社会改革思潮的影响,他对种种社会问题如土地所有制、税收、城市贫困、城市膨胀、生活环境恶化等,都进行了深入的调查与思考,并成为其"社会(田园)城市"中所关注和试图解决的核心。

1) **思想内核——社会改革的主张**

霍华德在 1898 年 10 月将其学说思想以《明日:一条通向真正改革的和平之路》(*To-morrow:A Peaceful Path to Real Reform*)一书正式出版,随后在英国不断再版。但是在 1902 年这一著作第二版时,他迫于压力而将书名改为《明日的田园城市》(*Garden Cities of To-morrow*),删去了改革、和平等容易引发社会争论的字眼,封面也做了重新设计,以中世纪公主手捧"田园住宅"的柔情形象消除了人们对改革的联想(R. Beevers,1988)(图 6-3),内容中也删除了"无贫民窟无烟尘的城市"、"地主地租的消亡"等涉及社会敏感改革的图解与相关引语内容,试图掩盖"田园城市"(Garden City)思想中关于社会改革的痕迹[118],其实这完全违背了霍华德社会改革思想的初衷,也是霍华德不愿看到却又无法阻止的。毫无疑问,霍华德最擅长的并不是担任形体规划师角色,他实际上更是一个社会改革的鼓吹者。他最初曾经想把他的著作命名为《万能钥匙》(*The Maser Key*),并为此专门绘制了一张封面草图,还引用了美国诗人 J. R. Lowell 的诗——《当前的危机》(*The Present Crisis*)(图 6-4)。从钥匙和开榫除去部分的文字中,我们可以清楚地看出他主张什么和反对什么。这张图事实上非常明确地表达了霍华德希望通过田园城市(社会城市)而实现的社会主张和抱负——明确的社会改革愿望。

霍华德认为"当简单的事实被牢牢掌握以后,社会的剧烈变革就会迅速开始"。但是在当时资本主义如日中天的时代,他即使找到了一条"真正改革的和平道路",也不能不遭到各方面有意无意地取其躯壳、去其精华的曲解[119]。这本书"也遭到经典著作通常遇到的不幸:既受到从未读过这本书的人的斥责,有时又被对它的一知半解的人所接受"(芒福德,1946);"那些人士所做的几件事

[118] E 霍华德著;金经元译.明日的田园城市.北京:商务印书馆,2002
[119] E 霍华德著;金经元译.明日的田园城市.北京:商务印书馆,2002

情被全世界精心模仿，然而他们根据霍华德建议所取得的较大成就，仅仅是出于朦胧的理解”（奥斯本，1946）；“对霍华德所作的各种评论都以牺牲关键思想为代价”（托马斯，1985）。

图 6–3　田园城市第二版充满脉脉温情的封面

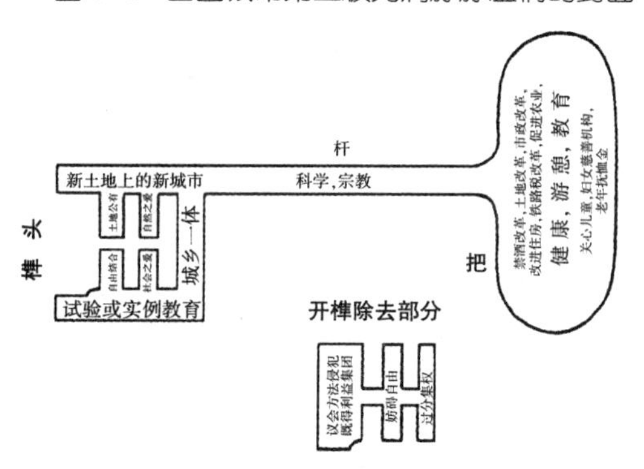

新的时机赋予新的责任；
时光使古老的好传统变得陌生；
要想和真理并肩前进，
就必须勇往直前努力攀登。
看啊，真理之光在前方召唤！
先人的事业我们坚决继承。
用我们自己的“五月花”勇探征途。
迎寒风战恶浪绝路夺生。
不求靠祖辈血锈斑驳的钥匙，
打开那未来的大门。

J.R. 洛威尔

图 6–4　霍华德的社会城市是解决问题的“万能钥匙”

2）空间模式——城乡交融、群体组合的“社会城市”

实际上，霍华德自始至终所倡导的都是一种全面社会改革的思想，他更愿意使用“社会城市”而不是“田园城市”（更多体现的是关于形态的概念）来表达他的思想，并以此展开他对“社会城市”在性质定位、社会构成、空间形态、运作机制、管理模式等方面的全面探索。他的出发点是基于对城乡优缺点的分析以及在此基础上进行的城乡之间“有意义的组合”，他提出了用城乡一体的新社会结构形态来取代城乡分离的旧社会结构形态，“城市和乡村的联姻将会迸发出新的希望、新的生活、新的文明”，融生动活泼的城市生活优点和美丽、愉悦的乡村环境为一体的“田园城市”将是一种“磁体”[120]。因此从空间形态上看，这种田园城市必然是一组城市群体的概念：当一个城市达到一定的规模后应该停止增长，要安于成为更大体系中的一员，其过量的部分应当由邻近的另一个城市来接纳(图 6–5)[121]。霍华德坚持认为这种城镇群体组合发展的模式并不是一种空想或只适用于新建的地区，“我的有些朋友认为，这种城镇群方案非常适用于一个新的国家，但是在一个城镇早成定局的国家中，城市已经建成，情况就大不相同了。可以肯定，产生这种观点是由于坚持认为国家的现有财富形

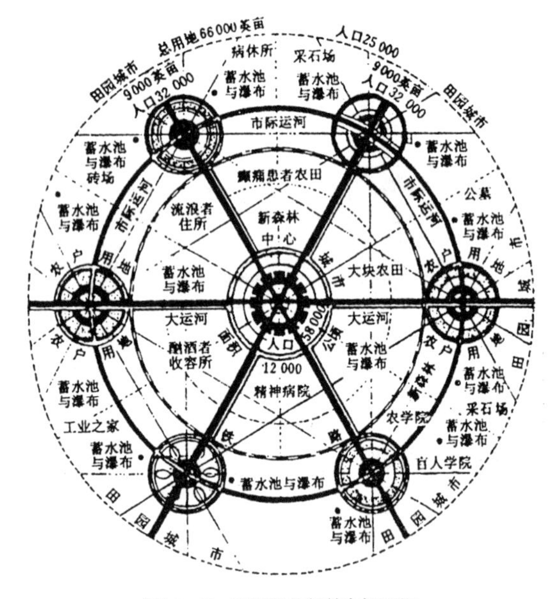

图 6–5 田园城市的总平面

[120] 沈玉麟.外国城市建设史.北京：中国建筑工业出版社，1989

[121] 沈玉麟.外国城市建设史.北京：中国建筑工业出版社，1989

式是永久的,而且永远是引进较好形式的障碍"。难能可贵的是,霍华德还远远超越了历史上所有形体规划师的工作局限,对社会城市的收入来源、管理结构等都进行了深入细致的论述,并在莱彻沃斯(Letchworth,1903)、韦林(Welwyn,1920)两个地方亲自领导了实践(图 6-6)。

图 6-6 韦林田园城市的平面图

3)田园城市与相关概念的辨析

可见,后来经过修饰而被人们常常关注的"田园城市"外壳形态,其实并不是霍华德所倡导的"社会城市"的思想真谛,充其量只是其一个局部。但即便从形态的角度考察,田园城市也截然不同于我们常常提及的"花园城市"和"卫星城"等概念。关于田园城市的概念,1919 年田园城市协会(Garden City Association)有一个简短的定义:"田园城市是为安排健康的生活和工业而设计的城镇,其规模要有可能满足各种社会生活,但不能太大;被乡村带所包围;全部土地归公众所有或托人为社区代管。"这个定义尽管刻意回避了有关社会改革的内容,但田园城市讲求适度规模、城乡交融、社会管理的内涵与单纯注重景观设计的"花园城市"依然不能混为一谈。从田园城市构建的城镇群体目标、规模、功能组合、成员间相互关系等角度看,它和"卫星城"也有着本质的区别(虽然"卫星城"理论的提出者、实践者恩温曾经是霍华德的重要助手),但是甚至在阿伯克隆比 1944 年主持的大伦敦规划中,试图通过在外围设置新城来减轻中心区过度发展的压力的方案,也被阿伯克隆比自称是体现了霍华德的规划原则并代表了当时规划界的普遍认识。实际上,"卫星城"只是与"田园城市"形似而已,它并不像"田园城市"那样谋求通过一个适度规模、协调共生的城镇群体来取代特大城市的发展道路(事实上按照“田园城市”的发展模式,就根本不会出现特大城市),而是主张以发展与“中心城”体量悬殊、承担局部功能的“卫星城”来继续推进特大城市的发展,更没有触及“田园城市”中关于社会改革方面的实质。

4) “田园城市”的历史贡献

霍华德一直被当之无愧地视为西方近代规划史上的“第一人”。在霍华德“田园城市”思想的影响下,英国于1899年成立了“田园城市协会”,以后又改名为“田园城市与城市规划协会”(Garden Cities and Town Planning Association),并最终在1941年改称为“城乡规划协会”(Town and Country Planning Association)。美国著名的城市史学家L.芒福德曾经如此高度评价霍华德的“田园城市”:“20世纪我们见到了人类社会的两大成就:一是人类得以离开地面展翅翱翔于天空;一是当人们返回地面以后得以居住在最为美好的地方(田园城市)。”当我们今天重新阅读霍华德的“田园城市”著作时,“不是看到它的边缘已经褪色,而是它的中心依然清晰醒目”(F.Osborn,1946)。概要而言,霍华德的“田园城市”对近现代城市规划发展的重大贡献在于:

(1) 在城市规划指导思想上,摆脱了传统规划主要用来显示统治者权威或张扬规划师个人审美情趣的旧模式,提出了关心人民利益的宗旨,这是城市规划思想立足点的根本转移;

(2) 针对工业社会中城市出现的严峻、复杂的社会与环境问题,摆脱了就城市论城市的狭隘观念,从城乡结合的角度将其作为一个体系来解决;

(3) 设想了一种先驱性的模式,一种比较完整的规划思想与实践体系,对现代城市规划思想及其实践的发展都起到了重要的启蒙作用;

(4) 首开了在城市规划中进行社会研究的先河,以改良社会为城市规划的目标导向,将物质规划与社会规划紧密地结合在一起。

2 盖迪斯的综合规划思想

盖迪斯是苏格兰生物学家、社会学家、教育学家和城市规划思想家,是一位具有崇高人格魅力的科学家和具有世界影响的近代城市规划奠基人。与霍华德集中提出了一个“田园城市”的思想不同,盖迪斯是一个综合性的规划思想家,他把生物学、社会学、教育学和城市规划学融为一体,创造了“城市学”(Urbanology)的概念,并通过积极参与城市社会活动和广泛进行实践,来传播、普及他关于城市规划的种种思想。

1) 城市研究的综合观

盖迪斯强调城市规划不仅要注意研究物质环境,更要重视研究城市社会学以及更为广义的城市学,因此,盖迪斯事实上是使西方城市科学由分散走向综合的奠基人。1904 年他发表了《城市学：社会学的具体运用》(*Civics:As Concrete and Applied Sociology*)的演讲,1919 年发表了《生物学和它的社会意义:一个植物学家对世界的看法》(*Biology and It's Social Bearings:How a Botanist Looks at the World*)的演说,指出"城市改造者必须把城市看成是一个社会发展的复杂统一体,其中的各种行动和思想都是有机联系的"。盖迪斯所谓的"城市学"就是强调要用有机联系、时空统一的观点来理解城市,既要重视物质环境,更要重视文化传统与社会问题,要把城市的规划和发展落实到社会进步的目标上来,这是盖迪斯认识城市问题的理论思想精髓[122]。

2) 区域协同的综合观

如果说在近代规划史上,是霍华德第一次将观察城市的目光投射到了城市之外的周边区域上,那么,盖迪斯就是西方近代建立系统区域规划思想的第一人。在 1915 年出版的《进化中的城市：城市规划运动和文明之研究导论》(*Cities in Evolution:An Introduction to the Planning Movement and the Study of Civics*)一书中,盖迪斯系统地阐述了他的规划思想。在这里,他强调把自然地区作为规划的基本构架,首创了区域规划的综合研究,指出城市从来就不是孤立的、封闭的,而是和外部环境(包括和其他城市)相互依存的。"城市必须不再像墨迹、油渍那样蔓延,一旦发展,它们要像花儿那样呈星状开放,在金色的光芒间交替着绿叶。""人们不能再以孤立的眼光来对待每一个城市,必须认真进行区域调查,以统一的眼光来对待它们。"正如芒福德所言:"真正的城市规划,必须首先是区域规划[123]。"

他非常赞赏挪威按照水资源分布建立起来的人与自然环境有机平衡的城镇分布方式,指出"人类社会必须和周围的自然环境在供求关系上相互取得平衡,才能持续地保持活力。荒野也是人类社区的组成部分,是文明生活的靠山,要平等地对待大地的每一个角落"。进而,盖迪斯提出了城镇集聚区(Conurbation)的概念,具体论及了英国的 8 个城镇集聚区,并有远见地指出这并非英国所独有而将成为世界各国的普遍现象。这个断言甚至比 1957 年法国城市地理学家戈特曼(Gottmann)提出大都市带(Megalopolis)要早了四十多年。

3) 勤奋务实的实践观

盖迪斯具备自然科学家的所有优秀素质,他非常重视调查、实践在城市规

---

[122] 金经元.近现代西方人本主义城市规划思想家.北京:中国城市出版社,1998

[123] L Mumford.The Culture of Cities. Harcourt,Brace and Company,1934

划中的作用。早在1890年代,他就在家乡爱丁堡购置房产以建立“城市瞭望台”(Outlook Tower)和社会学实验室(展览与观测的场所)。盖迪斯用亲身实践表明了观察、调查对城市规划的极端重要性,提出了“先诊断、后治疗”的规划路线,强调要“按事物本来的面貌去认识它……按事物的应有面貌去创造它”,并制定了“调查—分析—规划”的“标准”程序。盖迪斯还在塞浦路斯等地进行了区域规划的实践,在丹弗姆林(Dunfermline)进行城市规划的实践,为印度五十多个城镇编制了城市规划报告。所有这些,都使得他的思想、学说与规划实践结合得更为紧密。

4) **深切的人文关怀观**

之所以将盖迪斯列为近代人本主义城市规划思想的大师之一,是因为他的所有思想、学说、实践中都闪烁着深刻的人文主义精神光辉。盖迪斯把以煤和蒸汽为基本动力、以追逐利润的资本家为决策者、很少考虑环境保护的时代称为“旧技术时代”(Paleotechnic Era);而把以电为基本动力、以联系和教导群众的政府为主要决策者、关心环境和艺术的时代称为“新技术时代”(Neotechnic Era),他指出将城市从旧技术时代引向新技术时代是城市规划的重要目标之一。

盖迪斯极度重视人文要素与地域要素在城市规划中的基础作用,因此他认为应该以人文地理学来为规划思想提供丰厚的基础,“城市规划不仅是地点规划或工作规划,如想取得成功,必须是人的规划”;“城市的演变和人的演变必须同步进步”;“我们必须领悟城市过去、现在和将来的精神、个性和特征”;“我们的实况调查,不仅是为了收集资料,还必须揭示出随每一代人的表现而变化的社会个性”。经济上的损失、实践中的失败莫过于艺术上的轻浮,每一个真正的设计、每一个有效的方案,都应该而且必须充分利用当地和区域的条件,并表现出当地和区域的个性[124]。

盖迪斯深切关怀城市中广大居民的生活条件,主张规划要在经济上和社会上促进各系统的协调统一;尊重社区传统,对巴黎改建那样简单粗暴的“城市清理”持怀疑态度;强调规划是一种教育居民为自己创造未来环境的宣传工具,他很早就有了通过展览会促进公众参与的意识,直接向广大群众宣传他的区域和城市规划观点,并向他们揭示当地的优势、潜力和问题。盖迪斯坚信,区域和城市规划的主要意义在于教育群众,调动群众建设自己家园的积极性,事实上,他也是一直这么做的。

---

[124] 金经元.近现代西方人本主义城市规划思想家.北京:中国城市出版社,1998

六　现代机械理性规划思想的起源

与霍华德、盖迪斯等人文主义者对城市发展、城市规划所持的基本观念不同，一些崇尚现代工业社会技术的工程师、建筑师则对城市的未来充满了希望，他们基于现代技术提出了种种改造、建设城市的规划主张，因而被称为“机器主义城市”的思想，这一时期内最具代表性的是带形城市模式和工业城市模式。

1　马塔（Matao）的带形城市模式

1882年西班牙工程师马塔(A. S. Matao)提出了带形城市(Linear City)的概念，希望寻找到一个城市与自然始终可以保持亲密的接触而又不受其规模影响的新型模式。在这个城市中，各种空间要素紧靠着一条高速度、高运量的交通轴线聚集并无限地向两端延展，城市的发展必须尊重结构对称和留有发展余地这两条基本原则。按照马塔的理解，带形城市的规模增长将因此而不受限制，甚至可以横跨欧洲(图6-7、图6-8)。

带形城市对以后西方的城市分散主义思想有一定的影响，最典型的如1930年前苏联规划师米留申(N. A. Milutin，1889—1942)在1930年代主持规划设计的斯大林格勒和马格尼托哥尔斯克两座城市中，采用了多条平行功能带来组织城市。二战后哥本哈根(1948)、华盛顿(1961)、大巴黎地区(1965)、斯德哥尔摩(1966)等地的规划中，也都显露出带形城市的痕迹，甚至到了1990

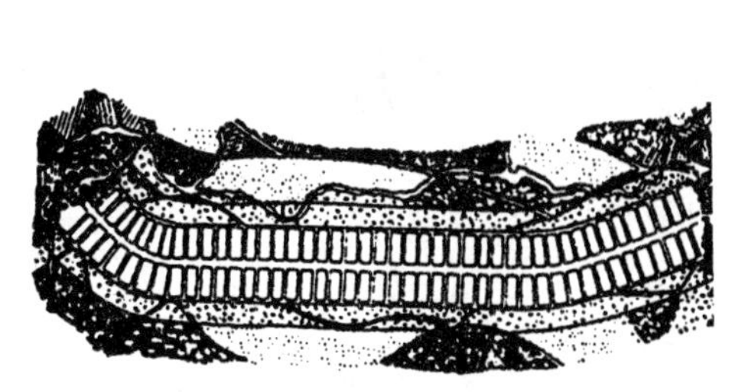

图6-7　马塔的带形城市示意

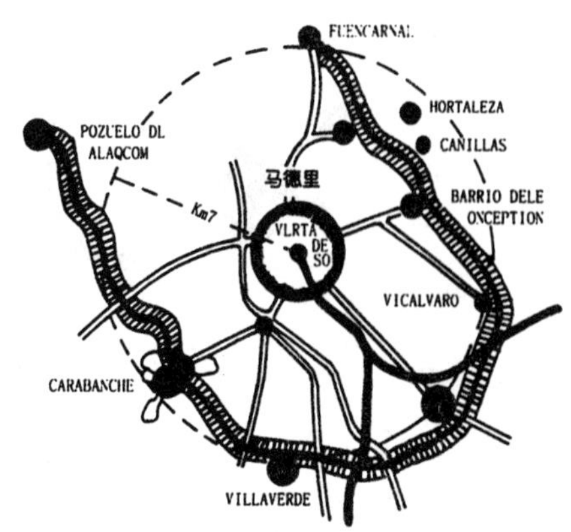

图6-8　马德里郊外的带形城市

年代马来西亚基隆坡的外围区仍然在规划建设带形城市。虽然带形城市有其明显的优点，但是却忽视了商业经济和市场利益这两个基本规律，使得城市空间增长的集聚效益无从体现。因此，真正造成带形城市发展障碍的并不是技术要素，而是缺乏对商业经济的考虑[125]。

2 戈涅的工业城市模式

法国建筑师戈涅(T. Garnier)在1901年提出了他的工业城市(Industrial City)思想。戈涅认为，工业已经成为主宰城市的力量而无法抗拒，现实的规划行动就是使城市结构去适应这种机器大生产社会的需要。城市的集聚本身是没有错的，但是必须遵守一定的秩序。如果将城市中的各个要素依据城市本质要求而严格地按一定的规律组织起来，那么城市就会像一座运转良好的"机器"那样高效、顺利地运行(图6-9)，城市中所有的问题也就可以迎刃而解。因此，在他的工业城市模式中，将城市的各个功能部分像机器零件一样，按照其使用的需要和不同的环境需求，进行分区并严格地按照某种秩序运行(图6-10)。戈涅的工业城市模式对后来L. 柯布西耶的集中主义城市[126]、《雅典宪章》中的城市功能分区的思想等，都有重要的影响。

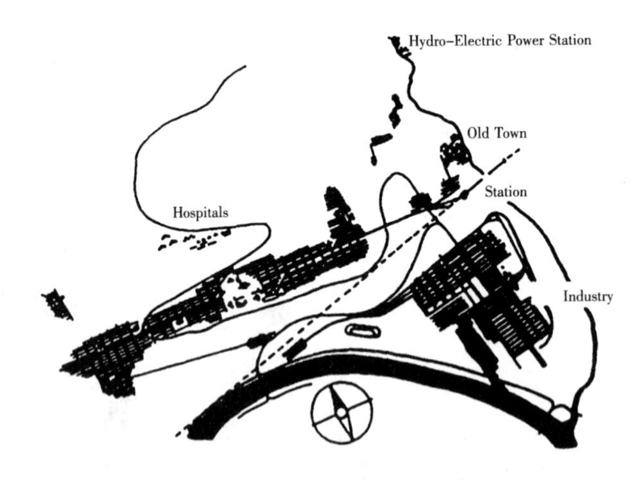

图6-9 戈涅的工业城市规划

[125] 王受之.世界现代建筑史.北京：中国建筑工业出版社，1999

[126] 柯布西耶为1922年巴黎秋季美术展做了一个理想城市方案，取名"300万人口的现代城市"，又称"光明城"(Radiant City)。

图 6-10　戈涅的工业城市景观

七　城市美化运动与自然主义的探索

1　城市美化运动

城市美化的实践实际上早在文艺复兴时期的欧洲城市中便已开始，后来法国 Haussmann 进行的巴黎改建也属于美化城市的行动，并随后影响了柏林、巴塞罗那等许多欧洲城市。但是作为一项普遍的“城市美化”运动(City Beautiful Movement)，则主要是指 19 世纪末、20 世纪初欧美许多城市中针对日益加速的郊区化趋向，为恢复市中心的良好环境和吸引力而进行的景观改造活动[127]。特别是在美国形成的城市美化运动催生了后来景观建筑学(Landscape Architecture)、园林规划和城市绿地规划的兴起与发展。正如 Mcloghlin(1968)所说，这时“对未来规划的构思，应多从园艺学而非建筑学中去寻找启迪”。

在美国，城市美化运动的前奏是 1850 年代末开始的公园运动(Parks Movement)。1862 年，美国自然主义者 G. P. Perksn 等人在《人与自然》一书中就提出了自然环境的重要性；1893 年芝加哥举办的世界博览会的一个最大目的是，通过城市美化建设以建立一个“梦幻城市”，并试图以此来拯救沉沦的城

[127]　当时波士顿许多有钱人这样告诫他们的子女：“波士顿除了繁重的赋税和政治上的暴政以外，对你们来说，别的什么也没有。当你结婚的时候，在郊区挑选一块地方盖一所住宅，参加乡村俱乐部，把你的生命倾注在你的俱乐部、家庭和孩子身上。”

市。作为一种明确的思潮和运动，城市美化运动首先是以伯恩海姆(D.Burnham)所作的“芝加哥规划”(1909)为开始，当时这个规划也被认为是第一份具有城市规模的总体规划(图6-11)。1901年哥伦比亚议会成立了三人专家小组来研究芝加哥的“美化问题”，这三人小组就包括伯恩海姆和景观建筑大师F. L. Olmsterd。伯恩海姆本人非常沉迷于欧洲古典城市，他认为：恢复城市中失去的视觉秩序及和谐之美是创造一个和睦社会的先决条件[128]。在芝加哥规划中他采用了古典、巴罗克的手法，以纪念性的建筑及广场为核心，通过放射形道路形成多条气势恢弘的城市轴线，但是却严重脱离了经济可行性的基本要求，因此这个规划并没有得到实施。不过，伯恩海姆所倡导的城市美化运动以及他所推崇的古典主义模式，却迅速影响到世界各地，例如澳大利亚的堪培拉、印度的新德里，甚至后来的纳粹德国。 正如希特勒所言：“我要通过这个(柏林)规划，来唤醒每一个日耳曼人的自尊。” 在城市美化运动实践中作出最重要贡献的是F. L. Olmsterd，他也是现代西方景观规划的先驱。在Olmsterd的率领下，1859年首先在纽约建设了第一个现代意义的城市开敞空间——纽约中央公园(图6-12)，这种方式改善了城市机能的运行，开创了促进城市中人与自然相融合的新纪元(图6-13)。Olmsterd还主持设计了旧金山、布法罗、底特律、芝加哥、波士顿等诸多城市公园的规划，将城市美化运动的思想在欧洲大陆广泛传播。

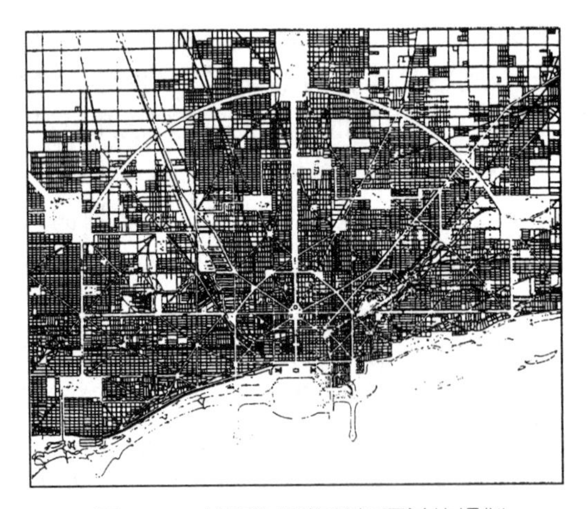

图6-11 伯恩海姆的芝加哥总体规划

---

[128] 洪亮平.城市设计历程.北京：中国建筑工业出版社，2002
A J Morris.History of Urban Form：Before the Industrial Revolution. Wiley，1979

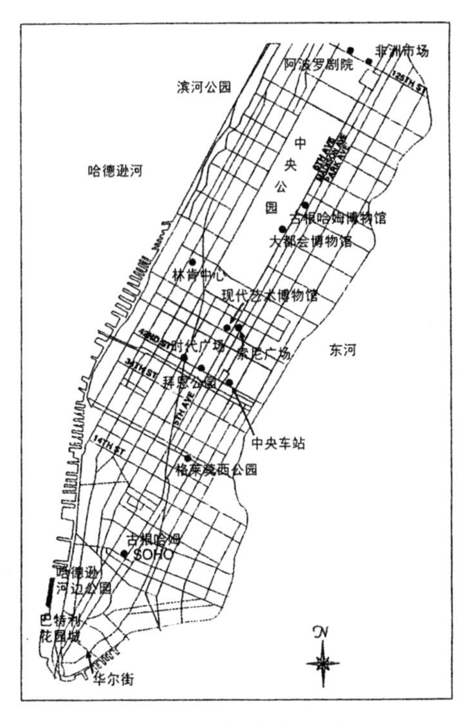

图 6-12　纽约的中央公园

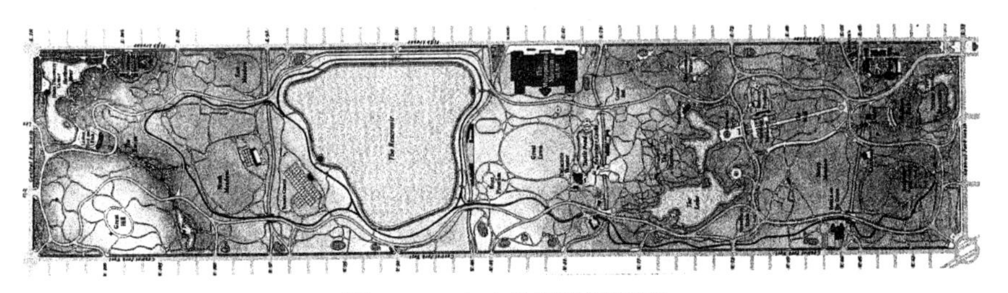

图 6-13　中央公园的总平面

城市美化运动大概盛行了 40 年,在二战以后基本退去。城市美化运动的目的是期望通过创造一种新的物质空间形象和秩序,以恢复城市中由于工业化的破坏性发展而失去的视觉美与和谐生活,来创造或改进社会的生存环境。然而从实际效果来看,这个运动的局限性是很明显的,它被认为是“特权阶层为自己在真空中作的规划”,“这项工作对解决城市的要害问题帮助很小,装饰性的规划大都是为了满足城市的虚荣心,而很少从居民的福利出发,考虑在根本上改善布局的性质。它并未给予城市整体以良好的居住和工作环境”(E. 沙里宁)。

2 西谛的城市形态研究

19世纪末,西方城市空间的组织一方面基本上还在延续着由文艺复兴后形成的、经巴黎美术学院经典化并由 Haussmann 巴黎改建所发扬光大和定型化了的"古典主义+巴罗克"风格;另一方面,由于资本主义市场经济的发展,对土地经济利益的过分追逐,在许多城市规划中也出现了死板僵硬的方格城市道路网、笔直漫长的街道、呆板乏味的建筑轮廓线以及开敞空间的严重缺乏[129],因此引起了人们对城市空间组织的批评与探索。

1889年奥地利建筑师、历史文化教授西谛出版了著名的《建设艺术》(*The Art of Building Cities*)一书。他针对当时工业大发展时代中城市建设出现的忽视空间艺术性的状况——城市景观单调而极端规则化、空间关系缺乏相互联系、为达到对称而不惜代价等,提出了以"确定的艺术方式"形成城市建设的艺术原则,主张通过研究过去、古代的作品以寻求"美"的因素,来弥补当今艺术传统方面的损失[130]。西谛强调人的尺度、环境的尺度与人的活动以及他们的感受之间的协调,从而建立起丰富多彩的城市空间并实现与人的活动空间的有机互动[131]。西谛强调与"环境合作",强调向自然学习,强调空间之间的视觉关系,强调多姿多彩的透视感[132]。在当时西方城市规划界普遍强调机械理性而全面否定中世纪城市艺术成就的主体社会思潮中,西谛用大量的实例证明、肯定了中世纪城市在空间组织上的人文与艺术杰出成就,并认为当时的建设"是自然而然、一点一点生长起来的",而不是在图板上设计完了之后再到现实中去实施的,因此这样的城市空间更能符合人的视觉与生理感受[133]。西谛关于城市形态的研究,为近现代城市设计思想的发展奠定了重要的基础。

3 自然主义的探索

19世纪下半叶,当一些规划先驱们在探索如何利用现代技术、现代景观来改造城市的种种可能性与方式时,另外一些先驱们则开始看到了技术给城

---

[129] A J Morris.History of Urban Form: Before the Industrial Revolution. Wiley,1979
C Hague.The Development of Planning Thought: A Critical Perspective.Hutchinson,1984
[130] 王建国.现代城市设计的理论和方法.南京:东南大学出版社,1991
[131] 吴家骅.环境设计史纲.重庆:重庆大学出版社,2002
[132] C Sitte 著;仲德昆译.城市建设艺术.南京:东南大学出版社,1990
[133] 吴家骅.环境设计史纲.重庆:重庆大学出版社,2002
K Lynch. Good City Form.Harvard University Press,1980

市发展、城市生活带来的巨大灾难,思考着如何保护大自然和充分利用土地资源的问题。西谛在《建设艺术》一书中,反对工业社会中以超人的尺度来设计城市,主张城市环境应容纳人的个性,要以树木为基本尺度。应该说他的思想在欧美规划界中产生了广泛的影响。在英国,A. Smith 特别关注人与景观的"伙伴关系" 的潜力,Brunel 与 Paxton 则更关注新发现的工程技术与景观的相互关系,Robinson 研究了海岛上的生息问题。对自然主义探索的最具代表性工作还是在美国,规划师 G. P. March 通过认真的观察和研究,探索了人与自然、动物与植物之间相互依存的关系,主张人与自然要亲密合作。March 的思想、实践与城市美化运动相结合,进一步导致了 19 世纪末美国许多城市开展的保护自然、建设绿地与公园系统的运动。1909 年美国通过了《荒野保护条例》,开始建设国家荒野保护系统和国家公园体系,随后欧洲国家也开始纷纷效仿。美国建筑师莱特(F. L. Wright,1869—1959)也是一位自然主义者,在他所有的设计理念中都表达了对人工环境与自然环境亲密、有机融合的极度关注,明确表达了他倾向于返璞那种前工业化社会的生活形态。莱特基于自然主义的设计思想,在他于 1932 年提出的"广亩城市"(Broadacre City)中充分彰显了出来。在这个模式中,他以一种极端分散的方式解体了千百年来城市"集聚景观"的传统概念,表达了城市—自然彻底融为一体的理念。

第七章

精英路线：1900年代至二战前的城市规划思想

- 现代规划思想史分期与20世纪初西方世界的总体环境
- 欧洲艺术的繁荣、现代主义建筑与规划的产生
- L.柯布西耶的机械理性主义城市规划思想
- 功能主义城市规划的宣言——《雅典宪章》
- 极度分散主义与有机疏散思想
- 城市人文生态学研究与社区邻里单位思想
- 区域规划思想与实践的产生和发展
- 新(伪)古典主义城市规划思想

一 现代规划思想史分期与20世纪初西方世界的总体环境

20世纪在人类的历史长河中虽然是极其短暂的，但是在这短短的一百年中，人类经历了巨大的政治、经济与社会格局转变（两次世界大战、社会主义革命、殖民地独立、欧共体成立、苏联解体与东欧剧变等等）以及科技的繁荣、新价值体系的洗礼。科技的繁荣给人类生活带来了崭新的图景，但是人却越来越沦为无个性的客体，并引发了普遍而深刻的精神危机[134]。因此可以说，20世纪是西方资本主义世界最不安定、动乱最大、灾难最多、争议最大的一个历史时期[135]。为了便于更好地认识时代转折对城市规划发展的影响，下面首先简要地对20世纪城市规划思想史的发展进行一个分期。

1 20世纪西方城市规划思想史的分期

正如西方社会整体经历的巨大变化一样，城市规划思想的发展在这一百年中也经历了许多重大的转折或跨越，因此有必要将其发展时段进一步细分，以细致地考察不同历史阶段城市规划的基本思想精神及其深刻的社会背景。首先要提到两位西方学者的划分体系。D. Kruekeberg 提出可以将过去一百多年城市规划发展的历史划分为三个阶段：①1880—1910年，没有固定规划师的非职业时期；②1910—1945年，规划活动的机构化、职业化时期；③1945—2000年，规划思想的标准化、多元化时期。P. Hall 则将现代城市规划理论的发展划分为七个阶段：①1890—1901年：病理学地观察城市；②1901—1915年：美学地观察城市；③1916—1939年：从功能观察城市；④1923—1936年：幻想地观察城市；⑤1937—1964年：更新地观察城市；⑥1975—1989年：纯理论地观察城市；⑦1980—1989年：以企业眼光观察城市，生态地观察城市，再从病

[134] E 舒尔曼著.科技时代与人类未来——在哲学深层的挑战.上海：东方出版社，1996
C Frederick.A History of Philosophy.Image Books，1985
[135] 赵敦华.西方哲学简史.北京：北京大学出版社，2001

理学角度观察城市[136]。

吴志强博士在此基础上将过去一百多年西方的城市规划理论发展划分为六个阶段[137]：①1890—1915 年，核心思想词：田园城市理论、城市艺术设计、市政工程设计；②1916—1945 年，核心思想词：城市发展空间理论、当代城市、广亩城、基础调查理论、邻里单元、新城理论、历史中的城市、法西斯思想、城市社会生态理论；③1946—1960 年，核心思想词：战后重建、历史城市的社会与人、都市形象设计、规划的意识形态、综合规划及其批判；④1961—1980 年，核心思想词：城市规划批判、公民参与、规划与人民、社会公正、文化遗产保护、环境意识、城市规划的标准理论、系统理论、数理分析、控制理论、理性主义；⑤1981—1990 年，核心思想词：理性批判、新马克思主义、开发区理论、后现代主义理论、都市社会空间前沿理论、积极城市设计理论、规划职业精神、女权运动与规划、生态规划理论、可持续发展；⑥1990—2000 年，核心思想词：全球城、全球化理论、信息城市理论、社区规划、社会机制的城市设计理论。

上述学者都从各自认识问题的角度，对现代规划思想发展的历史分期进行了种种划分，但是或角度过于单一(如 D. Kruekeberg 仅仅从规划实践活动变化的角度进行考虑)，或过于细致，而失去了总体的全貌并且造成了时段的重复交叉(如 P. Hall)。事实上，城市规划思想史的分期应该综合考虑社会总体背景的变化和城市规划主体思想的转变，而不能纠缠于某一具体的思想或理论的出现(因为考察到任何一个具体规划思想、理论的出现，就很难要求它和所处的时代有完美的吻合)。因此，本书主要是在吴志强的划分体系基础上进行进一步整合，将 20 世纪西方城市规划思想史的发展划分为四个时期：

(1)1900 年代至二战前，这是一些精英分子对现代城市规划思想进行各种探索、实践的时期，为战后功能主义思想垄断地位的确立奠定了基础；

(2)二战后至 1960 年代末，以现代建筑运动为支撑的功能主义规划思想在战后西方城市的重建和快速发展过程中，发挥了积极而重要的作用，从而最终完成了现代城市规划思想体系的确立并达到其认知的顶峰；

(3)1970 年代至 1980 年代，西方社会在这个时期经历了巨大的社会转型，也就是进入了通常所说的“后现代社会”，社会价值观体系处于混沌交织的过程中，社会文化论在城市规划思想中占据了主导地位；

---

[136] P Hall.Cities of Tomorrow: An Intellectual History of Urban Planning and Design in the Twentieth Century.Blackwell Publishers，2002

[137] 吴志强.《西方城市规划理论史纲》导论.城市规划汇刊，2000(2)

(4)1990年代后，西方社会基本恢复了平静和秩序，但是随着经济、政治全球化的深入，人们不得不深刻地思考一些至关人类未来发展的重大问题，例如全球化的影响、可持续发展、增长与发展、以人为本和管治(Governance)等等，城市规划思想的探索也因此面对着一幅崭新的社会图景。

2 1900年代至二战前西方世界的基本情况

从西方历史学发展的角度看，1871年的普法战争是欧洲历史上一个重要的转折：在此之前，欧洲各国征战不断，经济的发展常常被持续不断的战争所消耗、牵制。从普法战争以后直到1914年第一次世界大战爆发，欧洲进入了一个长达半世纪的和平阶段。如此长时期的全面和平环境在欧洲历史上是很少经历的，它直接造就了欧洲工业革命进入顶峰状态。长期和平的环境、经济的持续增长、技术的革命性突破，所有这一切使得欧洲进入了一个极其繁荣的高速发展阶段。与此相适应，西方国家的城市规划与建设也都达到了史无前例的高度。

19世纪末至20世纪初，由于经济的飞速发展和资产阶级在政权上的进一步巩固，西方各国基本上都进入了普遍繁荣时代。与此同时，为了满足本国资本主义对原料及市场持续扩张的迫切需要，以德国首相俾斯麦为代表的新一代强势领导人，纷纷扩军备战，试图通过战争的方式来改变原先资本主义世界的自由竞争环境和政治势力格局。在北美，美国实现南北统一后在政治、经济上都取得了飞速的发展，其作为一个新兴的强权国家开始不断在政治与经济上挑战传统“西欧中心”的垄断地位。上述环境的变化，都使得这一时期西方国家在政治、经济、社会领域的干预性全面增强，即“国家强权主义”普遍出现，因此这个时期在西方历史上也被称为“大国时代”。各个大国在欧洲和世界体系中不断争夺对全球事务的控制权，特别是德国集中了当时欧洲各种政治、精神的派系，成为西方最骚动不安的中心，并直接导致了第一次和第二次世界大战的相继爆发。两次世界大战本质上是西方资本主义国家对于全球势力范围、政治地图、资源与市场等的重新划分过程，并最终在二战后建立起了相对稳定、制衡的国际新秩序，以英、法、德等西欧强国为中心的传统全球政治与经济格局被彻底改变，美国成为全球政治、经济中最强大的新的一极，其城市规划理论与思想的发展也开始繁荣起来。

二 欧洲艺术的繁荣、现代主义建筑与规划的产生

相对和平的环境，经济、社会、技术发展的日新月异以及民主制度在各个

资本主义国家的普及,都大大地促进了文化与艺术的进步,欧洲的艺术在文艺复兴以后又达到了一个新的繁荣阶段。这一时期的艺术进步是极其令人瞩目的,其中又以现代视觉艺术的发展最为明显[138],而视觉艺术的发展又直接推动了现代建筑与城市规划的进步。

20 世纪初(即使在两次世界大战期间),西方世界经历了一系列的艺术改革运动,从思想方法、表现形式、创作手段、表达媒介等方面,都对人类自古典文明以来不断发展完善的传统艺术进行了全面的、革命性的、彻底的改革,完全改变了视觉艺术的基本内容和形式[139],这就是我们通常所说的"现代艺术(Modernart)运动"。事实上从 19 世纪末开始,个人表现就开始越来越成为艺术家们所希望传达的内涵,例如后印象主义、野兽派等的尝试。而到了 20 世纪初,艺术上的个人主义已经发展到高潮,艺术家个人的表现欲望特别强烈,加之各种新的刺激视觉与精神因素的大量涌现、新技术对生产与生活方式的冲击、都市急剧膨胀及相应导致的生活复杂化、各种政治思想与意识形态(马克思主义、无政府主义、民主主义、军国主义等)的争论等等,都使得现代艺术运动得到了大大的推进。

1 未来主义及其影响

这里要特别提及"未来主义运动"对现代建筑诞生的影响。这是 20 世纪初期从意大利绘画、雕塑和建筑设计领域中出现的一场影响深远的现代主义运动,一般认为它开始的标志是意大利人 F. T. Marinetti(1876—1944)于 1909 年发表的《未来主义宣言》,在这里他表达了未来主义者对工业化、机器主导社会的顶礼膜拜,认为工业社会的城市图景远比传统的任何绘画都要美得多,人们应该歌颂、欢呼速度之美、技术之美甚至是战争与暴力之美。从思想根源上看,未来主义的情愫来自于当时西方社会弥漫的无政府主义以及 H. Bergson、尼采(F. Nietzsche)等人的哲学观影响[140]。

意大利的 A. Sant'Elia 是未来主义建筑家中最重要的代表,他发表了著名的《未来主义建筑宣言》。他对未来都市充满了激情与憧憬,将高度集聚的景观视作为城市的基本特征,未来的城市只能是由高层建筑组成,而这种新的城市景观不必与旧的城市形式相统一,巨大的反差恰恰代表了时代的进步:新的

[138] 王受之.世界现代建筑史.北京:中国建筑工业出版社,1999
Hirons.Town Planning in History.Lund Humphries,1953

[139] 王受之.世界现代建筑史.北京:中国建筑工业出版社,1999

[140] 袁华音.西方社会思想史.天津:南开大学出版社,1988

功能造就了新的形式,新的形式代表了新的生活方式。他认为现代生活所面临的问题是以往任何城市规划和建筑设计都没有经历过的,因此,历史和传统对于未来都市的规划和发展都毫无借鉴作用,城市规划师、建筑师只能向前看,否则就没有出路。但是 A. Sant'Elia 本人的价值观中又具有明确的社会主义意识形态,他认为未来城市不是为少数权贵而应该是为大众服务的,因此,高层建筑、大运量的交通工具都应该成为实现这一目的的重要手段。

这些思想在二战后欧洲各国(特别是前苏联)的城市重建中得到了广泛的运用。虽然在当时的条件下,未来主义的建筑师难以在整体城市层面上寻找到可以让他们一展身手的实践舞台, 但是他们还是绘制了大量的图纸来表达对未来城市和建筑形式的想象,被总称为"新城市"(Citt Nuova)。未来主义者强调以机械为未来的审美中心,崇尚机械美,崇尚与传统决裂的崭新的、现代的形式和风格, 这种思想方法和审美立场为现代主义建筑师冲击传统建筑提供了非常有力的意识形态和思想方法支持[141](图 7-1)。从这个意义上看,未来主义的思想对于现代建筑运动的产生乃至后来建筑设计中"高技派"的延续,以及柯布西耶"机械理性城市观"的形成,都具有巨大的影响。

图 7-1　一种未来城市的想象

[141] 王受之.世界现代建筑史.北京:中国建筑工业出版社,1999

2 现代主义、现代建筑运动与现代城市规划的产生

现代主义其实是一个非常难以定义的复杂词汇，它既是一个时间上的概念(一般认为是从20世纪初开始至二战后或1960年代末结束),同时也是一个意识形态的定义(这涉及它的革命性、民主性、个人主观性、形式主义性等等)。总之,现代主义是相对于传统艺术形态的一场革命,它包含了哲学、美学、艺术、文学、音乐、舞蹈、诗歌等几乎所有文化与意识形态的范畴,甚至即使在每个不同的专业领域,它也都有自己特定的内容和定义。现代主义建筑是现代主义整体文化构成体系中的一个重要组成部分。

现代主义建筑运动是对长期以来由"权贵主义"垄断建筑设计的一次重大反叛,它明确地提出了"为大众服务"的概念[142]。现代主义建筑师中的不少人(也许莱特是个例外)希望能够改变传统的建筑设计主要为"精英"服务的思想，而主张应该通过新的建筑设计来帮助广大的劳苦大众改变基本的生活状况,他们中的很多人更希望通过建筑设计、城市规划来建立良好的社会,促进社会的正义,以避免流血的社会革命(最著名的是L.柯布西耶的论断:"要么建设,要么革命")。这种设想虽然带有非常强烈的乌托邦和小资产阶级知识分子的理想主义色彩，但事实上却使得现代主义建筑运动发展成为以"拯救众生"为己任的一种新"精英主义"(Elitism)——不是为精英服务的,但却是由精英所领导的新"精英主义"[143]。德国的包豪斯学院堪称现代建筑运动精英们的摇篮与堡垒,W.格罗庇乌斯、M.凡德罗、L.柯布西耶以及F.L.莱特则被并称为现代建筑运动的四大巨匠。这些20世纪初的现代建筑精英们自认为是"救世主"式的人物，自恃只有他们拥有独特的技能才能为未来提供新的生活方式，而广大群众在设计思想上是没有权力参与讨论的。这一点正如柯布西耶(1923)所表述的:"艺术不是一种大众的东西……艺术不是一种基本的精神食粮……艺术最具其傲慢的本质"。这一思想论断直接反映到1933年《雅典宪章》中对城市规划性质的"精英主义"的认识,并必然导致了1960年代后的后现代规划思潮对其貌似高尚、理性实则垄断、单调、冷酷的风格与精神内涵的全面批判。

从总体上看,现代主义的建筑设计呈现出如下一些思想特征[144](我们不

---

[142] 罗小未.外国近现代建筑史.北京:中国建筑工业出版社,2004
[143] 王受之.世界现代建筑史.北京:中国建筑工业出版社,1999
[144] 王受之.世界现代建筑史.北京:中国建筑工业出版社,1999
罗小未.外国近现代建筑史.北京:中国建筑工业出版社,2004

难从中看出,这些特征也在相当程度上影响了现代城市规划的基本思想):

(1) 功能主义特征。强调功能是全部设计的中心和目的,而不应该以形式作为设计的出发点,这就是现代主义建筑大师们通常所宣扬的“形式服从于功能”。

(2) 在形式上提倡简单的几何造型与非装饰原则。他们认为装饰是一种浪费,必然违背为大众服务的原则。因此,反装饰是一个意识形态的原则立场问题,也就是现代建筑运动所提倡的“少就是多”的经典原则。这几乎被所有现代主义建筑大师们所共同遵守。

(3) 奉行标准化、模块化的设计原则。现代主义建筑师们认为,只有标准化才能提高生产速度并降低成本,才能为广大人民大众提供现实和有效的服务,当然现代技术的发展也支撑了建筑标准化的可能。

(4) 在具体设计上重视空间使用方面的考虑,特别是强调对建筑整体空间的考虑,提倡室内空间尽量使用可灵活分隔的墙面以提供自由布局的可能。

(5) 重视节约建设的费用与开支。现代主义建筑师把经济成本问题作为设计中必须考虑的一个重要因素,力图达到实用、经济的目的。

随着工业化社会的快速发展,到了20世纪初世界人口以及城市人口都呈现出了几何增长的态势:历史上全球人口从5亿(1715)增加到10亿(1825)用了100年的时间,而只又用了100年的时间(1930)全球人口就已经达到了30亿。这一时期也正是西方国家高速集聚城市化的主要阶段,庞大的人口集聚在城市,导致居住、工作、交通等都需要以全新的形式、快速的建设来满足急剧膨胀的空间需求。于是,现代建筑与城市规划不得不寻求一种新的体系与方式,来满足这种由巨大的人口需求所造成的并不断增长的广泛压力。因此我们说,这种巨大的居住、工作、交通、运输需求或压力,是促使现代建筑和城市规划产生、发展的基础与直接动力。

1909年对大西洋两侧的英美两国来说,都是非常具有纪念意义的一年。在这一年里,英国通过了《城市规划法》,并且在利物浦大学成立了世界上第一个城市规划系,随后欧美许多大学均相继设立了城市规划院系,各种城市规划协会、组织也随后纷纷成立;而在美国则举行了第一次全国城市规划会议,发表了D. Burnham的芝加哥规划,成立了芝加哥城市规划委员会。1916年纽约制定了第一个区划法规(Zoning Law),其目的在于保护快速城市化过程中现有地产的价值和保证空气与阳光,后来又制定了基地管理法(Subdivision Control Act)。1928年世界主要的现代建筑大师会聚在瑞士的日内瓦,成立了世界上第一个现代建筑家的协会组织——国际现代建筑大会(The International Congress of Modern Architecture, CIAM)。1930年这个机构将讨论的中心议题集中到了城市规划理论上，对现代城市规划进行了系统的、理论的探索。到二次世界大战前CIAM一共召开了五次“国际现代建筑大会”,柯布西耶是这个组织成立的主要发起人与促成人,也是法国组的负责人,在1933年的第四次大会上通过了由他起草的现代主义城市规划宣言《雅典宪章》。

总体而言,这个时期的城市规划思潮是积极的、乐观的、向上的,带有精英主义者们明显的社会责任感与使命感。现代建筑的精英们已经不再停留于早期社会主义者、近代霍华德等人的空想或有限的实践,而是希冀通过积极、务实、现代技术的手段来解决城市发展中无法回避的种种问题,特别是有关物质空间领域的匮乏与混乱问题。

三 L.柯布西耶的机械理性主义城市规划思想

1 L.柯布西耶的思想基础

L.柯布西耶是现代建筑运动与城市规划的激进分子与主将,是现代城市运动的狂飙式人物,毫无疑问,他也是影响现代建筑运动、现代城市规划的最重要的巨人,对于西方建筑与城市规划中“机械美学”思想体系和“功能主义”思想体系的形成、发展,具有决定性的作用。柯布西耶1887年出生于瑞士的一个平民家庭,后来长期生活、工作在法国,他是一个自学成才的建筑、规划大师,从小就在瑞士从事制表的生涯对他后来机械主义建筑、规划思想的形成产生了潜移默化的影响。早年他对立体主义、纯粹主义(Purism)非常感兴趣,1918年与画家A.奥曾方共同发表了《纯粹主义宣言》,1920年与诗人P.德米等一起创办了《新精神》杂志,鼓吹现代主义艺术、建筑与城市规划思想,从理论上鲜明地主张功能主义[145]。在《新精神》杂志的创刊号中,柯布西耶就已经明确地表达了他的现代主义思想:“设计与写作一样,应该建立在科学的、放之四海皆准的法规中。”“……我们是少数几个相信艺术应有自己法则的艺术家,这个法则就好像物理学和生物学一样。”他认为这种艺术的法则是科学的,好像语法一样有规律可以追寻,有秩序可以解释。在这里,柯布西耶的功能主义、机械理性主义思想就已经表露得很明显了。

随着柯布西耶设计思想的逐步成熟,1923年他出版了论文集《走向新建

---

[145] 罗小未.外国近现代建筑史.北京:中国建筑工业出版社,2004
B Lenardo. The Origins of Modern Town Planning. M.I.T, 1967

筑》,明确地提出了机械美学的观点和相应的理论体系,并从此为这一思想奋斗了终生。与霍华德、莱特等人的思想截然不同,柯布西耶主张建筑设计、城市规划要向前看,他否定传统的装饰和含情脉脉的空间美,认为最代表未来的是机械的美,未来世界基本应该是按照机械原则组织起来的机器的时代,房屋只是“居住的机器”[146](图 7-2),“只有驴子才会走出曲折的线条”。柯布西耶希望利用现代设计来为社会稳定作出贡献,利用设计来创造美好社会的理想,表现出了一种非常典型的现代主义思想。他大量出版著作[《明日城市》(1922);《乌托邦主义》(1925);《当大教堂是白色的时候》(1937)等等],广泛实践,不断讲学宣传自己的思想。他提出的关于现代建筑和城市规划思想在整个西方世界产生了持续而深远的影响,可谓是“现代城市规划的《圣经》”[147]。

图 7-2 “马赛公寓式”的建筑综合体是构成城市的基本细胞

[146] 由柯布西耶 1952 年设计并建成的“马赛公寓”实际上就是一个小社会,柯布西耶将其理解为构成城市生活的最基本单元。这个大厦综合体共 17 层,可容纳 337 户、1600 人,除了解决 300 多户人家的住房外,同时还满足家庭日常生活的基本需要,意图是让居民产生对集体生活的向往。“马赛公寓”集中体现了柯布西耶关于“居住机器”的思想。

[147] B Lenardo.The Origins of Modern Town Planning.M.I.T,1967
P Hall 著;邹德慈等译.城市与区域规划.北京:中国建筑工业出版社,1985

2 L. 柯布西耶的功能理性主义规划思想

柯布西耶早期提出的"光明城"(Radidant City)概念和战后由他主持设计的昌迪加尔(Chandigarh)，在形态上具有根本的差别，显然我们不能简单地从形态特征上去理解柯布西耶深邃的城市规划思想，事实上深入剖析一下就可以发现，所有这些都不折不扣地体现了柯布西耶的"功能主义"(Functionalism)与"理性主义"城市规划思想的精髓。

柯布西耶 1922 年发表了《明日城市》(The City of Tomorrow)一书，并于1922年在巴黎秋季美术展上提出了他对现代建筑与城市规划的崭新思想。在美术展上他提交了一个极其理性的城市规划方案，取名为"300 万人口的现代城市"，这个规划堪称现代城市规划范式的里程碑，也是世界上第一个完整的现代城市规划的观念展示(图 7-3)。在这个设计方案里，柯布西耶集中展示了他对现代城市的伟大设想：他反对传统式的街道和广场，而追求由严谨的城市格网和大片绿地组成的充满秩序与理性的城市格局，通过在城市中心建筑富有雕塑感的摩天楼群来换取公共的空地，并体现几何形体之间的协调与均衡。这一切设想与他的立体主义和理性绘画作品一样，透射出一种纯粹的几何秩序"美"、功能理性"美"，体现了时间与空间、空间与运动交互影响的现代艺术观。在 1930 年布鲁塞尔国际现代建筑会议上，柯布西耶又提出了"光明城"的规划，进一步表达了他的现代城市规划思想(图 7-4)。柯布西耶一反自空想社会主义者与霍华德以来有关通过分散主义手法来解决"城市病"的主导性思想，他承认和面对大城市问题的现实，但并不反对大城市的集聚效应(认为集聚是城市的本质与核心优势所在)和现代化的技术力量，主张用全新的规划和建筑方式来改造城市，因此，人们又常常把他的设想统称为"集中主义城市"。柯布西耶关于现代"功能主义城市"或"集中主义城市"的理论与中心思想，主要包含在他的两部重要著作《明日城市》(1922) 以及《光明城》(*The Radiant City*)(1933)之中。

在"明日城市"的规划方案中，他充分阐述了从功能和理性角度出发的对现代城市的基本理解，从现代建筑运动的思潮中所引发出的关于现代城市规划的基本构思。在这本书所提供的一张 300 万人口规模的城市规划模式图中，中心区除了必要的公共服务设施外，规则性地在周边分布了 24 栋 60 层高的摩天大楼，可容纳近 40 万人居住其中。在摩天塔楼围合的地域内及其周围是大片的绿地，建筑仅占总基地面积的 5%。再外围是环形居住带，大约 60 万居民住在多层连续的板式住宅内，而在最外围规划的是容纳 200 万居民的花园

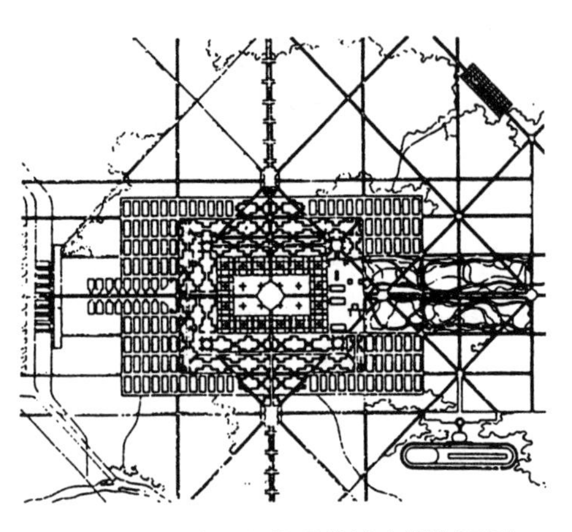

图7-3 柯布西耶的现代城市规划平面

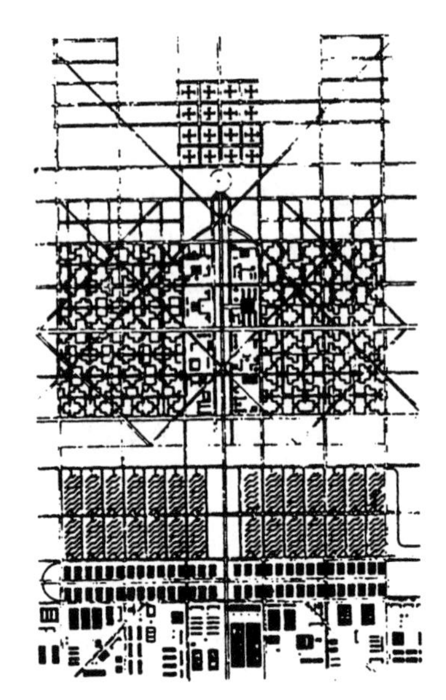

图7-4 柯布西耶的“光明城”设想

住宅区。整个城市平面呈现出严格的几何形构图特征,矩形的和对角线的道路交织在一起,犹如机器部件一样规整而有序。这个规划模式的核心思想,是通过全面改造城市地区尤其是提高市中心区的密度来改善交通,提供充足的绿地、空间和阳光,以形成新的城市发展概念。在该项规划中,柯布西耶还特别强调了城市建立现代快速交通运输方式的重要性,在中心区规划了一个地下、地面乃至空中交会的交通枢纽,将市区与郊区用地铁和铁路线联系起来(图7-5)。1925年,柯布西耶运用这种现代集中主义的城市思想对巴黎塞那河畔的中心区进行了大胆的改建设计——伏瓦生(Voison)规划,但是没有被采纳。1930年,柯布西耶又提出了“光明城”的规划方案,这一方案实际上是他以前思想的进一步深化,也可以看作为他对现代城市规划和建设思想的最集中体现。柯布西耶对于这个体现高度功能理性的“集中主义城市”是这样设想的:

(1) 城市是必须集中的,只有集中的城市才有生命力。他坚决反对霍华德的田园城市模式:“从社会方面看,田园城市是某种麻醉剂,它软化集体智慧、主动性、激动性、意志力,它把全人类的能量喷成最不定型的细沙砾……”,而“大城市是精神工厂,那里可以创造天下最好的作品”。

(2) 传统的城市由于规模的增长和中心拥挤程度的加剧,已出现功能性的老朽,但市中心地区对各种事物都具有最大的聚合作用,因此需要通过技术改造以完善它的集聚功能。

图 7-5　集中主义城市中心的立体化交通体系

(3) 拥挤的问题可以用提高密度来解决。高层建筑是柯布西耶心目中关于现代社会的图腾,从技术上讲也是"适应人口集中趋势、避免用地紧张、提供充足的阳光与绿地、提高城市效率的一种极好手段"。

(4) 集中主义的城市并不是要求处处高度集聚发展,而主张应该通过用地分区来调整城市内部的密度分布,使人流、车流合理地分布于整个城市。

(5) 高密度发展的城市,必然需要一个新型的、高效率的、立体化的城市交通系统来支撑。

如果说霍华德是希望通过分散的手段来解决城市的空间与效率问题,那么显然,柯布西耶则是希望通过对大城市结构的重组,在人口进一步集中的基础上借助于新技术手段来解决城市问题。因此可以说,霍华德、柯布西耶提供的这两种截然不同的模式标志了当代城市规划思想中两种基本的指向：分散发展与集中发展。这两种规划模式也显示了两种完全不同的规划理念与方法体系:霍华德的田园城市源自于他对社会改革的理想,因此在其论述的过程中更多地体现出了"人文关怀"和对社会、经济问题的关注;而柯布西耶则基本是从一个纯粹的建筑师角度出发,对工程技术的手段更为关心,希望以物质空间的改造来实现改善整个社会的目标。在关于现代城市发展的基本走向上,霍华德的思想与柯布西耶也是完全不同的：霍华德是希望通过建设一组规模适度的城市(城镇群)来解决大城市模式可能出现的问题,遏制大(特大)城市的出现;而柯布西耶则希望通过对既有大城市内部空间的集聚方式与功能改造,使这些大(特大)城市能够适应现代社会发展的需要[148](图 7-6)。

---

[148] P Hall. Cities of Tomorrow: An Intellectual History of Urban Planning and Design in the Twentieth Century. Blackwell Publishers, 2002

图 7-6 柯布西耶的"现代城市"意象

3 L.柯布西耶的"形式理性主义"的规划思想及其影响

随着现代建筑运动在二战后向"国际主义风格"(International Style)的演化[149][150],柯布西耶的规划设计思想在其内核保持不变的情况下也发生了新的形式变化。1950 年印度总理委托柯布西耶设计昌迪加尔(Chandigarh)城市和政府建筑,柯布西耶认为这是展示他城市规划思想的难得机会。昌迪加尔城市规划开创了现代城市规划史上形而至上的代表,现代主义风格的基本语汇在柯布西耶手中同时具有了功能和表现(形式)的双重作用。柯布西耶将形式理性主义的规划思想发挥得淋漓尽致——事实上,将各种复杂的城市功能装载到某种所谓可掌控的、有秩序的城市象形形态中(如人体、机器等),正是"功能主义"+"象征主义"(表达纪念性、理性主义色彩等)或者说是"形式理性主义"的体现。

昌迪加尔 1951 年开始规划并建设,柯布西耶一改以往所热衷的"高塔城市(Tower City)"模式,而是在这个世界最高的高原上设计了一座水平舒展的城市,试图以此寄寓印度人提出的"天国之城"的理想。他的规划构思表达了充分的形式理性主义色彩:以象征人体的生物形态构成城市总图的基本特征(图 7-7),主脑为行政中心,设在城市顶端山麓下;商业中心位于全城中央,象征城

[149] 有许多学者认为现代主义与国际主义风格的一个比较明确的分界线是 1952 年。

[150] 国际主义风格虽然是以现代主义风格为中心的,但往往忽视了现代主义所强调的"功能"的重要性而过于讲求形式,即所谓的"纪念性的功能主义"(B. Risebero)。

市心脏；博物馆、图书馆等是神经中枢，位于主脑附近的风景区；大学区位于城市西北侧，宛如右手；工业区位于东南侧，宛如左手；水电等市政系统似血管神经一样分布全城；道路系统构成网架，象征人的骨骼；城市内各种建筑像肌肉贴附，在城市中心留出大量的绿化间隙空地，似人的肺部用于呼吸。城市里极其明确的功能分区，反映了《雅典宪章》的基本原则，道路的等级与功能也区分得非常清晰，各个区域与街道没有名称而全部用字母或数字命名，体现了一个高度理性化的城市特征(图 7-8)。昌迪加尔城市的空间尺度是超人的，那种在欧洲拥挤的城市空间里所无法实现的恢弘，却在以喜马拉雅山为背景的高原之上形成了一座纪念碑式的城市景观[151]。

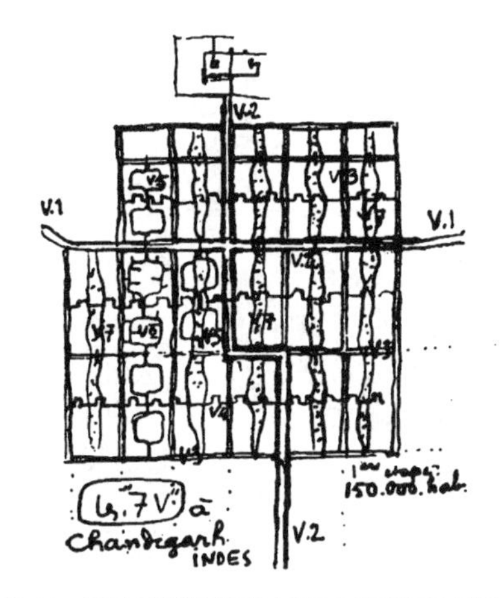

图 7-7　柯布西耶的昌迪加尔规划设计概念

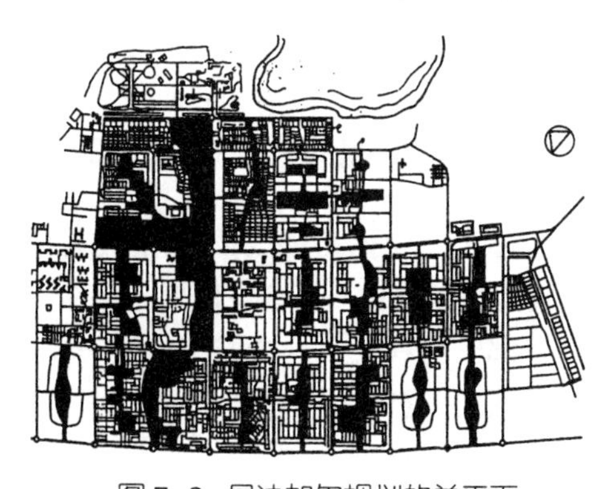

图 7-8　昌迪加尔规划的总平面

[151] 王建国. 现代城市设计的理论和方法. 南京：东南大学出版社，1991

昌迪加尔是现代城市规划运动中完全按照图纸付诸实施的第一个城市[152]，当时这座城市以其布局规整有序而得到了广泛的称誉，但后来却出现了很多严重的社会问题：功能分区导致了社会分化；脱离印度国情，把外来的西方文化强加在一个古老的东方民族身上；城市建设的目的更主要的是为新首府树立“纪念碑”，中心规模宏大、构思和布局过于生硬机械、空间环境冷漠等等(图7-9)。总之，庞大而理性的城市空间与宽敞的街道是为了展示理性、庄严与构图的需要，而并不是为人们的现实生活准备的。显然，昌迪加尔是功能理性主义、形式理性主义城市规划的一个失败例子，是现代主义城市规划无视具体地点、具体环境、具体人文背景问题的集中体现[153]。

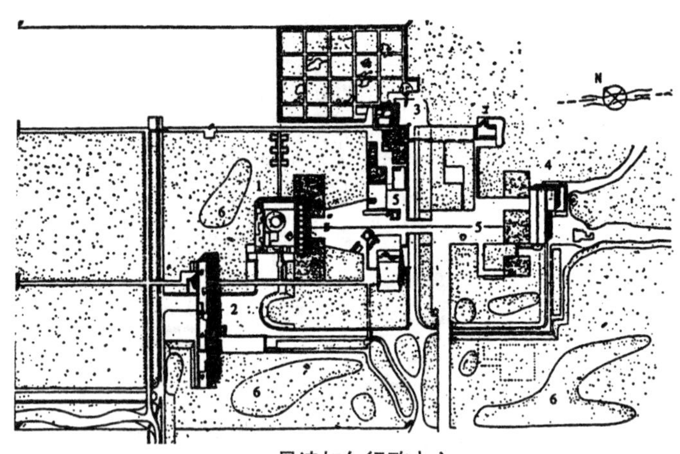

昌迪加尔行政中心

1.议会；2.各部办公楼；3.首长官邸；

4.最高法院；5.游泳池；6.山丘

图7-9　昌迪加尔行政中心超人的尺度

但是，柯布西耶的“形式理性主义”规划思想是极其具有影响力的(甚至直到现在)，1950年代的巴西利亚(Brasulia)规划就是一个典型的案例。1956年巴西政府决定建设新首都巴西利亚。这个城市是在一片空地上于非常短暂的时间内完全按照规划建成的，它的主要规划设计者是科斯塔(L. Costa)与尼迈

[152] 1932年柯布西耶曾经为阿尔及尔设计了一个“奥布斯城市规划”，充分发挥了他的机械美学思想和高度理性主义的原则，但是没有被实际建设。

[153] 王受之. 世界现代建筑史. 北京：中国建筑工业出版社，1999

P Hall 著；邹德慈等译. 城市与区域规划. 北京：中国建筑工业出版社，1985

耶(O. Niemeyer)。巴西利亚的规划深受柯布西耶思想的影响，科斯塔是柯布西耶的忠实追随者，在他的建筑与城市规划设计中不折不扣地实现着柯布西耶的思想：追求理性、高效、秩序和象征意义；注重功能分区和机动车的交通组织；采用高密度、立体化的居住模式；把地面让出来作为交通及开放空间；柯布西耶所欣赏的宏伟尺度和纪念性在此也得到了明确的反映[154]。这个城市规划人口50万，用地约150平方公里，城市总平面模拟飞机的形象，象征了巴西是一个迅猛发展、高速起飞的发展中国家；机头昂向东方，寓示朝气蓬勃，机头为三权广场(国会、总统府和最高法院)，政府、议会等公共建筑的形式也有很强的寓意性；机身长约8公里，是城市交通的主轴，其前部为宽250米的纪念大道，两旁配有高楼群；两翼为沿着湖畔展开的长约13公里的弓形横轴，布局为商业区、住宅区、使馆区；飞机尾部是文化区和体育运动区，其末端是为首都服务的工业区、印刷出版区；城市主轴和两翼成十字交叉，象征巴西是天主教国家；城市中的交通完全是现代化、立体化的[155](图7-10)。

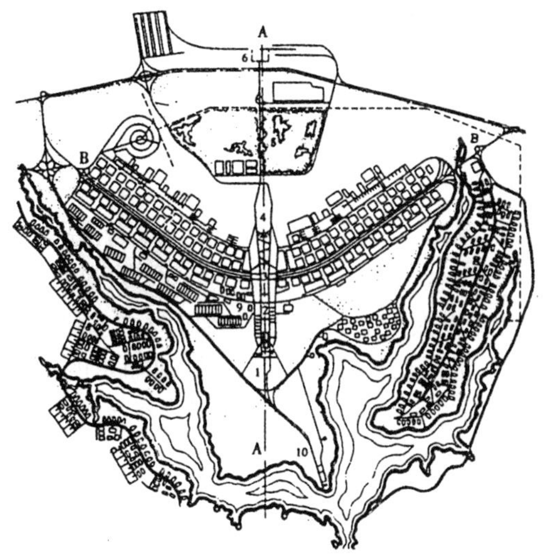

A-A：东西主轴线，布置政府大厦和公共建筑；B-B：市民分布轴；
1.三权广场；2.广场及各部大厦；3.商务中心；
4.广播电视大厦；5.森林公园；6.火车站；
7.多层住宅区；8.独立住宅区；9.大使馆；10.水上运动设施

图7-10 巴西利亚城市规划总平面

[154] 洪亮平．城市设计历程．北京：中国建筑工业出版社，2002
[155] 沈玉麟．外国城市建设史．北京：中国建筑工业出版社，1989

这个规划具有强烈的功能象征主义与形式象征主义的色彩，现代主义、国际主义风格在这个城市中得到了最集中、最完整的体现。巴西利亚的规划中追求明确的形式象征意义（但只能是在图纸平面上或飞机上俯瞰时人们才能感受到），而事实上当人们置身其中，就只会感到城市形象刻板，过分庞大的空间尺度缺乏亲和感，城市中心高高在上，藐视一切、超越一切，这是一个非常缺乏人情味的城市。总之，巴西利亚规划单纯讲究物理性功能或视觉功能，而忽视了人们心理功能的需要，为了"现代的形式"而不惜以牺牲生活的实际功能为代价。因此，人们普遍认为巴西利亚与昌迪加尔一样，规划过分追求平面上超凡的形式，而对经济、文化、社会和传统却较少考虑，令人感觉空洞，缺乏渊源与生气。与其说它们是一个现代生活的城市，莫如将它们视为按规划师刻画的模子生搬硬套地营造的庞大的"人工纪念碑"，是一个巨大的"机械城市"组合体。

4 L. 柯布西耶城市规划思想的贡献与争议

柯布西耶作为现代城市规划原则的倡导者和执行这些原则的中坚力量，他的上述设想充分体现了他对现代城市规划的一些基本问题的认识，并形成了一套理性主义、功能主义的城市规划思想范式，这集中体现在由他主持制定的《雅典宪章》(1933)之中。柯布西耶的集中主义规划思想在战后西方国家以及广大的发展中国家被广泛采用，特别是强烈地影响了战后西方城市的大规模重建，诸如贫民窟的清除和城市的更新，很快形成了一堆摩天大楼，从这个意义上讲，柯布西耶为现代城市发展做出了巨大的贡献[156]。虽然他的规划思想深刻地影响了二次世界大战后全世界的城市规划与建设，但他本人的实践活动却一直到了 1950 年代初应邀主持印度昌迪加尔的规划时才得以充分施展——在这个城市规划方案中所体现的机械理性主义与形式理性主义的思想，即使到了今天我们还常常自觉或不自觉地为其左右。然而，对于许多非西方的发展中国家来说，柯布西耶的思想可能具有更大的影响[157]，这主要是因为：①柯布西耶的设计思想中具有强烈的社会主义色彩，与发展中国家的设计情绪和社会情绪很容易沟通；②他强调的建筑、规划粗野主义思想与发展中国家的低成本预算能够吻合，以至于许多发展中国家认为柯布西耶的风格兼具

[156] P. Hall(1975)认为："在二次世界大战后所规划的城市中，L. 柯布西耶的普遍影响是不可估量的……在 1950 和 1960 年代，整个英国城市面貌的非凡变化——诸如贫民窟的清除和城市的更新，很快形成了一堆前所未有的摩天大楼——不能不说是 L. 柯布西耶影响的无声贡献。"

[157] 王受之. 世界现代建筑史. 北京：中国建筑工业出版社，1999

高品位和廉价的双重特征;③他的高度理性的城市规划思想很容易被发展中国家领导者所接受并欣赏;④他作品中的强烈的形式感对于很多青年人有很强的吸引力和感召力,显得彻底而直率;⑤从意识形态的亲近角度看,柯布西耶本人也有为发展中国家包括前苏联设计的经历。

柯布西耶的规划思想与贡献,可谓毁誉参半。在 1950 年代,昌迪加尔与巴西利亚的规划由于严格体现了《雅典宪章》中功能分区思想,布局规整有序,从而得到了普遍的赞誉。但是 1960 年代以后,随着城市规划领域对人文、社会因素的日趋重视,柯布西耶的机械理性规划思想也受到了越来越多的怀疑与批判,很多批评(例如 J. Jacobs)甚至更进一步,对西方城市战后基本按照柯布西耶思想进行大规模的城市更新的一整套哲学都提出了疑问。事实上,柯布西耶是一个个性很强而且规划设计思想复杂(常常表现出双重性的思想)的人,偏执的性格常常导致他与社会发生势不两立的冲突,这种对立与冲突大概从 1920 年代他的设计方案被否定后就已经开始了。他对于社会本身的怀疑、敌视及双重性格的矛盾冲突造就了他的设计哲学,他的设计生涯、大量具有争议的作品,总是引起人们的兴趣与争论[158]。特别是他的城市规划思想,既可以说是成功的——战后西方国家以及很多发展中国家都自觉或不自觉地采用了他的规划思想;也可以说是失败的——他提出的设计方案基本上被西方国家所否决,1960 年代以后更是受到了广泛的学术批评。

1960 年代以后,很多西方城市规划评论家从社会立场、设计社会性等方面对柯布西耶的思想展开了激烈的批评[159]。虽然柯布西耶鼓吹自己是为大众设计,但是事实上对机械美、机器理性与形式的追求才是他的最高理想,他的绝大多数建筑与规划作品中都体现出了这种明显的思想特征。柯布西耶希望把城市按照机械的方式进行规划,明确的功能分区、超级的立体交通体系、巨大的公共社区、一体化的关联系统等等,都表明了他对规范、秩序和可控的社会结构的向往。因而,柯布西耶的规划思想中常常渗透出极其“专制”与“独裁”的设计哲学特征,这与他另一方面不时兼而具有的现代主义民主特色看似是一种不可调和的矛盾[160],但这也正是柯布西耶个人时时表现为双重性格、双重原则的鲜明写照。

---

[158] 王受之. 世界现代建筑史. 北京:中国建筑工业出版社,1999

[159] J Jacobs. The Life and Death of Great American Cities. Jonathan Cape,1961

[160] 王受之. 世界现代建筑史. 北京:中国建筑工业出版社,1999
罗小未. 外国近现代建筑史. 北京:中国建筑工业出版社,2004

四　功能主义城市规划的宣言——《雅典宪章》

1 《雅典宪章》制定的背景

现代城市规划的发展基本经历了两个阶段:第一阶段是从19世纪末霍华德的田园城市开始,经过20世纪20—30年代现代建筑运动的推进,以《雅典宪章》的诞生为代表(1933),其实践活动主要集中于战后西方城市重建和快速发展阶段;第二阶段是自1960年代以来为了适应西方国家城市发展背景的巨大转型,以《马丘比丘宪章》(Charter of Miachu-Picchu,1977)的诞生为代表,建立了新的规划思想与方法[161],这一阶段仍在持续。在城市规划领域曾经制定过多个宪章,包括世纪之交在中国制定的《北京宪章》,但是没有一个能像《雅典宪章》或《马丘比丘宪章》那样深刻地洞察世界城市化过程中的弊端,并有针对性地提出对策[162]。

在20世纪上半叶,现代城市规划基本上是在建筑学的领域内得到发展的,甚至可以说,现代城市规划的发展是追随着现代建筑运动而展开的。在现代城市规划的发展中起了重要作用的《雅典宪章》也是由现代建筑运动的主要建筑师所制定的,集中反映的是现代建筑运动对现代城市规划发展的基本认识和思想观点。1920年代末在国际现代建筑会议(CIAM)第一次会议的宣言中,就表明了对城市发展的基本认识:"城市化的实质是一种功能秩序"。1933年CIAM召开的第四次会议的主题是"功能城市",并通过了由柯布西耶倡导与亲自起草的《雅典宪章》。《雅典宪章》依据理性主义的思想方法,对当时城市发展中普遍存在的问题进行了全面的分析,其核心是提出了功能主义的城市规划思想,并把该宪章称为"现代城市规划的大纲"。

2 《雅典宪章》的主要思想

从思想方法的角度讲,《雅典宪章》是奠基于物质空间决定论的基础之上的。这一思想在城市规划中的实质性反映在于其认为:通过对物质空间变量的有效控制就可以形成良好的环境,而这样的"良好"环境能自动解决城市中的

[161] 孙施文.城市规划哲学.北京:中国建筑工业出版社,1997
P Hall. Cities of Tomorrow. An Intellectual History of Urban Planning and Design in the Twentieth Century. Blackwell Publishers,2002
J M Levy. Contemporary Urban Planning. Prentice Hall Inc,2002

[162] 仇保兴.19世纪以来西方城市规划理论演变的六次转折.规划师,2003(11)

社会、经济、政治问题，促进城市的发展和进步[163]。这是《雅典宪章》所提出来的功能分区及其机械联系的思想基础。

《雅典宪章》中最为突出的内容就是提出了城市的“功能分区”思想，而且对以后的城市规划发展、实践影响也最为深远。《雅典宪章》认为，城市中的诸多活动可以被划分为居住、工作、游憩和交通四大基本类型——这是城市规划研究和分析的“最基本分类”，并提出城市规划的四个主要功能要求各自都有其最适宜发展的条件……“建立居住、工作、游憩各地区间的关系，务使在这些地区间的日常活动可以最经济的时间完成，这是地球绕其轴心运行的不变因素”。

《雅典宪章》虽然认识到影响城市发展的因素是多方面的，但仍然强调“城市计划是一种基于长、宽、高三度空间……的科学”。该宪章所确立的城市规划工作者的主要工作是“将各种预计作为居住、工作、游憩的不同地区，在位置和面积方面，作一个平衡布置，同时建立一个联系三者的交通网”；此外就是“订立各种计划，使各区依照它们的需要和有机规律而发展”。

《雅典宪章》认为，城市规划的基本任务就是制订规划方案，而这些规划方案的内容都是关于各功能分区的“平衡状态”和建立“最合适的关系”，它鼓励的是对城市发展终极状态下各类用地关系的描述，并且“必须制定必要的法律以保证其实现”。

《雅典宪章》在思想上认识到城市中广大人民的利益是城市规划的基础，因此，它强调对于从事城市规划的工作者来说，“人的需要和以人为出发点的价值衡量是一切建设工作成功的关键”，并要求以人的尺度和需要来估量功能分区的划分和布置，为现代城市规划的发展指明了以人为本的方向，建立了现代城市规划的基本内涵。事实上这一点常常容易被我们忽略掉（我们甚至认为这是《马丘比丘宪章》中才阐明的思想），但是在 1960 年代前的西方现代城市规划实践中却没有得到足够的重视。

这个宪章强调了经济原则、功能原则对于城市规划的极度重要性，提出了大批量生产、机械化建造的方法。宪章虽然明确提出了建筑与城市规划要为时代、为社会总体、为人民服务，但是与此同时，《雅典宪章》也明确地认为公众见识短浅，表露出明显的精英主义思想。

《雅典宪章》还认识到城市与周围区域之间是有机联系的，城市与周围区域之间不能割裂（此时西方的区域规划已进入了繁荣时期），同时也提出了保存具有历史意义的建筑和地区是一个非常重要的问题。

---

[163] P Hall 著；邹德慈等译. 城市与区域规划.北京：中国建筑工业出版社，1985

3 对《雅典宪章》的基本评价

《雅典宪章》诞生的背景是西方发达国家的工业革命已经发展到了顶峰，城市快速发展中的种种弊端(特别是空间环境、功能秩序等方面的问题)已经到了非解决不可的地步。放在历史的坐标系中进行客观的考察，该宪章当时提出的功能分区思想是有着极其重要和深远意义的创见：面对当时大多数城市无计划、无秩序发展过程中出现的问题，尤其是工业和居住混杂所导致的严重的卫生问题、交通问题和居住环境问题等，功能分区的方法确实可以起到缓解和改善这些问题的作用；另一方面，从城市规划学科的发展过程来看，《雅典宪章》所提出的功能分区思想也是一场革命：它依据城市活动对城市土地使用进行划分，对传统的城市规划思想(例如古典形式主义)和方法进行了重大的改革——突破了过去城市规划中追求平面构图与空间气氛效果的形式主义局限，引导现代城市规划向科学方向发展迈出了重要的一步[164]。

但是也应该看到，功能分区的思想显然是源自于近代理性主义的思想体系，这也是决定现代建筑运动发展路径的思想基础。《雅典宪章》运用了理性主义的思想方法，从对城市整体的分析入手，通过对城市活动进行分解，然后对各项活动及其用地在现实城市运行中所存在的问题予以揭示，针对这些问题提出了各自改进的具体建议，然后期望通过一个简单的"模式"和交通系统的粘连作用将这些已分解的若干部分重新结合在一起，从而复原成一个完整的、秩序的城市，这个"模式"就是功能分区和其间的机械联系。这一点在柯布西耶主持的昌迪加尔以及科斯塔主持的巴西利亚规划中被表现得最为淋漓尽致。

现代城市规划受到建筑学思维方式和方法的深刻影响，认为城市规划就是要描绘城市未来的终极蓝图，并且期望通过城市建设活动的不断努力而达到理想的空间形态，这是一种典型的物质空间规划思想。所以，柯布西耶才非常自然地将建筑看作是机器，将城市看作是一种产品，因此也就敢于在巴黎城市的历史中心区进行一个几乎全部推倒重来的改建规划。当时的规划师们普遍认为，城市发展中只要有一套良好的总体物质环境设计理论和方案，其他的经济、社会乃至文化的一系列问题就可以避免[165]。但是许多年以后，人们发现这种理想的设计价值观只是设计者本身的善良愿望而已。昌迪加尔、巴西利亚和许多新城的规划建设，由于缺少社会与文化"根基"，而不能满足城市本质上

[164] 仇保兴.19 世纪以来西方城市规划理论演变的六次转折.规划师，2003(11)

[165] P Hall 著；邹德慈等译. 城市与区域规划. 北京：中国建筑工业出版社，1985

动态演进发展的需要和人生活于其中的切实需求，所以许多人批评这些理性的城市规划“是将一种陌生的形体强加到有生命的社会之上”,其实践是在政治和经济强有力的干预下完成的[166]。事实证明,《雅典宪章》并没有能够有效地解决现代城市的种种问题,其根源在于对理性主义思想的过分强调。

(1) 理性主义思想对事物的认识采取的是分解而不是组合的方式,“从最简单和最容易认识的对象开始，一步一步地循序而进直至最复杂的认识”(笛卡尔),以致城市整体被切分得支离破碎,城市中截然分明的功能分区使其成为秩序美与技术美相结合的机械社会、真正的“居住机器”,而否认了人类活动要求流动的、连续的空间这一事实[167]。

(2) 理性主义思想非常强调要清楚而明确地认知所有事物,根据这一思想,规划师对城市的认知只停留在纯粹的物质空间层面,而对各种丰富多彩的社会现实却不予理睬,认为城市规划只不过是扩大了的建筑学。

(3) 理性主义所要求的事物清晰明确、非此即彼和黑白分明等等原则,恰恰成为现代功能主义城市规划与城市发展现实相脱离的症结——城市规划所要解决的实际问题并不仅仅是唯一、确定的物质对象,它还是活生生的城市社会、丰富的城市生活。

所以到了 1960 年代末以后,《雅典宪章》的主体思想受到了越来越多的怀疑和批判,并最终导致了《马丘比丘宪章》(1977)的产生。

五　极度分散主义与有机疏散思想

1　自然主义、分散主义规划师莱特及其广亩城市的思想

美国建筑师莱特是一位纯粹的自然主义者,正如他毕生所致力于的“草原住宅”风格[168]中所传递出那样,他高度重视自然环境,努力实现人工环境与自然环境的结合。因此,他反对大城市的集聚与专制,追求土地和资本的平民化,即人人享有资源,并通过新的技术(小汽车、电话)来使人们回归自然,回到广袤的土地中去，让道路系统遍布广阔的田野和乡村，人类的居住单元分散布置,可以促使每一个人都能在 10~20 公里范围内选择其生产、消费、自我实现

[166] 王建国. 现代城市设计的理论和方法. 南京:东南大学出版社,1991

[167]《马丘比丘宪章》。

[168] 1936 年的“流水别墅”是莱特自然主义风格的巅峰之作。

和娱乐的方式(图 7-11)。莱特将这种完全分散的、低密度的城市形态称为"广亩城市"(Broadacre City),并认为其是"真正的文明城市"。莱特有关极度分散主义的规划思想集中反映在他 1932 年发表的《正在消失中的城市》(*The Disappearing City*)以及 1935 年发表的《广亩城市:一个新的社区规划》(*Broadacre City:A New Communtiy Plan*)之中。

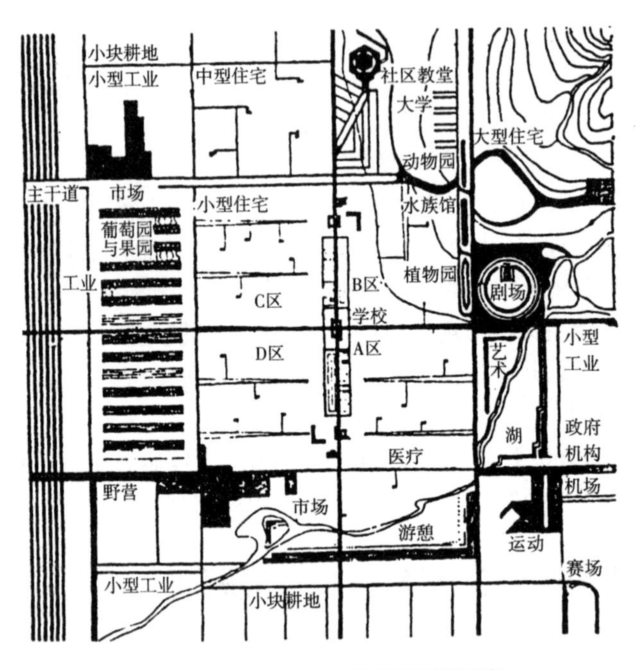

图 7-11 莱特的广亩城市平面示意

莱特与霍华德都被视为西方城市分散主义思想的代表者，但是与霍华德的田园城市相比,广亩城市在很多方面与其有着巨大的不同:从社会组织方式看,田园城市是一种"公司城"的思想,试图建立起劳资双方的和谐关系;而广亩城市则是"个人"的城市,强调居住单元的相互独立,事实上正如莱特一生的建筑设计都只为富人服务那样,广亩城市也只是一种富人生活形态的反映。从城市特性上看,田园城市是一种既想保持城市的经济活动和社会秩序,又想结合乡村的自然幽雅环境,因而是一种折中的方案;而广亩城市则完全抛弃了传统城市的所有结构特征，强调真正地融入自然乡土环境之中，实际上是一种"没有城市的城市"(图 7-12)。从对后世的影响看,田园城市模式导致了后来西方国家的新城运动(卫星城运动),而广亩城市则成为后来欧美中产阶级郊区化运动的根源[169]。但是,广亩城市以小汽车作为通勤工具来支撑的美国式低密度蔓延、极度分散的城市发展模式,对大多数西方国家而言是无法模仿的,1990年代以后更是被“新城市主义”(New-Urbanism)思想所竭力反对。

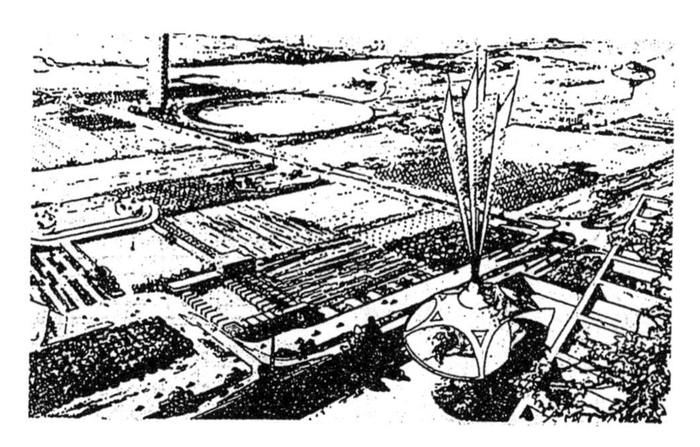

图7-12 广亩城市的景观

2 沙里宁的有机城市思想与有机疏散理论

如果说莱特、霍华德与柯布西耶的思想分别代表了城市分散主义、集中主义的两种极端模式,那么沙里宁(Elieel Saarinen)的有机疏散(Organic Decentration)理论可以说是介于两者之间的折中。1943年芬兰裔的美籍建筑师、规划师沙里宁出版了著名的《城市:它的发展、衰败与未来》(*The City:Its Growth,Its Decay,Its Future*)一书,详尽地阐述了他关于有机城市及有机疏散的思想,但事实上早在1918年当他还在芬兰工作、生活的时候,这种思想就已经明确地形成并提出来了。

沙里宁认为,城市与自然界的所有生物一样,都是有机的集合体,因此城市建设所遵循的基本原则也应是与此相一致的,或者说,城市发展的原则是可以从与自然界的生物演化中推导出来的[170]。由此,他认为“有机秩序的原则是大自然的基本规律,所以这条原则,也应当作为人类建筑的基本原则”。在这样的指导思想基础上,他全面地考察了中世纪欧洲城市和工业革命后大量的城市建设状况,分析了有机城市的形成条件和在中世纪的表现及其形态,对现代

[169] 洪亮平.城市设计历程.北京:中国建筑工业出版社,2002

[170] E沙里宁著;顾启源译.城市:它的发展、衰败与未来.北京:中国建筑工业出版社,1986

城市发展中出现的各种衰败原因进行了揭示，从而提出了治理现代城市的衰败、促进其发展的根本对策就是要进行全面的改建，这种改建应当能够达到这样的目标[171]：

(1) 把衰败地区中的各种活动，按照预定方案，转移到适合于这些活动的地方去；

(2) 把腾出来的地区，按照预定方案进行整顿，改作其他最适宜的用途；

(3) 保护一切老的和新的使用价值。

为了缓解城市机能过于集中所产生的弊病，为西方近代衰退的城市找出一种改造办法，使城市逐步恢复合理的秩序，沙里宁进而提出了有机疏散理论。他认为城市是一个有机体，是和生命有机体的内部秩序一致的，因此不能任其自然地凝聚成一大块，而要把城市的人口和工作岗位分散到可供合理发展的离开中心的地域上去。但是沙里宁有关分散的思想与霍华德、莱特等人都不同，他将城市活动划分为日常性活动和偶然性活动，认为"对日常活动进行功能性的集中"和"对这些集中点进行有机的分散"这两种组织方式，是使原先密集城市得以实现有机疏散所必须采用的两种最主要的方法。他指出，前一种方法能给城市的各个部分带来适于生活和安静的居住条件，而后一种方法则可以给整个城市带来功能秩序和工作效率。换一个角度讲，有机疏散就是把传统大城市那种拥挤成一整块的形态在合适的区域范围分解成为若干个集中单元，并把这些单元组织成为"在活动上相互关联的有功能的集中点"，它们彼此之间将用保护性的绿化地带隔离开来[172](图 7-13)。要达到城市有机疏散的目的，需要有一系列的手段来推进城市建设的开展。沙里宁在《城市：它的发展、衰败与未来》一书中还详细地探讨了城市发展思想、社会经济状况、土地问题、立法要求、城市居民的参与和教育以及城市设计等方面的内容。

1918 年沙里宁按照有机疏散的原则制定了大赫尔辛基规划，主张在赫尔辛基附近建立一些半独立的城镇，以控制城市的进一步扩张。有机疏散思想对以后特别是二战后欧美各国改善大城市功能与空间结构问题，尤其是通过卫星城[173]建设来疏散、重组特大城市的功能与空间，起到了重要的指导作用。

---

[171] E 沙里宁著；顾启源译. 城市：它的发展、衰败与未来. 北京：中国建筑工业出版社，1986

[172] 沈玉麟. 外国城市建设史. 北京：中国建筑工业出版社，1989

[173] 1912 年恩温和帕克写了一本《拥挤无益》(*Northing Gained by Over Crowding*)一书，进一步阐述、发展了霍华德分散主义的思想，并在曼彻斯特南面的 Wythenshawe 建设了城郊以居住为主体的新城，进而发展成为"卫星城"的理论。

图 7-13 沙里宁的有机分散模式

六 城市人文生态学研究与社区邻里单位思想

1 城市人文生态学研究的出现及其发展

20 世纪初新生产形态、大量新技术的问世，对城市的规划与建设起了重大的推动作用，许多规划师仅仅认为通过物质环境的改造便能达到改造社会的目标，因此在规划实践中往往是在营建着他们心目中充满理性的理想城市[174]。但是，也有一批以社会学家为主体的学者们开始关注到复杂的社会文化问题对城市发展、城市规划的深刻影响，从人文生态学、社区、邻里等角度阐述了他们对城市规划的新的认识，毫无疑问，这在当时是十分具有前瞻性的。

"生态"既可以指生物与自然界之间的关系，也可以指生物体之间的联系。从广义上讲，生态就是一种普遍的关联(Sachsee,1984)，它既包括自然生态，也包括人文生态(Human Ecology)。对城市社会学家的研究主题来讲，人文生态是他们关注的主要对象——他们认为人与人之间的相互作用是城市发展的最基本的原因。简而言之，人文生态学就是尝试系统地将自然生态学的基本理论体系运用于人类社会的研究，探索城市之中人与人之间相互竞争又相互依赖的反复作用[175]以及在此作用下城市中形成的各种社会空间及其不断演替过程。

---

[174] P Hall 著；邹德慈等译. 城市与区域规划. 北京：中国建筑工业出版社，1985
[175] 崔功豪，王本炎等. 城市地理学. 南京：江苏教育出版社，1992

事实上准确地说，最早在城市规划领域中引入社会学思考的应该是一些空想社会主义者、霍华德以及盖迪斯等人,但是真正从社会科学的角度进行深入理论研究的,最早应该以 W.Burgess 于 1925 年发表的论文《城市发展:一个研究项目的介绍》(*The Growth of the City:An Introduction to a Research Project*)为标志。在这篇论文中,Burgess 分析了社会空间发展与城市物质空间发展的关系,提出了著名的同心圆模式,被认为是城市“社会生态学”研究的开始[176]。他与同期在芝加哥大学的城市社会学家 L. Wirth、R. Park、D. Mckenzie 等一起将芝加哥的大街作为城市的“活动实验室”,将自然生态学的基本理论体系系统地运用于对人类社区的研究,为现代城市学的建立做出了重要贡献,后来被统称为“芝加哥学派”(Chicago School)。“芝加哥学派” 的代表作应当首推 R.Park 的《城市》(*The City*)一书。在 Burgess 提出同心圆模式以后,“芝加哥学派”又提出了许多不同的空间模式,其中最具代表性的是 H.Hoyt 的扇形模式(1939)以及 C.Harris 与 E.Ullman 的多核心模式(1945),它们被并称为城市社会空间结构的三大经典模型(图 7-14)。这些源自城市社会空间研究的成果,后来又被许多学科(如城市地理学、城市规划学、土地经济学等)、许多学者所阐释并发展。1938 年“芝加哥学派”的 L.Wirth 又发表了《作为生活方式的城市化》(*Urbanism as a Way of Life*)一文,对由人与人的相互作用的不同而形成的城市生活方式进行了全面的分析和论述,并提出未来城市生活方式的一些特征,这些内容几乎都被 1960 年代后西方的城市问题所验证[177]。L.Wirth 的这篇文章也正式奠定了城市社会学在城市规划理论中的里程碑地位，使得城市社会学中强调的“都市生活意义”成为城市规划理论的最高意义和逻辑基础[178]。

除了“芝加哥学派”,这里还必须提及另一位在 20 世纪城市规划领域中最具影响的人文主义大师——芒福德。1937 年芒福德发表了著作 *What is a City*,1938 年出版了著名的《城市文化》(*The Culture of Cities*)一书,这本书与《城市发展史:起源、演变和前景》一起并称为芒福德生平最重要、最有影响的两部著作。芒福德始终认为城市中人的精神价值是最重要的,而城市的物质形态和经济活动是次要的。可以说,芒福德的城市社会学思想对后来的城市规划理论与实践发展产生了重要的影响,后来 J. Jacobs 的“街上芭蕾”(Street Ballet)、A. Jacobs 的“规划需要畅想”等概念的提出,在相当程度上源自于芒福德上述两书中的思想。

---

[176] 崔功豪,王本炎等. 城市地理学. 南京:江苏教育出版社,1992
[177] M Northam.Urban Geography. John Wiley & Sons,1978
[178] 孙施文. 城市规划哲学. 北京:中国建筑工业出版社,1997

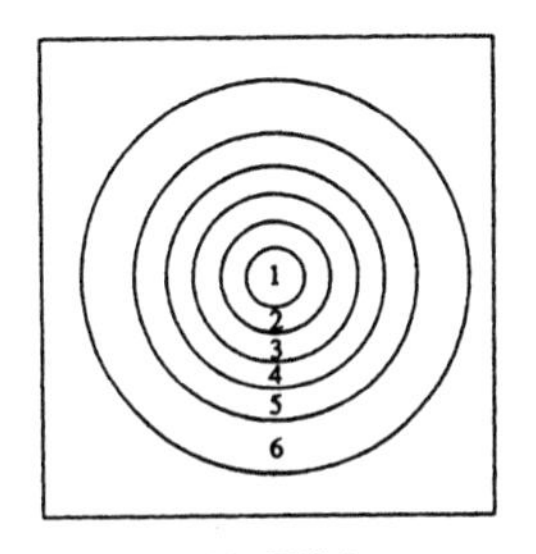

同心圆模式

1.CBD;2.过渡带;3.低级住宅区;4.高级住宅区,轻工业区;5.市郊居住区;6.通勤区

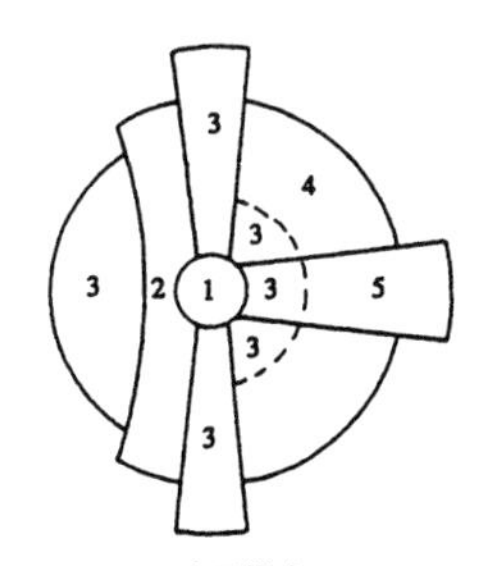

扇形模式

1.中心商业区;2.批发商业区,轻工业区;3.低级住宅区;4.中等住宅区;5.高级住宅区

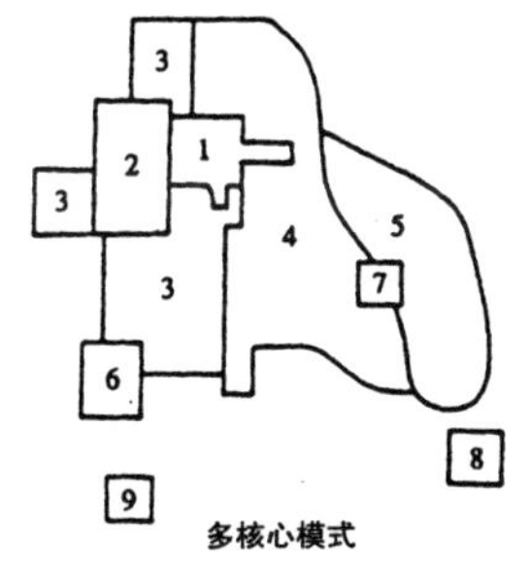

多核心模式

1.中心商业区;2.批发商业区,轻工业区;3.低级住宅区;4.中等住宅区;5.高级住宅区;6.重工业区;7.外围商业区;8.近郊住宅区;9.近郊工业区

图7-14 芝加哥学派提出的城市空间结构三大经典模式

1948年R.Glass出版了《规划的社会背景》(*The Social Background of a Plan*),1959年又出版了《规划的演变:一些社会学的思考》(*The Evolution of Planning:Some Sociological Consideration*)。1960年D.Foley出版了《英国的城市规划:一个意识形态还是三个》(*British Town Planning:One Ideology or*

Three)。二战以后,P.Goodman 兄弟俩合著了《生活圈的意义与生活方式》(*Communitas:Means of Livelihood and Ways of Life*)一书,表达了他们对城市社会问题的批判,集中回答了三个层面的核心问题:① 在规划中如何对待新技术;② 如何使用城市多余资源;③ 如何寻求规划目的与规划手段之间的正确关系。这本书成为 1960 年代美国的畅销书[179]。CIAM 中的 Team10(1954)提出了"人际结合"(*Human Association*)的概念,强调合理、适宜的城市形态必须从生活本身的结构中发展出来,城市和建筑空间是人类行为方式的体现,城市规划就是要把社会生活引入到人们所创造的空间中去——即著名的"簇群城市"模式。H.Gans(1968)的 *People and Plan* 将规划推到一个更为广泛的社会背景,并提出公众参与规划的重要性。J.Grhl(1987)从城市公共空间使用的角度,探讨了将社会生活引入公共空间中去的一系列具体方法。1977 年国际建协制定的《马丘比丘宪章》,更是明确地强调"人与人的相互作用与交往是城市存在的基本根据"。

2 社区、邻里单位理论

20 世纪初欧洲作为现代建筑运动的中心,当现代建筑运动的高潮还在盛行的时候,美国人在"田园城市"理论的影响下正在进行建设"郊区花园城市"的尝试,在实践中开始认识到不仅要设计一个美丽的环境,还必须创造更适合于人们居住的生活社区(Community)。1920 年代初,在纽约进行了社区问题的讨论并于 1923 年成立了美国地区协会,对美国当时的社区实际情况进行了调查,产生了许多理论[180]。例如当时 L.芒福德提出的"地区城市"理论,就设想在一个大城市地区范围内设置许多小城市,再用各种交通工具把这些小城市连接起来,以实现上述目的。

美国建筑师佩里(C.Perry,1872-1944)在现代主义运动的大潮中,很早就能超越对技术的迷信而认识到居住地域作为一种"场所空间"的内在社会文化涵义,这是非常难得的。其实,早在霍华德关于"田园城市"的理论性图解中,他就把城市划分为五千居民左右的"区"(Wards),每个区包括了地方性的商店、学校和其他服务设施,可以认为这是产生社区、邻里单位思想的萌芽[181]。1920 年代纽约通过完全志愿者的形式编制完成了"纽约区域规划"(这在很大程度

---

[179] 吴志强.《西方城市规划理论史纲》导论. 城市规划汇刊,2000(2)
S Campbell & S S Fainstein. Reading in Planning Theory. Blackwell Publishers ,1996

[180] 吴志强.《西方城市规划理论史纲》导论. 城市规划汇刊,2000(2)

[181] E Howard. Garden Cities of Tomorrow. Farber and Farber,1946

上反映了盖迪斯思想的影响)。在这个规划中,房屋和道路围聚于服务中心,而且与外界环境之间有明显的分界线,因此使居住在其中的居民在心理上容易产生一种明确的地域归属感。佩里在上述思想的影响下,借用社会学中的"社区"理论发展了这种"社会空间"规划思想,于1929年明确提出了"邻里单位"的概念(Neighbourhood Unit),使得它不仅是一种实用的规划设计概念,而且成为一种经过深思熟虑的"社会工程"(Social Engineering)[182]。

佩里将邻里单位作为构成居住区乃至整个城市的细胞[183](图7-15)。这种邻里单位以一个不被城市道路分割的小学服务范围作为邻里单位的基本空间尺度,讲求空间宜人景观的营建,强调内聚的居住情感,强调作为居住社区的整体文化认同和归属感。佩里认为它将帮助居民对所在的社区和地方产生一种乡土观念,从而产生一种新的文化、新的希望。1933年与佩里有着密切合作关系的美国建筑师C.Stein设计的雷德朋(Radburn)新镇大街坊充分考虑了私人汽车时代对现代城市生活的影响,采用了人车分离的道路系统以创造出积极的邻里交

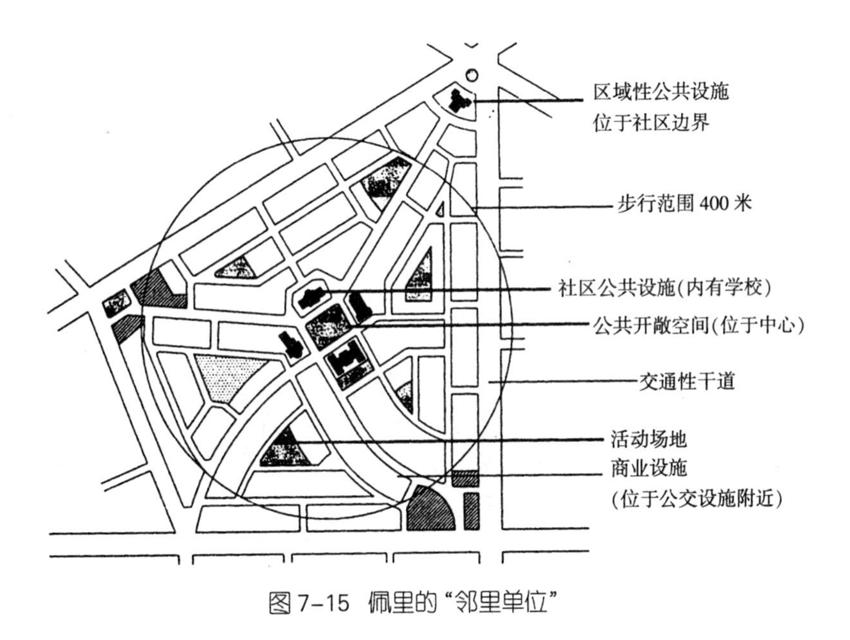

图7-15 佩里的"邻里单位"

[182] 沈玉麟.外国城市建设史.北京:中国建筑工业出版社,1989
C Hague. The Development of Planning Thought: A Critical Perspective. Hutchinson,1984

[183] 这明显不同于柯布西耶关于城市构成单元的理解。

往空间(图 7-16)。于是在后来的规划理论中,将这种对一个地域进行整体规划设计以形成居住社区的做法,通称为"Radburn 体系"[184](图 7-17、图 7-18),并广泛地运用到美国郊区化进程中的"绿带城"规划中(图 7-19)。

邻里单位模式被西方规划师在新城运动及战后城市规划中接受下来,对后来直至今天世界各国的居住区规划、城市规划都产生了重大的影响。但是,到了 1960 年代初邻里单位思想也开始受到了日益增多的批判。美国学

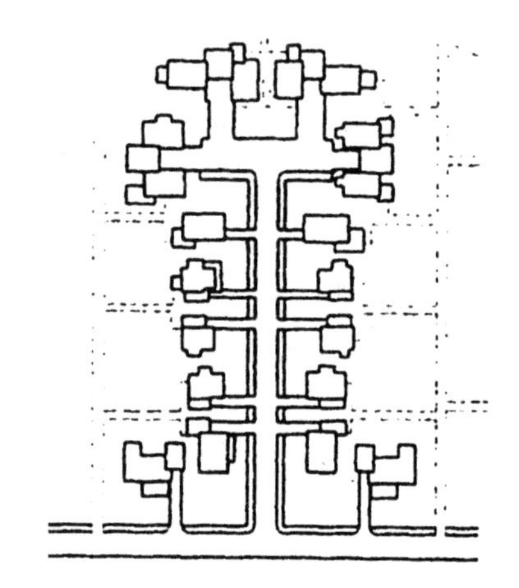

图 7-16 雷德朋"人车分流"系统细部

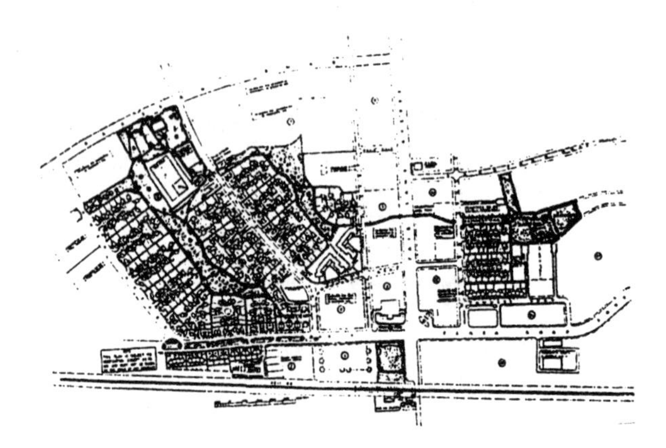

图 7-17 雷德朋新城规划

[184] Radburn 原则:①形成没有大量汽车交通穿越的大街区;②城市道路按不同功能分类,某种道路仅为某类用途而设计和建造;③车行交通和步行交通完全分离,主要步行道和车行干道相交处采用立交;④主要居室不面向道路而面向庭院或步行道,服务性房间或起居室与车库或车行道相接;⑤通往每组住宅的道路都是尽端路。这一思想对日后世界各地居住区建设、新城和卫星城建设提供了帮助和指导,使城市规划更加适合汽车时代的需要。

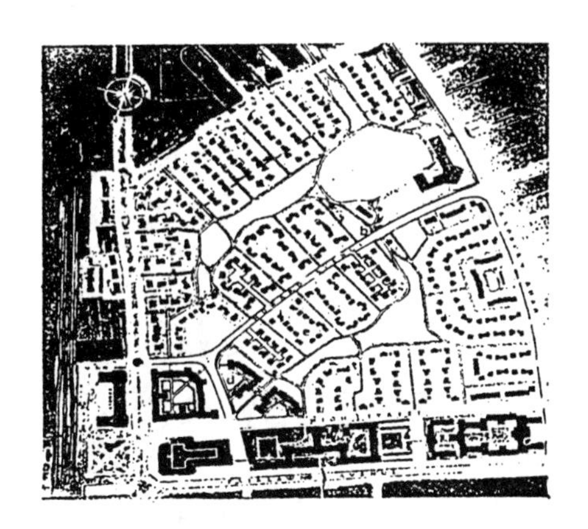

图7-18 雷德朋体系

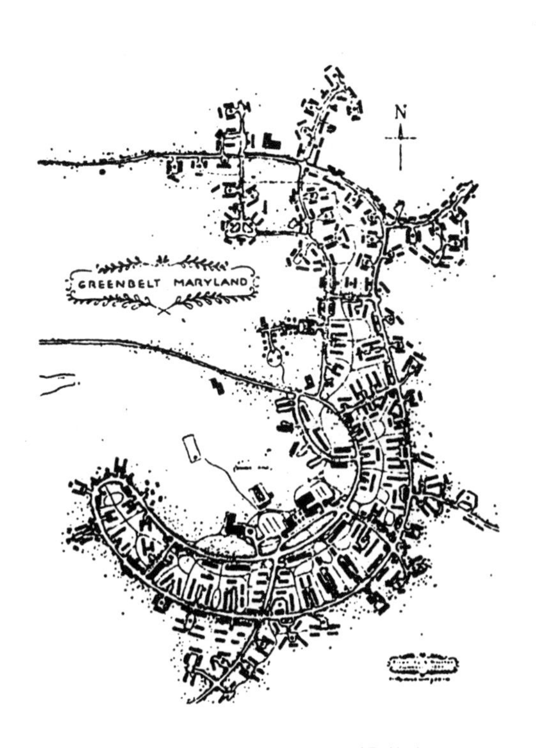

图7-19 美国的新城——绿带城

者 C.Alexander 在其论文《城市并非一棵树》中指出：从社会角度看，邻里单位的整个思想是谬误的，因为不同的居民对于地方性的服务设施有不同的需要，因此，挑选的原则是至关重要的，规划师应该把再现这种多样性和自由的选择作为目标[185]。1969 年英国第三代卫星城密尔顿·凯恩斯(Milton Keynes)的总体规划，是首先反映这种“多样性选择”思想的代表性作品之一(图 7-20)。对于 Radburn 体系中的人车分流模式，也有很多人批评它将城市生动的活动从车行的街道中剔除出去，从而使得这些街道缺乏生机与活力[186]。

图 7-20 密尔顿·凯恩斯中心结构体系体现出的“多样性选择”思想

七 区域规划思想与实践的产生和发展

1 区域规划的思想

城市对区域的影响类似于磁铁的场效应，每个城市的发展都离不开区域的背景。随着社会经济发展的加深，城市与区域的发展关系也愈加密不可分。

[185] C Hague. The Development of Planning Thought: A Critical Perspective. Hutchinson, 1984
J M Levy. Contemporary Urban Planning. Prentice Hall Inc, 2002
[186] J Jacobs. The Life and Death of Great American Cities, Jonathan Cape, 1961

从 1900 年代到 1940 年代,一些富有见识的规划思想家终于认识到:有效的城市规划必须从超越于城市的范围着手——从城市及其周围农村腹地的范围着手,甚至从若干城市构成的城镇集聚区及其相互重叠的区域腹地来着手,从此,通常所说的区域规划的思想开始发展[187]。其实,最早的有关区域思想应该在霍华德的"田园城市"中就已开始萌芽,在 1915 年盖迪斯的著作中已经十分强调区域与地方规划的重要性了。但是,直到 1929 年至 1932 年的西方经济大衰退后,人们才完全意识到需要通过国家/区域规划来进行必要的发展调控,必须把城市与其影响、依托的区域联系起来进行规划。

区域规划思想奠基于盖迪斯和芒福德等人的理论努力,盖迪斯、芒福德等人从思想上确立了"区域—城市关系"是研究城市问题的基本逻辑框架,1938 年 L.芒福德的《城市文化》更被称为区域规划的"圣经"。德国地理学家克里斯泰勒(W. Christaller)于 1933 年发表的"中心地"理论,揭示了区域内诸多城市空间布局秩序之间的内在数理关系(图 7-21)。经济地理学者廖什(A. Losch)从企业区位的角度以纯理论推导的方法完成了对不同等级市场区中心地数目的研究,揭示了城市影响地域及相互作用的理论形态。贝瑞(B. Berry)等人结合城市功能的相互依赖性、城市区域的观点、对城市经济行为的分析和中心地理论等,逐步形成了城市体系(Urban System)理论[188]。到了 1950 年代以后,在经济学界和地理学界的共同推动下,欧美学者在对区域经济、空间发展所进行的研究中提出了许多有关城市—区域发展的理论(最著名的如增长极理论、空间扩散理论、核心边缘理论以及前苏联的地域生产综合体理论等等)[189],使区域空间结构与社会经济结构的研究得到了统一,并由此而兴起"区域科学"这样一个学科群,为城市和区域规划的开展提供了必要的基础。到了 1990 年代,受经济全球化以及政治格局与社会思潮等的影响,有关全球城镇体系、跨国城市区域联盟、区域重整与更新、新区域主义等的探索占据了主导地位。西方区域规划发展的历史时代见表 7-1。

---

[187] P Hall. The World Cities. George Weidenfeld & Nicolson Limited, 1984
P Hall 著;邹德慈等译. 城市与区域规划. 中国建筑工业出版社, 1985

[188] 崔功豪,王本炎等. 城市地理学. 南京:江苏教育出版社, 1992

[189] 阎小培,林初升,许学强著. 地理·区域·城市——永无止境的探索. 广州:广东高等教育出版社, 1995

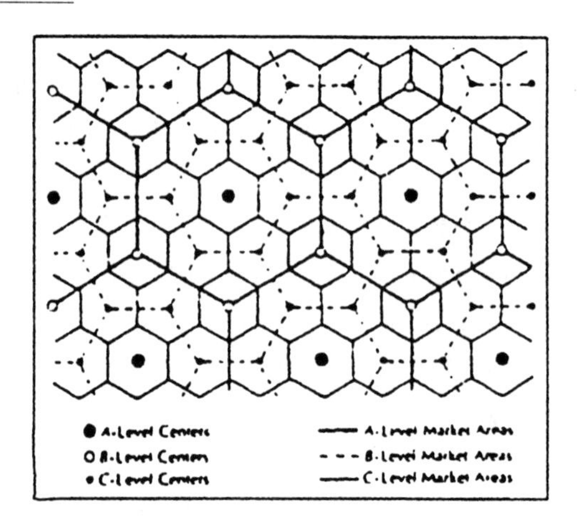

图 7-21 克里斯泰勒的城镇体系组织结构

表 7-1 西方区域规划发展的历史时代 [190]

时 代	关键人物	特 征
生态区域主义 (20 世纪早期)	Geddes, Howard, Mumford, Mackaye	关心 19 世纪工业城市过度拥挤问题,努力平衡城市与乡村
区域科学时期(1940 年代晚以来)	Isard, Alonso, Friedmann	强调区域经济发展、定量分析、社会科学方法
新马克思主义区域经济地理学(1960 年代晚以来)	Harvey, Castells, Massey, Sasson	发展了区域内权利和社会运动分析
公共选择区域主义(1960 年代以来,1980 年代尤为盛行)	Tiebout, Ostrom, Gordon, Richardson	用新古典经济学的自由市场观念分析区域
新区域主义	Galthorpe, Rusk, Downs, Yaro, Hiss, Orfield, Katz, Pasor	关心环境、公平、经济发展以及区域竞争力，集中于专门的区域和后现代大都市景观问题

2 区域规划实践的发展

英国在 1921 年至 1922 年开展了顿开斯特附近煤矿区的区域规划,1927 年成立了大伦敦区域规划委员会。1937 年英国巴罗委员会提出了把国家/区域

[190] Stephen M Wheller. The New Regionalism: Key Characteristics of an Emerging Movement. Journal of APA, 2002(3)

问题和大城镇聚集区的物质环境增长联系起来，并认为它们是同一问题的两个方面,许多城市型地域高度集中的缺点远超过其优点,因而需要政府专门采取对策[191]。1944年阿伯克隆比制定的大伦敦规划,勾勒出一个以大城市为核心向各个方向延伸五十公里左右，包含了一千多万人口的特大地区的未来发展蓝图,这可以被认作是西方规划史上第一个大都市地区(区域)的规划。1920年代美国鉴于一些区域的贫困、城市衰落和环境破坏等局面,认识到解决这些问题的根本办法必须到区域经济前景中去寻找。纽约在1920年代末、1930年代初进行了一系列区域研究,以解决就业与住房问题为主要目标,通过交通网络和聚居地的分布和组织,开创了早期区域规划的实践。1929年又通过非政府组织(NGO)的形式开展了"纽约区域与周围地区的规划"(Regional Planning of New York and its Environs)。值得一提的是,美国在1933年开始实施的田纳西河流域区域规划所取得的显著成就，为世界区域规划的发展起到了重要的示范作用。但是后来由于担心这种自上而下的区域规划会引发"社会主义倾向",美国政府遂不再主动推进类似的工作。

其他的欧洲国家如德国、法国以及前苏联等社会主义国家,在此次期间均进行了大量的区域规划工作。前苏联在其社会经济制度的推进下,从1920年代起所施行的第一次五年计划、俄罗斯电气化计划、关于经济区划的理论研究以及随后的以人口再分布为核心的居民点网络规划等[192],对世界范围尤其是前社会主义国家的区域规划理论研究和规划实践起了重要的推进作用。二战以后,很多西方国家结合国内经济的恢复和发展,在一些发达的城市地区(伦敦、巴黎、汉堡、斯德哥尔摩等)和重要的城市工矿地区(如德国的莱茵—鲁尔地区)开展了大量的区域规划工作，有些国家还通过有计划的国土综合开发来促进资源的开发和保护、后进地域的开发、传统区域的复兴、大城市的发展和产业合理布局等。到了1960年代,区域规划的思想已经被广泛而深入地接受,各种类型的区域规划在许多西方国家(法国、英国、德国、荷兰等)已经成为政府一项经常性甚至是制度性的重要工作。

八 新(伪)古典主义城市规划思想

工业革命以后,新的经济生产方式、机器化时代的技术理性、转变中的社

[191] P Hall 著;邹德慈等译. 城市与区域规划. 北京:中国建筑工业出版社,1985
[192] 沈玉麟. 外国城市建设史. 北京:中国建筑工业出版社,1989

会结构，都使得人们对文艺复兴时期所建立起来的西方古典主义体系产生了怀疑,对于这个体系放之四海皆准的原则产生了动摇。以前那些认为"凡是古的就是好的"、"凡是几何与数的就是美的"金科玉律式的规划原则,如今被一个充满了希望、与古典完全没有关系的现实和未来所摧毁,人们不得不逐渐改变传统规划习惯"向后看"的态度(例如西方规划史上一次次对古希腊、古罗马风格的顶礼膜拜与一再复古),而转为"向前看"[193]。但是在这里需要特别提到的是,在两次世界大战期间及其随后的一段时间内,西方一些国家的城市规划建设中却出现了对"古典主义"复兴的现象。我们一般将那些在法西斯国家中发生的复古现象称之为"伪古典主义";而对于那些发生在前苏联等社会主义国家的复古思潮,称之为"新古典主义"。

1 法西斯的伪古典主义思想基础

1933 年现代建筑运动的先驱与堡垒包豪斯学院被德国纳粹强行封闭[194],现代建筑运动的基地不得不从欧洲转移到了美国并与美国的实用主义相结合,并终于在 1960 年代发展成为所谓的"国际主义风格"。而在德国、意大利、西班牙等欧洲的几个法西斯独裁国家,在 1930 年代前后却出现了非常特殊的对古典主义建筑与城市规划风格极度热衷的潮流。法西斯国家受到绝对集权主义的影响,城市规划思想也打上了深深的烙印,强调秩序、理性、统一、服从的"古典主义"再次复活,并与法西斯国家强调的"秩序规划"紧紧地结合在一起,"作为国家(德国)重新崛起的伟大见证"。法西斯政权希冀利用古典主义建筑和城市规划所彰显出的秩序、宏大氛围,来强调政权的稳固、强大,因而具有明显的政治含义和象征功能目的,其中尤以德国纳粹最有代表性。法西斯为了体现国家的权力和意志，绝大多数的大型公共建筑项目和城市改造规划都强调古典主义风格的运用,特别是对历史上显赫一时的古罗马风格加以夸张、发挥,这种现象一般被建筑史学家们称为"伪古典主义"(图 7-22)。

伪古典主义规划思想反对生活的多样性，要求通过设计使所有的人都能够在规范的秩序中生活,个人只是整个纳粹国家机器中的"零件",而不是可以自由发挥个性的个体。伪古典主义思想认为,城市规划象征了国家、民族的精神,其目的仅仅是应该强调和迫使人们集中于社会的共性,而不能让个性主义得到发挥,这样才能够有强大的国家和强悍的城市面貌。

---

[193] 王受之. 世界现代建筑史. 北京:中国建筑工业出版社,1999

[194] 纳粹批判现代主义建筑有六大罪名:没有文化根基、物质主义、不舒服、无人情味、共产主义的、反德意志的。

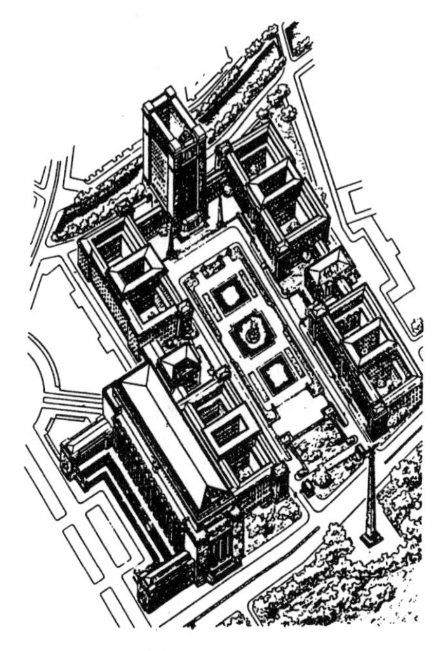

图 7-22　按照希特勒意图改建的柏林政府中心

2　法西斯伪古典主义思想的城市规划实践

法西斯强调建筑与规划要彻底地改变人们的城市生活,要为政治服务,成为权威政治的象征,所以伪古典主义常常通过粗暴地割断历史、破坏城市文脉的"气势宏伟"来宣扬独裁政权的神圣权威,要求城市规划设计具有强烈的纪念性和权威性,以显示政治制度和统治者的伟大。希特勒本人极度热衷于公共建筑的设计和城市规划,并直接参与了许多重大项目的设计,以至于他的将军后来抱怨:德国的战败是因为希特勒将过多的时间用到了建筑与城市规划上。1933 年希特勒在其成为德国元首后就立即开始着手重新设计和改造柏林,要求使之成为"世界文明的中心"和征服欧洲的中心,要求一系列巨型的公共建筑物要体现 "德意志的土地和血" 的风格——在形式上全部采用古罗马的风格,并且要体现德意志的精神和民族主义特征,而体积上要比古罗马的任何大型建筑还要大上 10 倍!按照 1937 年希特勒与其御用规划师所制定的规划,整个柏林要被改造成为强烈工整、具有宏伟轴线(长达 7 公里,2.5 倍于香榭丽舍大街的纪念轴线)、可供数十万纳粹党徒集会和供上百万人游行与庆典的"大会堂”、“大街道”,这是法西斯国家的一项重要纪念性工程[195],“我要通过这个规划来唤醒每一个日耳曼人的自尊”(希特勒)。P.L.Troost 及 A.Speer 曾分别担任过希特勒的首席设计顾问,除了柏林改造方案外,还为之设计了一大批建筑以及纽伦堡“齐根菲尔德会场”、奥林匹克运动场(1936)等伪古典主义的作品,集中体现了法西斯的精神:统一、权威、严肃、军国主义思想和大日耳曼主义。

同期在意大利的法西斯城市规划中也体现出明显的复古主义风格，最具代表性的是首都罗马和工业城市米兰的改造。1925 年墨索里尼与其首席建筑师 M.Piacentini 提出了改造罗马城市的方案,扬言要将他的“新罗马”建设成为一个“大理石的城市”。这个方案粗暴地在古老的罗马城市中央开拓了宽敞的大道，彻底破坏了传统的城市格局和风貌，不由得使人们联想到了当年 Haussmann 的巴黎改建规划(图 7-23)。类似的法西斯伪古典主义规划,还有 1941 年的西班牙马德里规划。

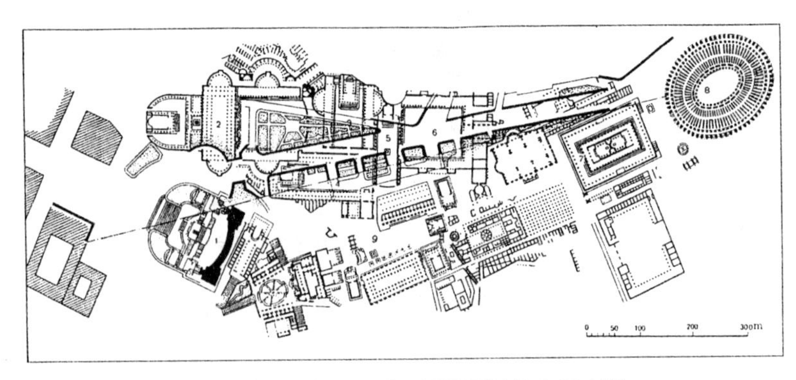

图 7-23 墨索里尼时期粗暴开辟的帝国大道

3 前苏联城市规划中的新古典主义风格

与法西斯复兴伪古典主义相比,另外一个值得注目和思考的现象是:前苏联在这个时期也出现了强烈的古典主义复兴热潮，集中了古典主义和东正教建筑的特征而建造了大量的公共建筑[196]。这股热潮虽然因为二战而中断,但是在战后又重新兴起,而且规模更大,并广泛地影响到了一些其他社会主义国家

[195] 沈玉麟. 外国城市建设史. 北京:中国建筑工业出版社,1989
[196] 王受之. 世界现代建筑史. 北京:中国建筑工业出版社,1999

(甚至包括亚洲的中国、朝鲜)的城市规划与建筑风格。应该说,这与当时前苏联领导人对于民族主义、历史的理解,以及与强力的中央集权式政治社会格局有着密切的关系。

1930年代前苏联的快速发展与大量新城市建设的迫切需求,使得快速而有效的城市规划设计成为当务之急。由于政府在规划、建设中具有绝对的控制权和决定权,城市的面貌基本上是政府意志的表达,这时候希望通过城市规划来解决城乡对立的状况,要求为新社会阶级结构而规划设计新城市,在规划与建筑中强调工作、生活集体化。在社会生活中,每个人都是这个庞大的国家机器的组成部分,因此体现个体在工作、居住上的平等特点是城市规划与建筑设计的立足点。于是在斯大林的领导下,全国各地兴建了许多城市与大型公共建筑,强调通过秩序井然、规则威严、气势恢弘的城市规划和建筑设计,来展现当时前苏联在经济和政治上取得的重大成就,体现俄罗斯民族的优越,强调民族团结的政治目的[197](图7-24)。1945年二战胜利以后,配合战后全面、大规模的经济重建运动,新古典主义在前苏联又得到了空前的大发展,并一直延续到1950年代末才被现代主义风格逐步取代。

图7-24　1935年莫斯科规划的古典主义形式

[197] 王受之. 世界现代建筑史. 北京:中国建筑工业出版社,1999

第八章

功能理性：二战后至 1960 年代的城市规划思想

- 二战后的科学、社会思潮与“老三论”的产生
- 城市规划的系统分析时代：功能理性主义的顶峰
- 特大城市空间的疏散与新城运动
- 1950 年代城市生态环境科学思想的兴起
- 战后的历史环境保护运动
- Team10 的“人际结合”规划思想及理论
- 现代城市规划的思想基础

一　二战后的科学、社会思潮与“老三论”的产生

1　1960年代末前西方社会的主流科学、社会思潮

近代新兴的资产阶级为了发展资本主义而打出了唯物主义哲学的旗号，这不仅使他们逐步占据了政治上的统治地位，而且也大大推进了近现代自然科学与社会科学的成长，尤其是在二战以后相对和平的社会环境里，科学得到了飞速的发展。唯物主义反对盲从，提倡经验；反对迷信，提倡理性。但由于世界观的差别，唯物主义又分裂成为经验论和唯理论两大对立的派别。培根就是经验主义的鼻祖，他主张一切科学知识均来源于观察和经验，主张将归纳法作为科学认识的工具，这种思想曾经在西方科学史中占据着主导地位。二战以后随着科学的发展，以爱因斯坦等为代表的唯理论学者将自然科学大大地向前推进了一步，对自然规律的认知已经远远超越了人们可以直接感知的“经验观察”范畴，于是人们更加相信一切自然规律都是可以认识、掌握、预测并能控制的。

总览20世纪，西方社会可谓思潮迭起、学派林立，但科学主义思潮是其主流和核心，它与自然科学本身的历史发展是紧密相连的[198]。在方法论上，科学主义思潮继承了欧洲古典时期以来的理性主义传统，推崇理性和科学，以科学认识的理论、方法、逻辑和科学发展的规律等作为自己的主要研究对象，主张以精密的自然科学“模型”来改造世界。这里需要指出的是，与西方近现代科学主义思潮相并行的另一个重要思潮是“实用主义(Pragmartism)哲学”思潮。实用主义是19世纪末、20世纪初影响西方世界最大的哲学思潮之一，严格地说，它既不属于单纯的科学主义思潮，也不属于单纯的人本主义思潮，而是两者兼具。实用主义主要产生、发展于美国，这和美国社会文化中推崇“抓住机会、努力竞争、积极行动、讲求实效”的信条是分不开的，美国人数百年从无到

[198] 言玉梅. 当代西方思潮评析. 海口：南海出版公司，2001
袁华音. 西方社会思想史. 天津：南开大学出版社，1988
C Frederick. A History of Philosophy. Image Books，1985

有的开拓进取的历史、讲求实际的作风以及反传统、反权威精神，都为实用主义的产生、发展提供了深厚的土壤。实用主义的基本精神和基本信条是：①实践高于一切；②效应为最高目的；③改造世界是己任[199]。实用主义思潮虽然带有非常明确的功利主义色彩，但是它也从另一个侧面有力地推进了现代科学（特别是应用技术科学）的发展。

西方社会在经历过两次世界大战的惨痛教训后，这时在社会思潮流域中确立的主流价值观是：认为社会是可以控制的而且必须被纳入一种规范、制衡的轨道。在1930年代前，西方经济学中占主导地位的是以马歇尔为代表的新古典经济学[200]。这个学派认为资本主义制度是完善的，能够通过市场的自我调节实现充分就业，鼓吹不需要国家的干预。而随后爆发的席卷资本主义世界的经济危机以及由此导致的两次世界大战，都使得人们认识到积极的国家干预是一种不可或缺的手段，尤其是二战的胜利鼓舞了社会的勇气和自信，人们普遍相信由政府实施更多的干预和控制不仅能够带来战争的胜利，而且也会带来和平发展中的胜利。1930年代后，当自由资本主义向垄断资本主义并进而向国家垄断资本主义转化的时候，符合国家垄断资本主义利益的“凯恩斯主义”（Keynesianism）产生了[201]。J. M. 凯恩斯（J. M. Keynes，1883—1946）认为单纯靠私营经济的市场调节，不可能达到社会资源的有效利用和充分的就业水平，他主张实施积极的国家干预，否则资本主义制度就会崩溃。“福特主义”（Fordism）是1930年代至1960年代在资本主义世界经济危机和二战后这一期间用来描述西方资本主义经济与社会总体形态的基本术语，以标准化、大批量、高效率为特征的“福特生产线”之所以能够上升为“福特主义”，说明其影响已经远远超越了生产流水线，“功能”、“实用”、“效率”已经成为这个时代深入人心的“主题词”。

2　系统论、信息论与控制论的产生

“老三论”（系统论、信息论、控制论）是相对于1970年代前后产生的“新三论”（协同论、耗散结构论、突变论）而言的。系统论、信息论、控制论三门学科是在1948年左右诞生的，1960年代后得到了重大发展，并广泛影响着人类自然、社会科学发展的几乎一切领域。

---

[199] 章士嵘. 西方思想史. 上海：东方出版中心，2002

[200] 杨德明. 当代西方经济学基础理论的演变. 北京：商务印书馆，1988

[201] 杨德明. 当代西方经济学基础理论的演变. 北京：商务印书馆，1988
袁华音. 西方社会思想史. 天津：南开大学出版社，1988

系统论的创始人奥地利生物学家贝塔朗非提出系统论的三个基本原则：第一，系统的观点，也就是有机整体性的原则；第二，动态的观点，认为生命是有组织的开放系统，也就是自组织的原则；第三，组织等级观点，认为事物之间存在着不同的组织等级和层次，各自的组织能力不同。信息论主要是研究信息本质的科学，研究如何运用数学理论描述和度量信息的方法以及传递、处理信息的基本原理。1960年代以来，城市规划中运用信息论方法（特别是计量方法、模拟方法等）揭示了一些城市发展的新的规律[202]，为实现城市规划的现代化提供了有力武器。控制论是研究各种系统的控制和调节的一般规律的科学，其主要方法是信息方法、黑箱方法和功能模拟法。社会控制论在城市规划中的应用主要体现在：城市可以被当作一个系统来加以描述，它们的各个部分可以分开，各部分之间的相互作用可以进行分析，当引入适当的控制机制后，城市系统内的各种行为就会向特定的方向变化，以实现控制者（规划师）制定的某些目标任务[203]。

系统论、信息论、控制论不仅对现代科学的发展起了巨大的推动作用，而且也对人类社会领域的发展产生了巨大的影响。城市规划领域的发展也不例外，并尤以系统论之影响最为显著。下面重点阐述系统论对城市规划思想的重大影响。

二　城市规划的系统分析时代：功能理性主义的顶峰

1　从分解到综合的系统规划思想

从分解到综合是理性主义通过系统论、控制论和信息论等办法，将相互之间的“关节打通”，从而逐步走向综合。从系统论的视角看，倾向于将城市视作为一个复杂的整体——是不同土地使用活动通过运输或其他交流中介连接起来的系统，城市内的不同部分是相互连接和相互依存的，而城市规划的实质就是进行系统的分析（Analysis）和系统的控制（Control）[204]。系统分析方法的建立是理性主义的高峰，也标志着功能理性主义规划思想的顶峰：系统规划思想将

---

[202] 阎小培，林初升，许学强著．地理·区域·城市——永无止境的探索．广州：广东高等教育出版社，1995

P Hall 著；邹德慈等译．城市与区域规划．北京：中国建筑工业出版社，1985

[203] 沈玉麟.外国城市建设史.北京：中国建筑工业出版社，1989

[204] N Tavlor. Urban Planning Theory Since 1945. Bage Publications，1998

城市视为一个多种流动、相互关联、由经济和社会活动所组成的大系统，运用系统方法研究各要素的现状、发展变化与构成关系，相对于过去单纯的物质形态规划思想，无疑是一个极大的提高。

其实，作为一种对事物整体及整体中各部分进行全面考察的思想，古已有之。近代霍华德的"田园城市"理论中就贯穿了系统思维的精神，建立了"一个比较完整的现代城市规划体系"(李德华，1988)；盖迪斯的"调查—分析—规划"理论也体现了比较明确的系统性思想。但是毫无疑问，现代系统理论的建立、发展和应用，使得城市规划的系统思想由原先感性的、不自觉的认识观，实现了向理性的、自觉的认识观的"飞跃"[205]。最早运用系统思想和方法进行的规划研究当推始于美国1950年代末的运输—土地使用(Transport-Land Use)规划，这些研究突破了物质空间规划对建筑空间形态的过分关注，而将重点转移至发展的过程和不同要素间的关系以及要素的调整与整体发展的相互作用之上。受到系统论的影响，原来的纯粹注重物质形态规划的功能理性思想在1960年代发生了重大改变，城市被当作包含一系列特殊空间子集的复杂系统，因而城市规划成为一项系统性的规划[206]。1960年代中后期至1970年代，麦克劳林(J. B. McLoughlin)、恰得威克(Chadwick)等人在理论上的努力和广大规划师在实践中的自觉运用，促成了系统方法在西方城市规划领域中运用的高潮，主要体现为以下一些方面：

1) 对城市复杂性的认识和系统把握

克里斯托弗、亚历山大(C. Alexander，1965)否定了一般地看待城市的各组织元素，即把各层次的等级看成"树形结构"的传统认识观，而提出实际的城市生活要远比这种"树形模型"复杂得多，很多方面是交织在一起、互相重叠的"半网状结构"(Semi-lattice)(图8-1)，这就是城市的内在规律。亚历山大的"半网状结构"思想，是以系统的观念来研究城市复杂性的一个重要起点[207]。1970年代英国第三代新城Milton Keynes在规划中就体现了这样一种新的布局思想，以寻求构筑"半网状"的结构，尤其是在城市公共中心的设置上体现出了多选择性的意图。《马丘比丘宪章》(1977)也从系统论的思想角度批判了《雅典宪章》的功能分区思想，认为"不应当把城市当作一系列的组成部分拼在一起来考虑，而必须努力去创造一个综合的、多功能的环境"，强调城市发展的动

[205] 孙施文.城市规划哲学.北京：中国建筑工业出版社，1997

[206] N Tavlor. Urban Planning Theory Since 1945. Bage Publications，1998

[207] 孙施文.城市规划哲学.北京：中国建筑工业出版社，1997
吴志强.《西方城市规划理论史纲》导论.城市规划汇刊，2000(2)

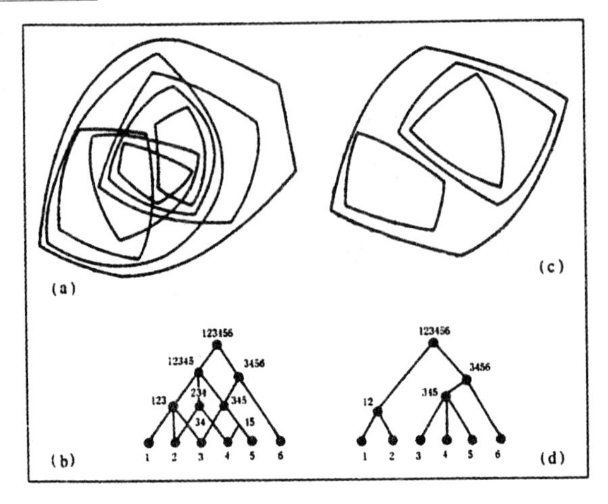

图 8-1 亚历山大对城市复杂性的表述

态性和各组成要素之间相互作用的重要性、复杂性。

2) **运用系统论思想对城市规划工作本身的再认识与改进**

系统规划思想强调将城市规划看成为一个动态的适应性调整过程，因此应该由过去终极式的蓝图编制转变为过程型的规划，例如B. Mcloughlin、G. Chadwick、A. Wilson 等人都认为，城市规划是一个系统的过程，而不是描绘终极状态，他们具体分析了城市规划过程的组成、用系统思想处理城市规划问题的方法，并分别提出了关于规划过程的种种图解[208]。C. Lindblon 在 1959 年出版了《紊乱的科学》(*The Science of Mudding Through*)，针对战后西方各国编制的越来越繁琐的城市综合规划(*Comprehensive Planning*)，他尖锐地指出：这类城市总体规划(综合规划)要求太多的数据和过高的综合分析水平，这些都远远超出了一名规划师的领悟能力，规划师不得不忙于细部处理却往往放弃了做最重要的"城市发展战略"。1969 年 B. Mcloughlin 出版了《城市与区域规划：系统探索》(*Urban and Regional Planning:A System Approach*)，这本书中提到的系统规划理论已经完全超出了物质形态的设计，强调的是理性分析、结构控制和系统的战略[209]。在实践方面运用系统理论的典型行动是：1968 年英国的《城乡规划法》对原先的城市规划体系进行了重大调整，以结构规划(Structure Plan)

[208] P Hall；邹德慈等译.城市与区域规划.北京：中国建筑工业出版社，1985
P Hall. Cities of Tomorrow: An Intellectual History of Urban Planning and Design in the Twentieth Century. Blackwell Publishers，2002

[209] 仇保兴. 19 世纪以来西方城市规划理论演变的六次转折. 规划师，2003(11)

和地方规划(Local Plan)取代原来的发展规划、总体规划和详细规划[210]，以使得城市规划能更具弹性、适应性和预测性；英国的Coventry-Solihull-Warwick-shile次区域(Sub-region)规划(1971)被认为是系统方法在城市规划运用中的典范。系统规划思想还强调要以多种可能的发展方案来适应城市未来发展的种种要求，从而使城市规划在整体上成为城市社会系统协同作用的基础和依据，在微观层次上又能揭示出该系统各组成要素间相互作用的途径和结果[211]。

3) **运用系统方法、数学方法来分析、模拟城市**

在系统论思潮的影响下，城市规划师也由过去的设计师向“科学系统分析者”的角色转变，许多人热衷于采用综合预测方法、建立数学模型，运用计算机来模拟城市某一系统或多个系统的变化规律，以解决城市规划的科学“量化”问题。比利时的Allen等人就运用自组织理论建立了有关城市发展的动力学模型，他们提出了影响城市发展的若干变量，然后将城市分成若干小区，分别列出相应的非线性运动方程，最后用计算机进行模拟预测。这一系统方法的思潮，导致了1970年代计量方法在城市规划分析、预测中的运用达到了高潮。计量革命试图将城市规划、城市的发展纳入一个可以精确计算、预测的轨道中(因此也就是可以理性认知并调控的)，但是由于城市并不是一个完全客观的、可以通过计算模拟来认知的自然物质，它本身的复杂性特别是不断变化的社会性，使得任何定量科学都不可能准确地掌握城市发展的规律。

2 系统论思想在城市规划领域面临的挑战

系统论的应用，标志着功能理性主义的城市规划思想已经发展到了其顶峰时代。但是，用纯自然科学的方法来加强规划的企图，并不能解决城市中大量实实在在的社会问题。1960年代前后在西方形成并快速发展的理性系统规划思想，到了1970年代便受到了严峻的挑战。一些美国学者从理论和经验的角度断定：城市规划的决策过程要由多元的政治性组织来完成，其他任何个人、团体都没有那种综合认知因而无法胜任，而且这一决策过程被描述为“分离渐进主义”；另外一些学者针对1960年代末西方社会出现的激烈冲突和动荡，也不支持系统规划，认为系统规划不仅没有改善城市居住条件，反而割裂了城市内部(P. Hall，1996)，因而系统规划被认为具有空想性质而忽视了政治

[210] B Cullingworth. British Planning: 50 Years of Urban and Regional Policy. The Athlone Press, 1999
J B Cullingworth & V Nadin. Town and Country Planning in the UK13th. Routledge, 2002
[211] 孙施文.城市规划哲学.北京：中国建筑工业出版社，1997

现实[212](Bolan,1967)。

其实,早在 1969 年 J. Friedmann 就对当时理性主义的系统规划理论和方法进行了批判。1977 年 A. J. Scott 与 S. T. Roweis 发表了《理论与实践中的城市规划》(*Urban Planning in the Theory and Practice:A Reappraisal*)一文,针对当时城市规划中由大量计算机辅助的数理模型支持理性分析的现象,指出理性系统规划的理论和方法“内容虚无、空洞”。1979 年 M. Camhis 的《规划理论与哲学》(*Planning Theory and Philosophy*)以及 M. J. Thomas 的《A. Faludi 的城市规划程序理论》(*The Procedural Planning Theory of A. Faludi*),都对理性系统的规划理论和方法提出了责难。到了 1980 年代随着批判的日益增多,系统理性规划思想逐渐失去了主导地位。

三　特大城市空间的疏散与新城运动

从工业革命开始,研究大城市功能与空间结构优化的内容就成为近现代城市规划思想家们所关注的一个重要议题,霍华德、沙里宁、莱特、柯布西耶等均作出了杰出的探索。二战以后,随着经济的快速恢复和增长,西方国家的一些大城市、特大城市急剧膨胀起来,各种大城市病接踵而至,如何实现特大城市发展形态的优化又被重新置于一个重要的地位。与二战前关于采用“分散主义”还是“集中主义”喋喋不休的争论相比,二战以后在西方城市规划思想中,“适度分散”已经基本成为共识,沙里宁的有机疏散思想成为特大城市功能与空间重组的重要理论基础。

1　阿伯克隆比的大伦敦规划及其影响

其实早在 1935 年的莫斯科总体规划中就已经提出了疏散的思想,通过“环形绿带 + 卫星城”的方式力图实现产业、生活的平衡布局,以实现一个优美的城市生活环境,应该说这一思想贯穿了后来莫斯科历轮城市规划的始终。但是,更为著名和系统的空间重组思想还是来自于阿伯克隆比的大伦敦规划。

1937 年英国政府为了研究、解决伦敦人口过于密集的问题,成立了以巴罗爵士为首的巴罗委员会。1940 年提出的《巴罗报告》中建议:要通过疏散工业和人口来解决大伦敦的环境与效率问题。1942 年英国皇家学会 MARS 小组提出规划报告:将伦敦由封闭形态转变为一个开放的、由两个相互隔离的部分

---

[212] N Tavlor. Urban Planning Theory Since 1945. Bage Publications,1998

组成的大伦敦,城市由一系列相互平行的、由绿地分割的城区组成[213]。1943 年二战转折时期,英国就任命 Lord Reith(战后第一任城乡规划部部长)研究战后重建问题,并任命阿伯克隆比、福尔肖(J. H. Foreshaw)考虑大伦敦地区的规划。1944 年伦敦国土委员会(County Council)采纳了由阿伯克隆比与福尔肖编制的大伦敦规划,并准备在战后立即按照此方案重建和重组伦敦。

在这个闻名遐迩的"大伦敦规划"中,阿伯克隆比对西方城市规划理论与实践的最大贡献就是在一个比较广阔的范围内进行特大城市的规划, 将霍华德、盖迪斯和恩温(R. Unwin, 1863—1940)的思想融合在一起,勾勒出一幅半径 50 公里左右,覆盖一千多万人口的特大城市地区发展图景(图 8-2)。阿伯克隆比吸收了霍华德田园城市理论中分散主义的思想, 以及盖迪斯的区域规划思想、集合城市(Conurbation)概念,采纳了恩温的卫星城建设模式,将伦敦城市周围较大的地域作为整体规划考虑的范围。当时被纳入大伦敦地区的面积为 6 731 平方公里,人口为 1 250 万。该规划体现了《巴罗报告》中提出的分散工业与人口的中心思想,建议要从伦敦密集地区迁出工业,同时也迁出 100 万人口。通过规划在距伦敦中心城区 48 公里的半径范围内划分四个圈层并配合放射状的道路系统,对每个圈层实现不同的空间管制政策,特别是控制并降

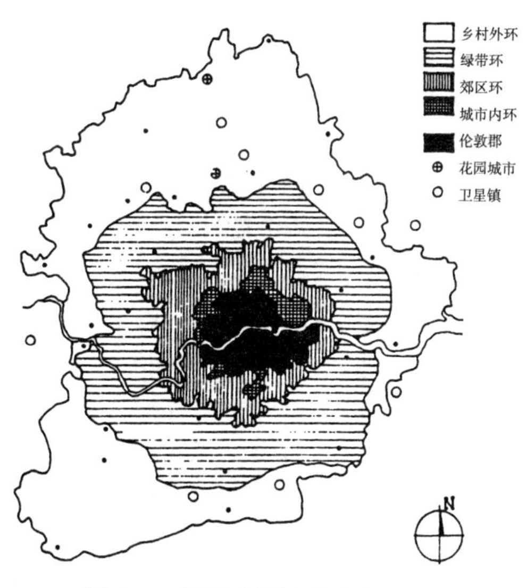

图 8-2　阿伯克隆比的大伦敦规划

[213] 沈玉麟. 外国城市建设史.北京:中国建筑工业出版社,1989
J B Cullingworth & V Nadin. Town and Country Planning in the UK[13th]. Routledge, 2002

低中心内圈层的密度,通过绿地圈实行强制隔离以阻止建成区连片蔓延的局面。因此可以说,在这个规划中最早地明确体现了“分区管制”的思想。大伦敦规划总体上是很成功的,在与相关法规的共同作用下,它有效地控制了伦敦无序蔓延的势头。从今天的现实发展情况看,伦敦由 1951 年的 820 万人口减少到目前的 660 万人口,这其中固然有产业转型、人口自然增长率降低、郊区化过程推进等许多因素的影响,但毫无疑问,大伦敦规划的思想及其提出的措施,是使其成为成功舒缓现代城市压力的最典型案例之一。

大伦敦规划吸收了 20 世纪初期以来西方规划思想中的许多精髓, 提出的方案对当时控制伦敦的蔓延、改善混乱的城市环境起到了一定的作用,所以为后来许多国家包括东亚的日本东京、韩国汉城等城市所仿效,但是在这些城市基本上都没有成功地再现“大伦敦的辉煌”。分析其中的原因,除了严格立法以外(事实上并不是单纯的大伦敦规划在起作用,而是由一系列的法律体系和行动方案共同支撑了这个伟大规划设想的实现), 城市化的时段也是十分重要的(1950 年代前后,西方许多发达国家已经开始了明显的郊区化过程,这对大城市空间结构的分散产生了明显的推力作用),而所有这些大伦敦规划方案后成功的保障因素都没有被那些模仿城市所关注或获得充分的提供。包括中国北京、上海等城市在多轮规划中也一再提出建立“分散组团”、“卫星城”、“新城”等思想,却一直没有收到预期的效果,这其中的关键也在于上述原因的影响。

但是后来的实践发现,大伦敦同心圆封闭式的布局模式也造成了许多问题,如人口疏散效果不明显、外围卫星城镇功能欠缺而缺乏引力、通勤距离过大、配套不足、新城投资巨大、环路交通负荷过大等等。1960 年代编制的大伦敦发展规划对阿伯克隆比的方案进行了改进,试图通过强化三条对外疏散的长廊地带以及在长廊的顶端建立“反磁力”中心,以期望在更大的地域范围内疏解伦敦的压力及实现其周围地区经济、人口和城市的合理均衡发展问题。除了英国,西方许多特大城市地区在这一时期也根据自己的实际探索了各自有效的道路,著名的有荷兰兰斯塔德地区的规划、丹麦大哥本哈根的指状规划(图 8-3)、1950 年代至 1960 年代华盛顿的放射长廊规划(图 8-4)、1970 年代的莫斯科总体规划(图 8-5、图 8-6)以及 1960 年代开始的大巴黎规划(图 8-7、图 8-8)等,这些都是有机分散主义思想在特大城市空间、功能优化中的经典实践。值得一提的是, 与大伦敦的圈层状分散模式不同,1965 年完成的“大巴黎规划”提出在全国各大区间平衡生产力的布局以疏解巴黎的压力,并通过在巴黎城市外围建设两条平行长廊和五个开发区(包括 La Defence)来转

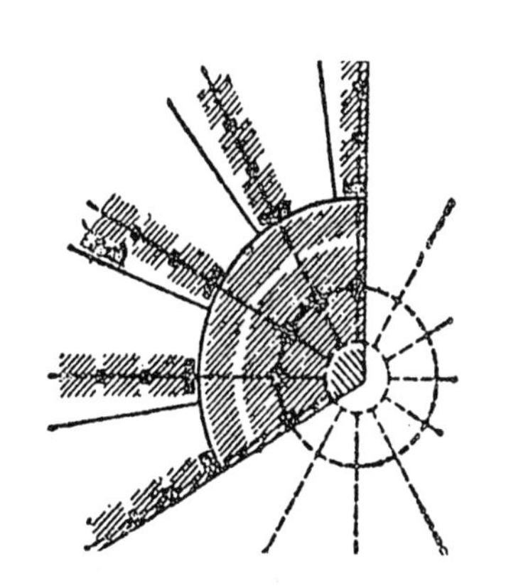

图8-3　大哥本哈根的指状规划

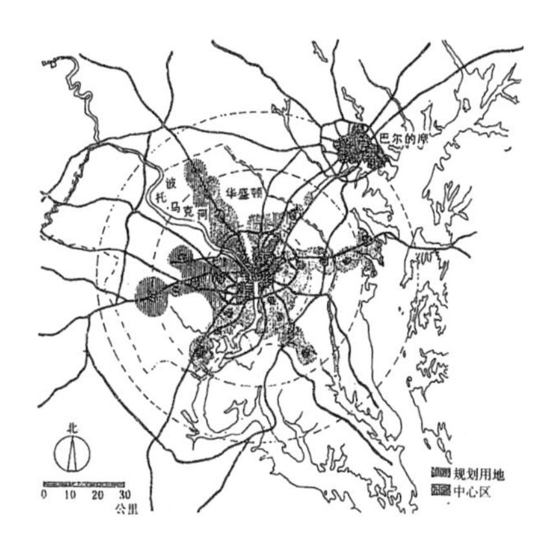

图8-4　华盛顿的放射长廊规划

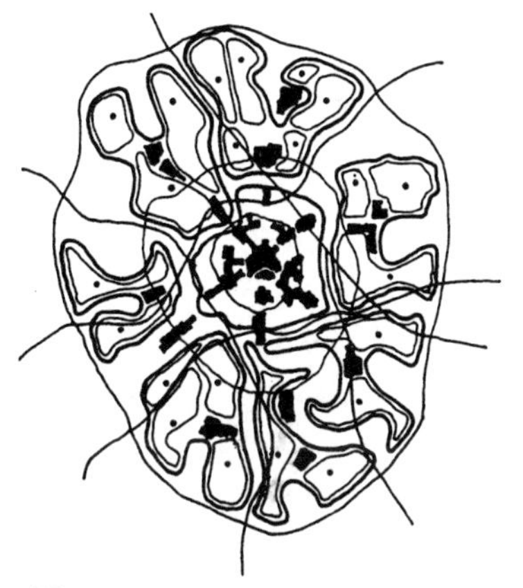

图8-5　1971年的莫斯科规划结构

图8-6　1971年的莫斯科规划总平面

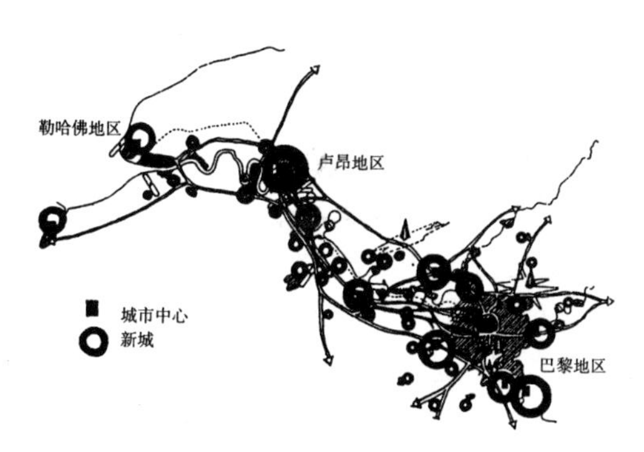

图8-7　巴黎—卢昂—勒哈佛地区的规划

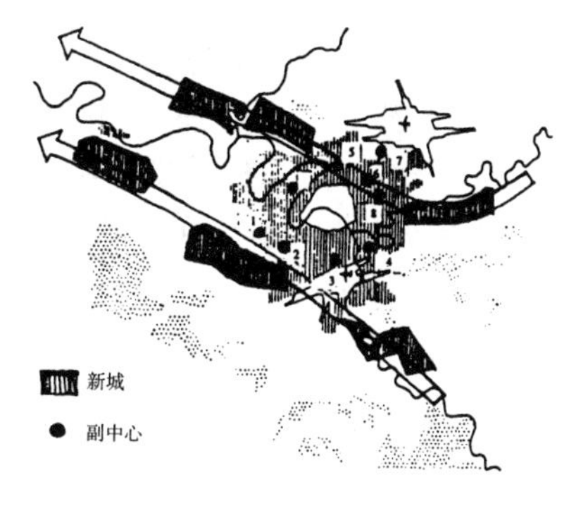

图8-8　巴黎的平行切线结构规划

移城市过于集聚的功能。到了 1990 年代,为了适应新的发展环境,巴黎又进行了更大尺度的巴黎大区总体协调规划(图 8-9)。

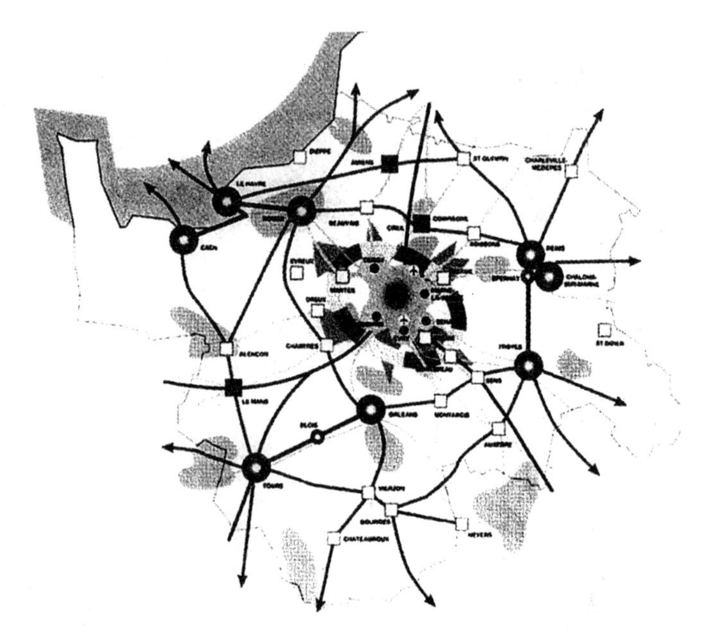

图 8-9　1994 年巴黎大区的总体规划

2　卫星城理论与新城(New Town)运动

1) 卫星城理论的提出

“卫星城”模式是霍华德当年的两位助手恩温和帕克(B. Parker,1867—1947)对田园城市中分散主义思想的发展。霍华德的田园城市设想在 20 世纪初就得到了初步的实践,但很显然仍然是一种理想的设想,它在后来的实践中基本上被分化为两种不同的形式:一种是指在农业地区建立的孤立小城镇,自给自足;另一种是指在城市郊区以居住单一功能为主的花园住宅区(如美国的绿带城)。前者的吸引力较弱,也形不成如霍华德所设想的城镇组群,因此难以发挥其设想的作用;后者显然也是与霍华德的意愿相违背的,它只能促进大城市无序地向外蔓延,而这本身就是霍华德提出田园城市模式所要解决的问题。事实上,霍华德的理想模式是难以达到的,规划师们大量面对的还是如何针对已经集聚成巨大规模的大城市进行有效的疏解“手术”,在这一点上,恩温和帕克毫无疑问更加面对现实。

1912年恩温和帕克在合作出版的《拥挤无益》(*Northing Gained by Over Crowding*)一书中,进一步阐述、发展了霍华德田园城市的思想,并在曼彻斯特南部的Wythenshawe进行了以城郊居住为主要功能的新城建设实践,进而总结归纳为"卫星城"的理论[214]。1922年恩温正式出版了《卫星城市的建设》(*The Building of Satellite Towns*),正式提出了"卫星城"的概念(图8-10)。1924年在阿姆斯特丹召开的国际城市会议上,指出建设卫星城是防止大城市规模过大和不断蔓延的一个重要方法,从此,"卫星城"便成为一个国际上通用的概念[215]。

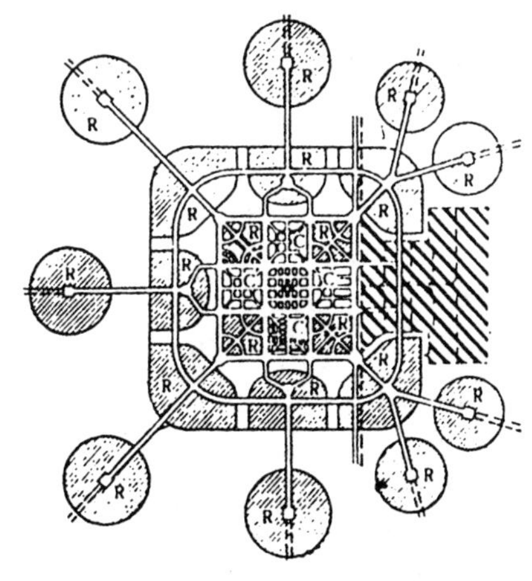

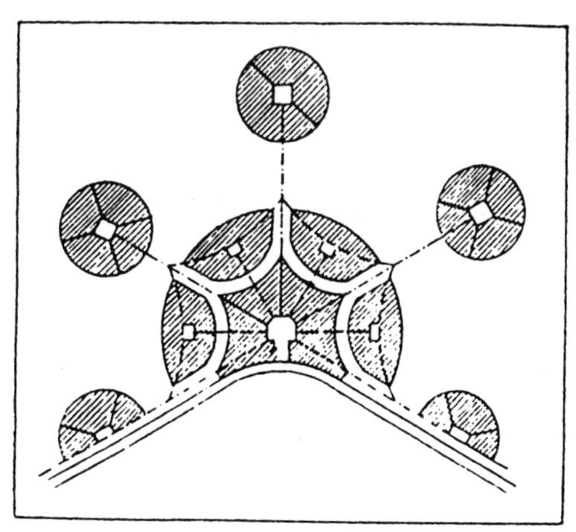

图8-10　恩温的卫星城模式

[214] B Lenardo. The Origins of Modern Town Planning. M.I.T, 1967

[215] 沈玉麟.外国城市建设史.北京:中国建筑工业出版社,1989

在这次阿姆斯特丹会议上,对卫星城进行了明确的定义,认为卫星城市是一个经济上、社会上、文化上具有现代城市性质的独立城市单位,但同时又是从属于某个大城市(母城)的派生产物。这一点和霍华德的田园城市思想有着本质的差别,对此本书已经在前文叙述过了,这里不再赘言。

卫星城理论虽然在1920年代就已经提出,但是其价值的真正发挥还是在二战以后,特别是被广泛地应用于伦敦等大城市战后空间与功能疏解以及新城建设之中。1944年阿伯克隆比在其主持完成的大伦敦规划中,就计划在伦敦周围建立8个卫星城,以达到疏解伦敦的目的。在二次大战以后至1970年代之前的经济、城市快速发展时期,西方大多数国家都进行了不同规模的卫星城建设,其中尤以英国最为典型(一般也称为新城运动)。卫星城的思想广泛影响了欧洲、美国乃至全世界诸多国家,包括前苏联等社会主义国家,1921年至1924年间前苏联就制定了莫斯科卫星城规划(图8-11)。

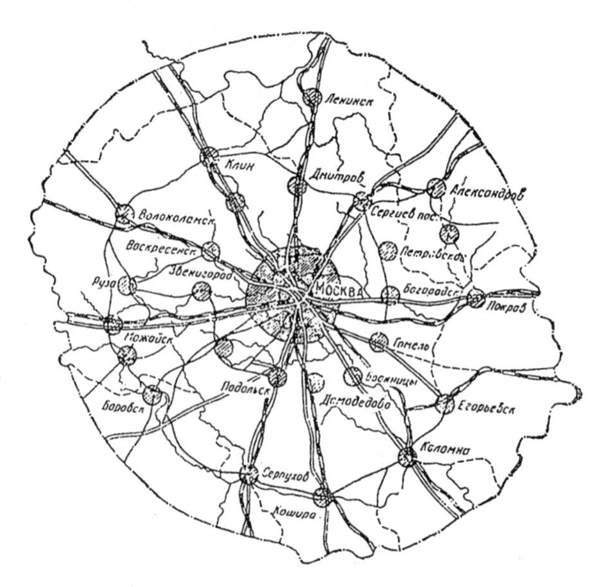

图8-11　1921年的莫斯科卫星城规划

2) **英国等西方国家的新城运动**

所谓"新城",按照《英国大不列颠百科全书》的解释是:"一种规划形式,其目的在于在大城市以外重新安置人口,设置住宅、医院和产业,设置文化、休憩和商业中心,形成新的、相对独立的社会"。1944年英国"大伦敦规划"的最大特点就是总结了伦敦密度过高的不经济以及因此遭到轰炸的极大破坏的经验教训，希望把城市分散开，建立市中心区域和附近的所谓“辅助区域”(assisted areas)——新城(卫星城)[216]。此外，1945年战争结束后由于大量退役军人归乡导致住房短缺，住宅建设和拓展城市布局遂成为当时政府的首要任务之一，建设新城成为快速解决这一问题的有效手段[217]。

二战以后的“新城运动”几乎被英国政府视为一项国策，获得了国家行政、法律与经济方面的全力支持[218]。1946年英国工党政府通过了《新城法》，这个法规是专门为新建设的城镇而制定的，它促进了英国一系列新城市的产生，也给予地方城镇当局以很大的自决权。按照《新城法》的规定，新城建设中可以以政府的名义获得优惠的土地供应甚至是强买，并可以获得政府的有关优惠贷款。随后在1947年又出台了《未来城市规划指导原则法》以及更具远见的《城乡规划法》，并决定建设14个新城镇，其中8个[219]位于伦敦的远郊。英国的新城运动主要发生在战后至1970年代中期以前，先后经历了三代卫星城的建设过程，其中在1946年至1955年期间建设的是第一代新城，1955年至1966年间建设的是第二代新城，1967年后建设的是第三代新城(图8-12)。

图8-12 英国第一代新城的代表——哈罗

[216] P Hall 著；邹德慈等译.城市与区域规划.北京：中国建筑工业出版社，1985

[217] 美国与这一背景相似，基本也是在二战结束后伴随着郊区化的浪潮开始了大规模建设卫星城的运动。

[218] P Hall 著；邹德慈等译.城市与区域规划.北京：中国建筑工业出版社，1985

[219] Stevenage, Hemel Hempstead, Crawley, Harlow, Hatfield, Welwyn, Basidon, Bracknel.

英国建设新城的主要目标是：建设一个既能生活又能工作的、平衡的和独立自足的新城，新城不是单一阶级的社会，应能吸收各种阶级和阶层的人来此居住和工作。卫星城的概念强化了其与中心城市（母城）的依赖关系，功能上强调通过卫星城的分散作用以实现对中心城的疏解，因此其往往被视作为中心城市某一功能疏解的接受地（如居住新城、工业新城、教育新城、科技新城等）。但是经过一段时间的实践，人们发现这些卫星城带来了一些问题，而这些问题的来源就在于其对中心城市的过分依赖，因此在后来的新城运动中开始强调卫星城市的独立性——在这种卫星城中，居住与就业岗位之间相互协调，具有与大城市相近水平的文化福利设施配套，可以满足卫星城居民的就地工作和生活需要，从而形成一个职能健全的独立城市（新城）。英国的第二代新城比第一代规模大、密度高、配套全，到了第三代新城则更强调新城的“相对独立性”。它基本上是一定区域范围内的中心城市，为其本身周围的地区服务并且与“母城”发生相互作用，成为区域城镇体系中的一个组成部分（反磁力中心），能够对涌入大城市的人口与要素起到一定的截流作用[220]（图 8-13）。Milton Keynes 是第三代新城的代表，它提出了 6 个规划目标：使之成为一个有多种就业而又

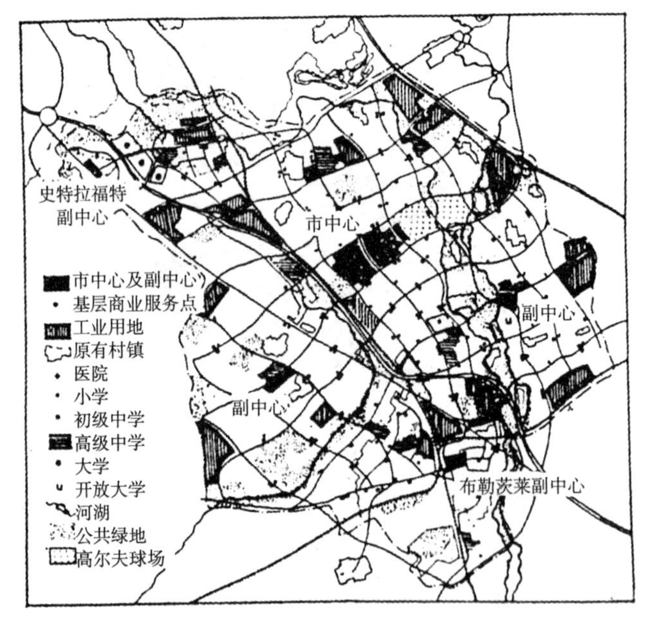

图 8-13 密尔顿·凯恩斯的规划总平面

[220] 沈玉麟.外国城市建设史.北京：中国建筑工业出版社，1989

能自由选择住房和服务设施的城市；建立起一个平衡的社会，避免成为单一阶层的集居地；使它的社会生活、城市环境、城市景观能够吸引居民；使城市交通便捷；让群众参与制定规划，方案具有灵活性；使规划具有经济性，并有利于高效率的运行和管理[221]。

1946年在英国开始的新城运动，对西方国家随后到来的郊区化高潮产生了广泛的影响。二战以后，卫星城（新城）已经成为分散大城市过于集聚的功能和人口，在更大的区域范围内优化城市空间结构、解决环境问题、实现功能协调的重要手段。然而，在这些环境优美、配套精良的新城市里，如何维系与创造传统城市中人们向往的"邻里关系"、"社区氛围"，以尽快让人们产生认同感并消除隔膜，却是所有卫星城建设中难以解决的一个问题。到了1970年代后，这样的争论与批评也更加多了起来。

四 1950年代城市生态环境科学思想的兴起

1950年代以后，随着城市的扩张与蔓延带来了严重的环境问题，人们开始担心自然资源被粗暴地践踏，担心人类生存环境遭受灾难的性破坏。其实自工业革命以来，西方对于城市生态环境的关注已经有了很多重要的理论与实践，F. L. Olmsterd为了弥补大城市发展对大自然的破坏，设计了纽约中央公园；霍华德的田园城市就是自然生态观、人文生态观这两种生态观的结合；19世纪末20世纪初在美国形成的城市美化运动大大推进了人们对美好环境的关注；P. Geddes(1915)从自然生态观的角度论述了环境背景在区域/城市发展中的至关重要性；E. Saarinen(1943)提出的有机疏散思想，就是力图使城市"既符合人类工作和交往的要求，又不脱离自然环境"。

1959年首先在荷兰规划界产生了整体主义(Holism)和整体设计(Holistic Design)的思想，提出要把城市作为一个整体环境，以全面地分析人类生活的环境问题。1958年希腊成立了"雅典技术组织"，在Doxiadis的领导下建立了研究人类居住科学、人类环境生态学的新兴交叉学科——人类聚居学(Ekistics)，并指出人类居住环境由5个要素组成：自然界、人、社会、建筑物和联系网络[222]。其后又有学者研究了人类社会与自然环境之间相互影响、相互制

[221] P Hall 著；邹德慈等译.城市与区域规划.北京：中国建筑工业出版社，1985
P Hall. Cities of Tomorrow: An Intellectual History of Urban Planning and Design in the Twentieth Century. Blackwell Publishers, 2002

[222] P Hall. Cities of Tomorrow: An Intellectual History of Urban Planning and Design in the Twentieth Century. Blackwell Publishers, 2002

约的关系,提出应使自然界的资源再生能力和环境再建能力保持一定的水平。1950年代后期西方社会进一步发展了多种城市环境学科，如环境社会学、环境心理学、社会生态学、生物气候学、生态循环学等等,这些学科之间相互渗透融合,成为一门研究“人、自然、建筑、环境”的新学科,要求把建筑、自然、环境和社会(人群)结合在一起,以提高城市环境质量、增加环境舒适度,实现自然环境与人工环境的密切结合,并开始从社会与人群的角度考虑环境问题。

当今景观建筑学(Landscape Architecture)、园林规划和城市绿地规划的兴起与发展,也反映了自然生态的思想。Mcloghlin(1968)就指出“对未来规划的构思,应多从园艺学而非建筑学中去寻找启迪”。1969年L.Mcharg出版了《设计结合自然》(*Design with Nature*),他通过美国许多城市的规划实例,运用现代生态学理论,研究了人类与大自然的依存关系,强调人工环境和自然环境之间的适应性问题,“不管规划要求的特点是什么，要系统地编制一个大城市地区的规划,就应该了解自然的演进过程,规划必须与自然结合”。这本书被L.芒福德称赞为自古希腊之后“少数这类重要书籍中的又一本杰出的著作”,更被视为城市生态环境学方面的奠基性学术著作。

五 战后的历史环境保护运动

在工业革命后相当长的一段时期内，人们被经济的增长和机器社会的进步所迷惑,过于“向前看”的激情使得规划师们没有能够充分关注到古建筑保护、古城保护等历史环境问题。1920年代的现代建筑运动和历史虚无主义思想,也助长了对历史环境的粗暴破坏[223]。二战以后,经济上的富足使得人们开始更多地关注自己的生活环境和生活品质问题,文化的重要性被日益重视,历史地区建成环境的稀缺性,使人们认识到保护历史就是实现本地区、本民族文化的延续。此外,战后西方很多城市出于从政治上对野蛮的法西斯的憎恨和民族自豪感的需要[224],也开始重视古城、古建筑等历史环境的保护,例如伦敦、巴黎、华沙、波恩、纽伦堡、罗马等等。

战争的破坏虽然损毁了很多珍贵的历史遗迹，但是也为战后的城市重建和城市空间结构重新优化创造了条件。许多城市抓住这一机会展开了有效的历史环境保护工作,逐步从点状的保护发展到成片、成地区的保护,并从成片

[223] C Hague. The Development of Planning Thought: A Critical Perspective. Hutchinson, 1984
[224] 沈玉麟. 外国城市建设史. 北京:中国建筑工业出版社,1989

保护发展到了对整座古城的保护(如法国巴黎、瑞士伯尔尼、美国威廉斯堡、埃及开罗以及日本京都、奈良等),同时对乡土建筑、自然景观等也展开了保护行动。到了1960年代末、1970年代初,对古建筑和城市遗产的保护已经逐步成为世界性的潮流。1964年《国际古迹保护与修复宪章》(《威尼斯宪章》)系统而明确地提出了文化古迹保护的概念、原则和方法。1972年联合国通过了《保护世界文化与天然遗产公约》,成立了世界遗产委员会,欧洲各国因此展开相应的行动。1976年《内罗毕建议》系统而明确地提出了历史地区保护的广泛范畴。1977年的《马丘比丘宪章》,将保护传统建筑文化遗产提到了更重要的高度。1982年国际古迹遗址理事会通过了《佛罗伦萨宪章》,强调了对历史园林的保护。1987年的《华盛顿宪章》,进一步强调历史城镇和城区保护的意义、作用、原则和方法等。

六 Team 10的“人际结合”规划思想及理论

在西方现代城市规划主体思想还被功能理性主义所绝对垄断的时候,一些富有前瞻性的规划师已经注意到了其“非人性”方面对现代城市生活的简单对待与粗暴肢解,因此呼吁必须发展出一种新的注重社会文化和人类自身价值的城市规划思想,Team 10就是其中的先驱和代表。

1954年现代建筑师会议(CIAM)中的第10小组(Team 10)在荷兰发表了《杜恩宣言》,明确地对《雅典宪章》的精神进行了反叛,提出以人为核心的“人际结合”思想,指出要按照不同的特性去研究人类的居住问题,以适应人们为争取生活意义和丰富生活内容的社会变化要求[225]。1955年Team10在批判CIAM旧思想、旧观念的基础上,提出了适应新时代要求的关于城市建设的新观念——其基本出发点是对人的关怀和对社会的关注。Team 10强调认为:城市的形态必须从生活本身的结构中发展而来,城市和建筑空间是人们行为方式的体现,城市规划工作者的任务就是要把社会生活引入到人们所创造的空间中去[226]。因此我们说,Team 10的思想本质上是人文主义的。

Team 10中的代表人物英国的Smithson夫妇提出了极富“后现代”(当时还没有这个词汇)特征的新城市形态概念——“簇群城市”(Cluster City),这种

[225] J M Levy. Contemporary Urban Planning. Prentice Hall Inc,2002
M Camhis. Planning Theory and Philosophy. Tavistock Publications,1979
[226] 程里尧. Team 10的城市设计思想. 世界建筑,1983(3)

城市的发展充分体现了流动、生长、变化的思想(图 8-14、图 8-15)。他们认为,任何新的东西都是从旧机体中生长出来的,城市需要固定的记忆,并应该以此作为城市发展变化评价的基准参照,每一代人仅能选择对整个城市结构最有影响的方面进行规划和建设,而不是重新组织整个城市。用"簇群城市"的生长思想来改建旧城,可以保持旧城的生命韵律,使它在不破坏原有复杂关系的条件下不断得以更新[227]。

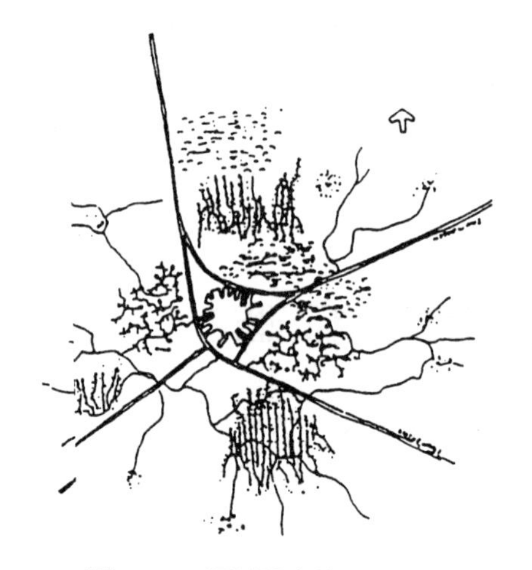

图 8-14　区域尺度的簇群示意

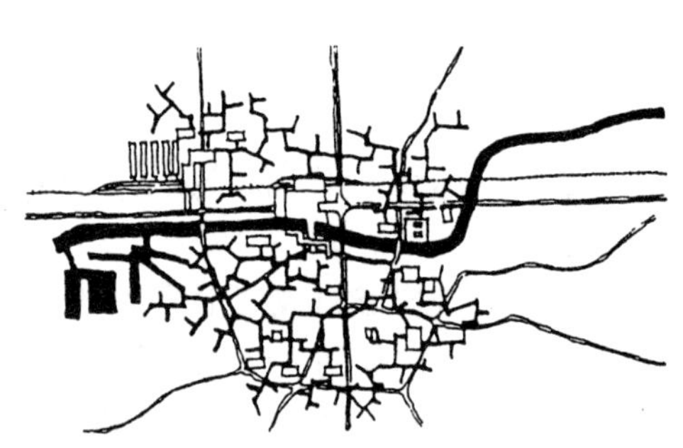

图 8-15　城市尺度的簇群示意

七　现代城市规划的思想基础

1946 年 T. Sharp 以《为重建而规划》(*Exert Phoenix:A Planning for Re-building*)宣告了战后城市规划新阶段的开始,而 L. Keeble 的《城乡规划的原则与实践》(*Principles and Practice of Town and Country Planning*) 更成为战后物质性空间规划的标准教科书。英国的规划许可证 (Planning Permissions)制度、《土地使用控制》(1944)、《城乡规划法》(1947)等都推进了现代城市规划体系的成熟。美国的城市规划虽然不像英国等欧洲国家那样具有规范、健全的体系,但是也通过区划法(Zoning)[228]等实现了对城市土地使用的基本控制。所有这些理论与实践的发展,都标志着现代城市规划制度的基本完善。

[227] 沈玉麟. 外国城市建设史. 北京:中国建筑工业出版社,1989

[228] 1916 年纽约市率先通过了 Zoning Regulation,随后在美国各地普遍推行并成为一项规范城市用地开发的基本制度。

从20世纪初到1960年代这段时期，西方国家虽然经历了两次世界大战，但总体看来，资本主义世界一直处于高速发展之中。在城市规划思想发展领域，理想主义、理性主义和社会改良的责任感使得规划师们普遍深信：他们在规划美好的城市空间和形态的同时，也在设计着美好的社会和美好的生活，他们将城市规划理解为建筑设计的扩大化[229]。正如P. Hall所指出的那样："1960年代前的规划师绝大多数关心的是编制蓝图，或者说，是陈述他们所设想（或期望）的城市（或地区）将来的最终状态，多数情况下他们对规划是一个受外部世界各种微妙的变化着的力量所作用的连续进程这一点，是很不关心的。其次，他们所描绘的蓝图很少允许有不同的选择，他们每一位都把自己看成是先知者。最后，这些先驱者都是十足地搞物质环境规划（Physical Planning）的规划师，他们是从物质环境的角度来看待社会和经济问题的，似乎只要建设一个新环境来替代旧的环境，就能解决各种社会问题。"[230]他们认为城市规划工作应该像建筑师或工程师那样，为城市土地使用和空间形态的架构应提供具有同等精细和终极状态的蓝图。也正是在这种理想愿望、理性思维基础、高涨热情的驱使下，城市规划思想的发展得到了不断前进并绽开了一枝又一枝鲜艳的花朵。这是一个需要精英的时代，也是一个造就精英的时代，正如很多人所说的，这是城市规划史上的"英雄时代"（Hero Era）。

关于现代城市规划的思想基础，孙施文博士曾经在他的《城市规划哲学》（1997）一书[231]中总结为理想主义、理性主义、实践论、系统思想、生态思想和权威主义等六种。但是笔者认为，从根本的认识论层次看，毫无疑问的是理想主义、理性主义与实用主义始终在支配着西方城市规划思想发展的整体脉络，并构成了现代城市规划思想的三大基石。

1 理想主义的城市规划思想

城市规划是对未来发展的一种合理预期，因此它必然要带有某些超越于现实的理想，缺少了理想的规划只能是对现状的临摹[232]。芒福德曾经说过："没有梦想，科学技术的进步只能混乱、无序地放在那里……""在这些被蔑视为'梦想者'的身上，却体现着人类为改善未来而不断努力的精神，可是规划要比梦想更进一步，规划必须提出办法来……"（E. Saarinen 1945）。梦是理想的驱

[229] N Tavlor. Urban Planning Theory Since 1945. Bage Publications，1998

[230] P Hall 著；邹德慈等译. 城市与区域规划. 北京：中国建筑工业出版社，1985

[231] 孙施文. 城市规划哲学. 北京：中国建筑工业出版社，1997

[232] 孙施文. 城市规划哲学. 北京：中国建筑工业出版社，1997

使，人类的进步正是无数理想的推动，西方的城市发展也经历了一系列的梦：空想社会主义者的“乌托邦之梦”、霍华德的“社会城市之梦”、恩温的“卫星城镇之梦”、佩里的“邻里单位之梦”、阿伯克隆比的“大伦敦之梦”等等。规划的本质就是要建立一种理想并去实现这一理想，正是这种“理想”激励着城市研究与城市规划的持续不断发展，而在此过程中，人们对城市发展的认识亦不断加深。19 世纪末和 20 世纪初的许多“梦想”，在人们对城市规划的不断实践过程中大多已经变为现实，甚至已成为城市规划的核心价值理念。正如英国城市规划理论家 F.奥斯本(1946)当年在《田园城市》再版的序言中对霍华德田园城市“梦想”评论的那样：“(半个世纪后)令人惊讶的不是它的边缘已经褪色，而是它的中心依然清晰、醒目。”

在现代城市规划思想的发展史中，主要有两种不同的理想主义倾向：一种是出于对现实的逃避而向后看；另一种则是出于对未来的乐观而向前看。前一种价值理念以莱特的“广亩城市”等为代表，由于对工业社会所产生的弊病的反抗，这种模式倾向于恢复以小农经济为代表的社会经济结构，热衷于对前工业社会的空间形态和生活方式的复兴；后一种价值理念则以高技派的理想城市[233]、帕佩约阿鲁(J.G.Papaioannou)的“全球城镇网络系统”等为代表(图 8-16)，

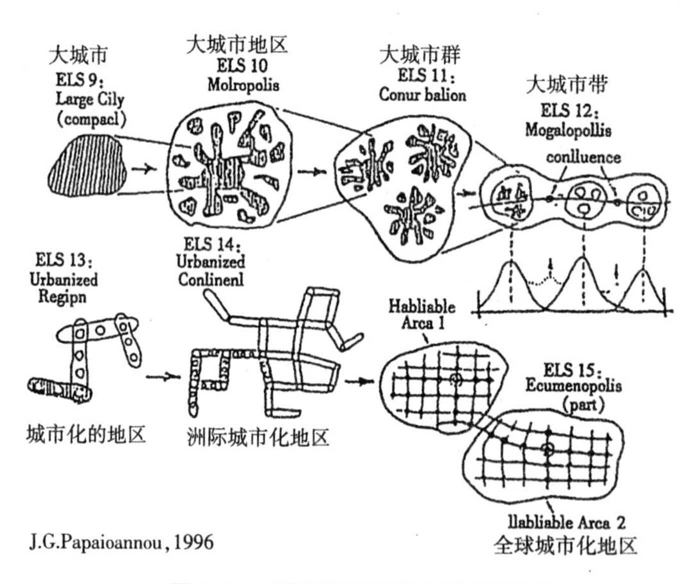

图 8-16 帕佩约阿鲁的全球城镇网络

[233] 从 Corbusier 的“光明城”开始，包括后来 Archigram 的插入式城市、R.Herron 的 Walking City 等等。

这种模式特别迷恋于科学技术的发展而对未来持高度乐观的态度，不仅将技术看作是城市形态构造的框架,而且看作是城市发展的支柱和基础[234],但却忽视了人的基本需求、动机和社会组织等方面的要素,主张以纯技术和物体来建构新兴的人际空间关系,因而亦是一种技术理性主义的“理想”。

2 理性主义的城市规划思想

理性是指以理智判断、辨别真伪的能力和从理智上控制行为的能力。理性主义是近代哲学的起点,是近代科学(尤其是自然科学)形成和发展的基石[235]。文艺复兴以后，欧洲资本主义能得以迅速发展的奥秘就是推崇理性、发展科技,与宗教分道扬镳[236]。对此,德国哲学家韦伯(Max. Weber)曾经一针见血地指出:资本主义精神的一个基本特征就是对理性的重视。客观地说,近现代城市规划的产生与发展,其关键也在于规划过程中对理性思想的注重(如《雅典宪章》中所明确贯穿的理性主义思维)。简要而言,理性主义对城市规划的贡献在于:① 改变了传统城市规划对城市形式和图案的过分关注,从城市中人的活动和土地使用功能出发,对城市规划所涉及的内容进行了合理的探索,区位论、地租理论(如 A. Alonso 的土地竞争函数)等都是这一思想的反映;② 将城市规划从传统的注重直觉的理念和思想转变为对现代科学和现实的关注,城市规划由此从传统的“艺术”转变为“科学”;③ 广泛吸收物理学、生物学等其他学科中的成就,改造并丰富、发展了城市规划学,使之不断保持蓬勃生机[237]。

理性主义的出发点是人的“理智”,笛卡尔认为只有依据理性的方法才能获得真理[238]。虽然理性思想所倡导的科学精神和科学方法,依然是当今城市规划发展的重要支柱和方向,然而人的“理智”是带有阶段性局限的,必然受制于客观的现实背景。理性主义所追求的是“一种高尚的、文雅的、诗意的、有纪律的、机械环境的机械社会,是具有严格等级的技术社会的优美城市”[239],完全用它来理解城市,显然是片面的和危险的。麦克劳林在 1985 年就曾经指出:“规划不只是一系列理性的过程，而且在某种程度上，它不可避免地是特定的政

---

[234] E 舒尔曼著. 科技时代与人类未来——在哲学深层的挑战. 上海:东方出版中心,1996
J Brotchie & P Hall. The Future of Urban Form. The Impact of New Technology. Croom Helm,1985

[235] 孙施文. 城市规划哲学. 北京:中国建筑工业出版社,1997

[236] J Cottingham. Western Philosophy. Blackwell Publishers,1996

[237] 仇保兴. 19 世纪以来西方城市规划理论演变的六次转折. 规划师,2003(11)

[238] 钱广华. 西方哲学发展史. 合肥:安徽人民出版社,1988

[239] Team 10 对 Corbusier 理想城市的评述。

治、经济和社会历史背景的产物。”现代科学的发展(例如相对论、量子力学、混沌学等)，已经揭示出许多在因果框架中容纳不下的科学事实（《马丘比丘宪章》),因此,理性的事物并不等于“正确”的事物。面对一个不确定的世界,“可靠的规划要表明的，往往不是会发生什么，而是不会发生什么”(罗宾逊，1986)。而理性主义作为一种哲学思潮只承认理性的正确性,强调一切从理性出发,将非理性的因素排除在外,这是广泛适用于自然科学的机械思维方法。对于城市这个复杂的综合体,对于“规划”的预期性特征,“理性主义”显然是不能解决全部问题的。理性主义强调将人们考察的每一个困难分析至尽可能多的部分(《雅典宪章》),其思维模式遵循的是对事物的“分解”而不是“综合”,用之来覆盖城市规划的全部思维显然也是远远不够的。

在此还有必要指出的是，人们习惯于以理性的思维来研究城市的自在规律,却往往丧失了用理性的手段去实现自己理想的意识。人们把启蒙运动开启的现代理性称为“工具理性”,现代化的进程就是要以理性为工具,以全人类利益的名义,对自然、社会、人的心灵和道德生活等各方面进行合理的安排和控制。对科学理性的过于片面强调，并不利于城市规划整体思维理念的正确建立,甚至会给人类社会发展带来灾难。今天这种科学理性主义正集中表现为对技术的盲目崇拜。然而,西方现代化的历史特别是 20 世纪的发展史证明,人类高度的精神文明并没有伴随着高度的物质文明一起到来，科技的进步并没有带来道德的进步,人类社会多次被摈回到黑暗、迷信和野蛮的状态。西方马克思主义哲学家阿多诺和霍克海默曾经在其著作《启蒙辩证法》中指出:“人类‘解体神话,消除幻想,凭借知识’的理性运动,不单纯是一种在认识上从神话到科学、在实践上从野蛮到文明的单向进步过程,同时也包含着人类由文明再次进入新的野蛮状态。”科学理性帮助人打倒了一切善的神灵和恶的鬼怪,转而把自然看作可以利用和征服的对象[240]。因而,以理性主义来理解城市规划的全部亦必然是残缺的、危险的。

3 实用主义的城市规划思想

城市规划不同于一般的城市研究在于其实践性的特征，任何城市规划和规划理论都应当是对实际问题的解答并在实践过程中发挥作用，也就是说理想主义、理性主义的思想成果必须要经受得起实践的考验。城市规划的许多原理、原则的提出并非完全是理论探讨的结果,而恰恰是在解决实际问题,在具

---

[240] 滕守尧. 文化的边缘. 北京:作家出版社,1997

体实践过程中提出的,或者是对实践经验的总结和概括,然后又指导了以后的城市规划,例如Radburn小区人车分流系统的规划(1933)后来形成了“Radburn原则”。事实上在现代城市规划运动中,实用主义的规划思想从未受到过根本动摇,尤其是在实用主义思想盛行的美国。C. Hoch认为实用主义的城市规划有三大特点:① 鼓吹在实践中经验是比理论更好的仲裁者;② 推崇用实践中得到的答案来应对真正的问题;③ 强调实践的方法要通过社会共识和民主的手段来实现。

实用主义基本上是完全立足于现时现事,它对抽象的思想和华丽的理论不屑一顾,而崇仰“把事情做好”。但是,不同的利益主体对“现实”有着自己的价值判断,因此没有理想、理性指导与制约的“现实主义”往往会发展成为分散的“功利主义”,这是和城市规划的根本目标相悖的。

应该说,理想、理性、实用并不是相互割裂的三个断面,而是一个随时间演进与人们认知变化的统一体,考察一个世纪以来的西方城市规划发展史已能充分说明这个道理。在当今的西方国家,城市规划不仅被视为一项专门技术,同时也被认为是一项政府行为和社会运动,这三者基本上是作为一个整体而存在和运行的[241],这其中充分体现了城市规划的实践、理性与理想共融性特征:事件发展的未来状况已经不仅仅是事件自在发展的结果,而且已经融入了规划者对此有意识的控制。“每一个城市和区域都有它自己的好传统和坏包袱……首先必须以最现实主义的态度研究这一切,然后以最理想主义的态度设法保持好的、消除坏的”,“规划的本质就是整体考虑,宏观上相互调节和调控,它的基础是关心人,它的方法就是寻找各种合适的途径”(P. 盖迪斯)。

在城市规划中谋求理想主义、理性主义、实用主义的统一,必须站在哲学思辨的高度才能实现。中国著名哲学家冯友兰先生曾经高屋建瓴地指出:“未来的世界哲学一定比中国的传统哲学更理性一些,比西方的传统哲学更神秘一些,只有理性主义与神秘主义的统一才能造就与整个未来世界相称的哲学。”综观西方城市规划思想与理论的演化,其正是游移于理想、理性与现实之间而实现着不断的进步。现代社会及技术发展的速度已大大缩短了由理想到现实的转化时间,因此对今天的人类而言,更为迫切的是要突出“理想主义”的思维,并进而通过理性主义的驾驭以谋求转化为现实的种种实用措施与途径。

[241] 孙施文. 城市规划哲学. 北京:中国建筑工业出版社,1997

第九章

混沌交锋：1970—1980年代的城市规划思想

- 1970—1980年代：西方社会发展的巨大转型
- 后现代(Post-Modern)社会的时代背景与主体特征
- 1970—1980年代西方城市研究的主要思想流派
- 后现代主义城市规划：规划思想史上的第二次根本转型
- 后现代城市规划思想的主体特征
- 文脉、场所理论与现代城市设计
- 城市更新运动与社区发展
- 未来学思潮与“未来城市”的探索
- 社会公正思想与城市规划公众参与
- 从《雅典宪章》到《马丘比丘宪章》
- L. 芒福德：当代人本主义规划思想的巅峰

一　1970—1980年代:西方社会发展的巨大转型

1960年代末以后,西方资本主义社会发生了深刻的变化。从根本上讲,这种深刻的转变与经济发展的阶段、产业结构的转型、社会结构的变动、人们需求的转变和国际形势的变化等等都密切相关,集中体现为社会生活的各个领域变化节奏加快、冲突加剧、不确定性增强,西方资本主义社会矛盾异常复杂[242]。战后二十多年的发展并没有从根本上建立起人们所期望的稳定的和平社会与秩序,社会依然不时地处于动荡的边缘,冷战的铁幕愈来愈为沉重,社会分化加剧,道德沦丧,文化与种族冲突此起彼伏,资源环境的枯竭威胁着人类社会的发展……这种局面造成西方社会人群中普遍产生了愤怒、抗议、恐惧、悲观甚至是绝望的心理,同时也引发了西方思想家们对人、对社会、对未来的深切关注和认真思考[243]。正是在这一背景下,西方世界中形成和发展了丰富多元的现代(后现代)社会思潮。总体上说,1970—1980年代,这是一个西方社会生活中各个领域思潮都处于混沌交锋的大转型时期。

1　对于未来社会的认知与分歧

在这样一个社会转折的时期,许多西方学者开始更加关注全球问题,关注人类的未来,其思潮都表现出超前性和预测性的特征。对由于经济的飞速发展和科学技术的突飞猛进所引起的经济、社会生活的各种变化,西方世界的学者们形成了两个比较大的学派,即悲观派与乐观派[244]。悲观派认为世界发展的前景并不理想,不要幻想依靠经济增长、科学技术就能解决所有的问题和矛盾,人类社会将面临着毁灭性的灾难威胁。悲观派的主要代表是罗马俱乐部,1971年罗马俱乐部发表了《增长的极限》的报告,认为地球上人口的增长、工

---

[242] J Cottingham. Western Philosophy. Blackwell Publishers 1996
　　章士嵘. 西方思想史. 上海:东方出版中心,2002
[243] 言玉梅. 当代西方思潮评析. 海口:南海出版公司,2001
[244] 赵敦华. 西方哲学简史. 北京:北京大学出版社,2001

农业生产的增长都应该有个极限,否则地球总有一天承受不了。报告中列举了很多问题,如人口爆炸、资源枯竭、能源消耗、生态危机等,提出了人类必须“更换传动装置,停止运转”,实行经济的“有机增长”甚至是“零增长”。而乐观派则以D. 贝尔、A. 托夫勒等人为代表,他们认为罗马俱乐部的认识是杞人忧天,人类经济的发展、科技的进步不仅能够解决上述问题,而且可以开创一种崭新的社会形态。乐观派的学者们对未来充满了憧憬与信心,宣称“能够生活在这样一个奇妙的时代,真好”(J. 奈斯比),并提出了对未来社会的种种预测,比较有影响的是:

(1) D. 贝尔的后工业化社会理论。1960年代以后,许多西方学者认为一场“新产业革命”已经来临,工业化国家将进入“后工业化社会”或“信息社会”,其代表人物是美国社会学家D. 贝尔。1973年贝尔发表了《后工业化社会的来临》一书,首次提出了“后工业化社会”的概念,并指出这个“围绕知识组织起来的”后工业化社会有五大特征:① 经济上从以制造业为主转向以服务业为主;② 社会的领导阶层由企业家转变为科研人员;③ 理论知识成为社会的核心,是社会革新与决策的工具;④ 未来的技术发展应是有计划节制的,技术评价占有重要地位;⑤制定各项政策需要通过“智能技术”。

(2) A. 托夫勒的第三次浪潮思想。美国未来学者A. 托夫勒1980年出版了《第三次浪潮》,认为人类已经经历了两次巨大的变革浪潮:第一次是农业革命,第二次是工业革命,而电脑的发明标志着人类进入了第三次浪潮,即信息革命时代,并将从根本上影响人们的生产方式、政治准则、生活方式、社会传统及意识形态等。托夫勒认为,第三次浪潮与第二次浪潮的一个重要区别是多样化:如果说第二次浪潮造就的是一个无差别、标准化、规模化、集体化的社会,那么第三次浪潮则要营造一个非集体、非规模化和多样化的社会。

(3) J. 奈斯比的“大趋势”预测。美国经济学家J. 奈斯比于1982年出版了《大趋势——改变我们生活的十个新方向》,在这里他提出未来社会的十个发展方向是:① 从工业社会向信息社会转变;② 从强迫性技术向高技术与高情感相平衡的变化;③ 从一国经济向全球经济的变化;④ 从短期向长期的变化趋势;⑤ 从集中向分散的变化趋势;⑥ 从向组织机构求助转向自助的变化趋势;⑦ 从代议民主制向分享民主制的变化趋势;⑧ 从等级制度向网络组织的变化趋势;⑨ 从北向南的发展趋势;⑩ 从非此即彼的选择向多样选择的变化趋势。

2 人本主义与技术理性的争论

人本主义与理性主义的争论由来已久。在西方哲学崇尚理性的时代,

(德)叔本华、(丹)克尔凯郭尔等就率先举起了反理性主义的大旗,公开否定西方哲学崇尚理性的传统,向当时占统治地位的黑格尔哲学提出了挑战,被视为当代西方人本主义哲学思想的先驱[245]。19 世纪后半期,尼采的权力意志论与超人哲学、柏格森的生命哲学等又进一步扩展了人本主义。20 世纪上半叶产生、流传的弗洛伊德学说成为与叔本华、尼采、柏格森等人理论一脉相承的重要的人本主义流派, 以存在主义为代表的形形色色的当代西方人本主义思潮应运而生[246]。西方人本主义哲学思潮认为人是宇宙的中心,是最高的存在,强调从人的自我存在的立场去审视宇宙和人身, 从人的主观经验去引申出社会关系和社会存在,这是人本主义的核心。当代西方人本主义哲学思想主要探讨三个方面的问题:① 关于人的本质、价值和意义问题;② 关于人与科学技术的关系问题;③ 关于人与自然关系的问题[247]。

二战以后,人本主义主要是向技术理性发起了挑战。一方面,两次世界大战使人们对在理性和科学基础上建立起来的欧洲文明产生了怀疑;另一方面,现代科学特别是量子力学、相对论等的发展,使得科学的相对性、理性的有限性日益暴露出来。"科学万能,科学造福人类"的唯理主义受到了现实的嘲弄和无情的冲击,于是人本主义思潮举起了反理性主义的旗帜,认为单凭理性根本不能认识世界。美国哲学家巴雷特说:"现代科学技术把理性和智能抬高于其他一切之上,从而制造了一个怪物,有技术的人发动了一场统治自然的独立斗争,并虚伪地把这种斗争等同于进步。" "大众文化同现代科学一道使我们生活在一个缺乏真实性的存在中,个人变成了纯粹失去人性的对象,他丧失了自己的统一性,被他的社会职能和经济职能所吞没。" 在方法论上,人本主义认为科学主义方法论是从绝对、凝固、静止的观点出发去认识事物,把世界归结为纯粹的量的方面,企图用共同的尺度去衡量,抹杀了事物的个性和差异,因而人本主义特别强调把体验和内心直觉作为认识事物和认识世界的方法。

3 1960 年代末以后西方社会思潮的总体特征

1960 年代末以后的西方当代思潮是一个充满着冲突与融合、多元与统一、流变与稳定的复杂的、矛盾的思想体系,尤其是在 1970 年代至 1980 年代表现得特别显著。这一时期各种学派林立,学说、思潮纷呈,内容庞杂且流动变

[245] J Cottingham. Western Philosophy. Blackwell Publishers,1996
W Durant 著;杨荫渭译. 西方哲学史话. 北京:书目文献出版社,1989
[246] 章士嵘. 西方思想史. 上海:东方出版中心,2002
[247] 高亮华. 人文主义视野中的未来. 北京:中国社会科学出版社,1996

迁异常迅速。从总体上讲,这一时期西方的社会思潮具有如下一些最一般的特征:

(1) 这一时期的西方思潮与流派大都着眼于对当代资本主义社会的深刻剖析,大胆揭露和批判当代资本主义的社会现实,并在各自的立场和角度上提出自己的解决社会危机的设想。

(2) 这一时期西方的思想家们大都关注于现实生活世界的思考,把人、科技和自然界等方面的问题作为他们理论的重心。

(3) 与 1960 年代及其以前的现代理性主义思想相比,这一时期西方思想家们的理论都具有浓厚的非理性主义色彩,对传统的理性主义采取了极端的否定态度,片面夸大非理性因素在生活和世界中的作用,因为他们发现人们曾经的理性思考并没有能够带来理想的社会秩序。

4 1970 年代科学认识领域"新三论"的产生

1940 年代系统论诞生后,其在深度和广度上不断发展。到了 1970 年代前后又出现了新三论,即协同论、耗散结构论和突变论。

协同论是 1973 年由联邦德国物理学家哈肯首先创立的,主要研究开放系统普遍存在的有序和无序及其转化规律。从协同论的角度看,现代城市就是由不同性质、不同层次的子系统所组成的复杂大系统,各子系统之间存在着错综复杂的相互制约、相互推动的内在的、非线性的相互作用。

耗散结构论是 1969 年由比利时学者普里高津提出的,与协同论一样也是一种关于非平衡系统的自组织理论,它主要是研究耗散结构性质以及它的形成、稳定和演变规律。从耗散结构论的角度看,城市这个巨系统本身就是一种耗散结构,它必须不断地从外界获取物质和能量,又不断地输出产品和废物,才能保持稳定有序的状态,否则就会趋于混乱乃至消亡。

突变论是 1972 年由法国数学家托姆提出的,作为一门新兴的数学分支学科,主要是从微分拓扑学的角度研究那些连续的作用如何导致不连续的突变问题。从突变论的角度看,城市在延续性发展的过程中本身就存在着系统局部或总体突变的种种可能,在城市规划中必须对这些可能导致的突变的因素与情景有足够的预测和应对能力。于是在 1960 年代后,西方城市规划中普遍采用数理模型化方法,试图在无法直接试验的条件下(因为城市的发展是不可能进行"物理实验"的)能预测未来的种种可能结果。

二 后现代(Post-Modern)社会的时代背景与主体特征

1 "后现代"产生的社会文化土壤

二战以后,因为经济转型、社会转型、政治转型以及传播媒介、电子技术、信息技术等的发展,西方国家进入了一种不同于工业化社会的新时代,人们通常把1960年代末以后的社会称为"后现代社会"[248]。从全球政治格局看,1970年代至1980年代是西方冷战最严酷的时期,美国经历了越南战争以后开始全球性的战略收缩和实行多极的均势外交,世界政治格局从两极对抗开始转向多边对抗和制约的新阶段;从西方社会结构看,1960年代末以后中产阶级已经逐渐占据了社会的主导地位,他们的生活形态、意识形态对传统工业社会的"非人性"冷漠特征产生了巨大的抵触,在城市中心伴随着富裕阶层的郊区化外迁,黑人与有色人种的比重越来越大,他们更加强烈地提出了自己的生存权、发展权要求,马丁·路德·金在美国领导了反种族隔离运动并波及全世界;从文化领域看,社会的动荡和传媒的发展使得社会思想复杂化,战后出生而现在已经长成青年的这股人群,对现代社会的种种危机表现出了极大的不满并异化为各种品格,后现代主义和女性主义、后殖民主义、黑人运动、人权运动等交织缠绕在一起;从经济形态看,资本主义在这个时候由大生产、大消费的福特主义转向了以"灵活积累"为特征的后福特主义(哈维,1990),国家政策也由凯恩斯主义转向了新自由主义,与此同时,经济危机和能源危机凸现,这一切都要求哲学思想上要有所回应[249];从社会消费形态看,1960年代至1970年代西方社会普遍进入了"丰裕社会"阶段,生产水平提高、产品空前丰富都刺激了巨大的消费市场的形成,这时候人们更多地希望能够领略日新月异的生活,对于心理满足的要求日益强烈,在这种主流消费思潮面前任何一种建立以长期、稳健发展环境为目标的努力乃至城市规划、建筑设计风格都变得过时和陈旧,成为新生代厌恶的对象。这些明显不同于现代主义社会的种种特征,造就了后现代主义出现并成长的土壤。

理论家F. Jameson对西方这个时代社会总体特征的概括非常具有代表性,他认为这是一个后工业化的、多民族混合的资本主义式的、消费主义的、新

---

[248] 哈维(1990)明确提出"在1968年至1972年之间的某个时候,我们看到了后现代主义的出现"。

[249] D Harvey 著;阎嘉译. 后现代的状况. 北京:商务印书馆,2003

闻媒介控制的、一切都建立在有计划的废止既有体制上的、电视的和广告的时代。总之，这是一个多元混沌的时代，充满思想与行为叛乱的时代。

2 后现代社会思潮的总体特征

产生于 1960 年代后期并主宰 1970、1980 年代的西方后现代主义思潮，实际上是一个非常复杂、矛盾的和迷惘的多面体，虽然在西方有所谓的“后现代学派”，但事实上它本身并不是一个明确、统一的流派或理论。从某种意义上说，它是人类有史以来最复杂的一种思潮，西方学术界甚至又将其分为三种基本的存在形态：激进的或否定性的后现代主义、建设性的或修正的后现代主义、简单的或庸俗的后现代主义[250]。简单地说，到了 1960 年代末，西方均一化、普遍化的城市社会基础已经被打破，后现代主义是一种以批判、怀疑和摧毁现代文明的科学理性标准为目标，强调所有文化和思想平等自由地并存发展的、对现代文化加以批判和解构的文化运动，多元性、差异性是后现代主义一再强调的主旋律[251]。

虽然“后现代是一个松散的、甚至歧义丛生的思潮”[252]，但是“哈桑列表式的图解，还是给我们提供了一个了解它的有帮助的起点”(哈维，1990)。(表 9–1)

表 9–1 现代主义和后现代主义之间的主要差异

现代主义	后现代主义
形式(连接的，封闭的)	反形式(分离的，开放的)
目的	游戏
设计	机遇
等级制	无政府状态
艺术对象/完成了的作品	过程/表演/偶然发生
距离	参与
创造/极权/综合	破坏/解构/对立
大师代码	个人习语
确定性	不确定性

(转引自哈维. 后现代社会的状况. 北京：商务印书馆，2003.有删节)

[250] 激进的后现代主义的主要特征是它的否定性，即侧重于对旧事物的摧毁，对现代工业文明的批判；建设性后现代主义侧重于积极寻求解决的办法，倡导“开放、平等、宽容、尊重、对话、协调性”，鼓励多元思维；庸俗后现代主义坚持现代主义与后现代主义之间的二元对立，抛弃后现代主义的底蕴而以偏概全，混淆目的与手段之间的关系，用单一的原因解释后现代的产生及其理论内容。

[251] 包亚明.后现代性与空间的生产.上海：上海教育出版社，2001
包亚明.后现代性与地理学的政治.上海：上海教育出版社，2001

[252] 包亚明.后现代性与空间的生产.上海：上海教育出版社，2001

3 后现代主义的尾声

后现代主义的产生与西方世界1960年代末、1970年代的社会文化环境具有根本的联系,战后出生并成长起来的青年一代主张绝对自由,极端的个人主义发展到了登峰造极的地步。而到了1980年代,西方社会进入了经济高度稳定时期,人们对于政治开始漠不关心,原先主张的绝对自由主义多被新保守主义取代。此外,随着1960年代那些充满激进与反叛意识的青年逐步进入了中年期,以往狂热的主张也逐步消失[253]。到了1980年代,在西方社会又出现了广泛的宗教保守主义,1960年代末与1970年代的那种强烈社会责任感逐步被享受主义所取代。1980年代中期以后,后现代主义开始衰落并接近尾声。

三 1970—1980年代西方城市研究的主要思想流派

由于社会的转折、动荡和文化的多元,1970年代至1980年代是西方城市研究流派纷呈的重要时期,这里简单地介绍一些重要的流派:

(1) 人文生态(Human Ecology)学派。在诸多学派中,人文主义学派是最早介入城市研究的,早在1930年代就在美国产生了以城市社会学家为主体的"芝加哥学派"。它是依据达尔文的进化理论和斯宾塞的"适者生存"理论建立起对城市社会群落与空间分布的研究框架,并提出了关于城市社会空间结构的三大经典模型[254]。正如其创始人R. Park所认为的:城市空间秩序最终是生态秩序的产物,人类社会在两个层面上(一个是生物学层面,另一个是文化层面)被组织,从而发生着类似于生物界的竞争、淘汰、演替等等过程。到了1970年代后,随着后现代主义思潮对社会文化的重视,人文生态学派得到了进一步的发展。最著名的是Max. Castells有关的研究,他的主要思想是:① 把城市化看成生活的方式;② 社会结构和空间组织之间存在联系;③ 城市是一种生态系统。

(2) 行为学派和人文主义方法。行为主义最早是由心理学家提出来的,然后在哲学领域中得到响应,再扩大到广泛的学术领域。行为主义认为人类行为是受思想和意识等生理过程支配的。行为学派产生的最早代表是克尔克、罗文斯关于决策过程的趣味行为研究,后来则以韦伯(M. Weber)的社会学为代表。行为学派区别于其他学派最主要的特点是:行为学派将城市空间的研究重心

---

[253] 方澜,于涛方等. 战后城市规划理论的流变. 城市问题,2002(1)
[254] 顾朝林. 战后西方城市研究的学派. 地理学报,1994(4)

放在人的行为决策过程上,而不是表面形式上。1970 年代后,新韦伯主义和新马克思主义批评其过于重视个人行为而不是团体行为,于是在行为学派中个人行为与广泛的社会约束之间的联系受到重视,遂衍生出"人文主义"的方法[255]。

(3) 新古典主义学派。新古典主义学派源自新古典经济学,它强调把社会看作是一个由个体组成的集合,个体偏好的形式性形成了不同的经济的形式和社会的性质。新古典主义认为,商品交换是社会关系的唯一准则,而人的个性偏好是可以被事先假定的。新古典主义对城市中人们空间行为过程的假设过于简单、唯一,例如其提出的房租—居住区位模型、交通—地租模型等,由于受到了来自各学派的批判尤其是行为主义的批判,1970 年代以后新古典主义学派在对城市的认识、研究中不得不放宽了不同的假设。

(4) 新马克思主义(Neo-Marxism)学派。西方哲学、社会学界的马克思主义思潮兴起于 1920 年代,面对无产阶级革命的失败和资本主义政治、经济、文化的变化,西方一些学者从不同的角度对马克思主义进行了反思。1960 年代末以后,面对资本主义社会复杂、尖锐的矛盾,新马克思主义学派强调从结构的、制度的层面进行深刻的分析[256]。新马克思主义依据唯物主义观对城市进行了研究:① 强调社会表象与社会实际之间的明显差距;② 采用分析和评注的历史唯物主义方法;③ 强调辩证的方法。它特别强调将城市空间形态看作是社会矛盾运动过程的一种外在表达,受生产关系的支配,而且有一部分是由于政治冲突的结果而形成的(例如对于西方资产阶级早期兴建工人新镇、西方城市郊区化过程的独到理解)。M. Castelles 就以新马克思主义的眼光指出:城市规划是对经济、政治、社会、空间等子系统实施干预或法规化的一种手段[257]。哈维则侧重于计划经济理论,运用剩余价值理论研究城市的发展过程,运用马克思的地租类型对城市土地利用形式进行分析。

(5) 新韦伯主义学派。由于传统的韦伯主义对阶级、经济、国家持有不同的观点,因此曾经被看作是马克思主义的对立面。1970 年代后面对社会转型的环境,新韦伯主义进行了改进与修正,增强了对空间与其背后社会经济关系的联系性研究,但是它仍然反对阶级和国家的概念,反对在空间与阶级两者之间寻求某种关系[258],其代表人物是 Rex、Moore 等人。因此,新马克思主义者仍然继续批判其方法中缺乏对资本主义生产方式的深入细致分析。

---

[255] 方澜,于涛方等. 战后城市规划理论的流变. 城市问题,2002(1)

[256] 顾朝林,战后西方城市研究的学派. 地理学报,1994(4)

[257] 高鉴国,城市规划的社会功能——西方马克思主义城市理论研究. 国外城市规划,2003(1)

[258] 方澜,于涛方等. 战后城市规划理论的流变. 城市问题,2002(1)

(6) 结构主义学派。结构主义学派强调通过综合的方法(如性别特征、社会制度特征、机构特征等在时空上的相互作用)来研究日益激化的社会问题,用结构性的、相互作用的视角来解释人、人群在城市活动中的作用以及广泛的因果关系,同时也用于解释人们的社会和空间经历。

(7) 后福特主义学派。早期的福特主义学派是建立在标准化商品的大生产基础上,在城市研究中强调从空间、无个性、标准化的角度来认识城市社会与空间过程,强调技术导致的城市空间快速扩散。1970 年代中期后,西方世界经济增长缓慢,面对经济、国家、工会三方面日益增长的压力,福特主义学派开始强调弹性要素、城市社会空间差异与分散等内容,并在 1980 年代后形成了后福特主义(Post-Fordism)[259]。

(8) 女权主义(Feminism)学派。女权主义从 1960 年代后逐渐成为西方社会中一个熟悉的名词,并演化为在西方社会中具有普遍影响的女权运动。女权运动的核心是妇女要求在后现代社会时期拥有与男性同等的所有社会权利,特别是政治、教育、就业等方面的均等机会,谋求妇女在法律上、经济上能够取得真正的独立地位。女权主义的发展使得城市规划与建设中开始重视女性的地位和女性的行为与心理需求,在规划布局、就业岗位与居住地的设置、城市设计中开始考虑女性的行为与心理特征,例如西方国家城市中"混合功能区"的出现,就在一定程度上考虑了妇女同时兼顾家庭和就业的需要。

(9) 生态主义学派。生态思想由来已久,作为一种信念,它认为人的生活要从自然界的背景中才能得到理解。但是 1960 年代末以来,该词汇被逐渐赋予了政治上的含义。1970 年代后在西方产生了一些以解决环境问题为政治目标的政党,如德国的绿党。他们强调生态的核心地位,号召社会政治和其他社会力量从根本上重新考虑人和自然界的关系,甚至主题广泛涉及妇女地位、裁军、福利、失业等很多方面[260]。生态主义学派强调,人不再是中心,而只是自然界的一个组成部分,人类必须放弃那种认为科学和技术能够解决所有问题的错误想法,变得谦虚、温和与适度。

(10) 整体主义思想。这是在 1970 年代后,西方科学思想史中形成的新主流思维特征。传统的西方理性科学思想认为,科学认识与研究应该对事物采取还原主义的态度,即把整体分解、还原成若干部分来理解。而整体主义则强调整体比部分更重要,整体包含着比部分之和还要多的东西,一个部分不仅和其

---

[259] 顾朝林. 战后西方城市研究的学派. 地理学报,1994(4)

[260] 言玉梅. 当代西方思潮评析. 海口:南海出版公司,2001

他部分相互联系,更重要的是要和整体相互联系。这种整体主义的思想对综合认识城市问题的复杂性具有重要的影响。

四 后现代主义城市规划:规划思想史上的第二次根本转型

1 城市规划的两次根本转型

考察西方自古希腊以来的城市规划发展历程,其在发展、演进传统上主要有两个来源:一个是思想意识上的乌托邦主义,它不断地推动着人们去寻求建立一个美好的人居地梦想;另一个是技术上的强烈工具理性推动,这使得早期的城市规划思想具有浓郁的完美性、理想性色彩。当人类社会发展到 1970 年代,回眸整个城市规划发展的历史,从包括思想史在内的总体角度看,可以说西方城市规划的发展经历了两次重大转型:第一次转型发生在 19 世纪末、20 世纪初,从传统的以象征性构图、艺术创作为主体活动的古典城市规划运动,转变为面对现实社会、以解决问题为导向的科学意义上的城市规划,并导致了近现代城市规划的产生[261];另一次转型则是在 1960 年代末、1970 年代初,强调从功能理性的现代城市规划转变为注重社会文化考虑的"后现代城市规划",人本主义成为后现代城市规划思想的核心。

2 从现代城市规划到后现代城市规划

二战结束后,西方的城市规划在总体上基本延续了以理性主义与物质规划为主的思想路线,最有代表性的是 L. Keeble 的 *Principles and Practice of Town and Country Planning* 一书,其中充满了实用主义色彩,轻理论而重实践[262]。正如 Batty(1979)所指出的那样,1960 年代以前西方的城市规划思想是"以支离破碎的社会科学支撑传统的建筑决定论"。到了 1960 年代,西方工业文明的发展已经达到了顶峰[263],现代主义城市创造了一个混凝土的森林,人类的生活越来越都市化,越来越多的人口居住在城市,而城市规划却没有能够提供一个温馨、自然的环境,反而造成了各方面的消极性和问题,人际关系被严重改变。洛

[261] P Abercrombie 在其 *Town and Country Planning*(1933)一书中认为:从古代到现代的城市规划是一种跃迁式的过程。

[262] 孙成仁. 重估后现代:城市设计与后现代哲学状态. 规划师,2002(6)

[263] 陈敏豪. 生态文化与文明前景. 武汉:武汉出版社,1995

杉矶作为现代主义城市的代表,几乎汇集了所有的现代城市问题:种族隔离和贫富悬殊、犯罪率高、人际关系淡漠和隔绝、为汽车人而设计等等,不断涌现并成为城市生活的毒瘤,凡此种种不胜枚举。1980 年代在美国甚至出现了“洛杉矶学”并形成后现代新的城市规划理论[264],M. 戴维斯的《石英城市》(*The Quartz City*)以及 N. 克莱因的《失忆史》(*A History of Forgetting*)是代表性的成果。1961 年美国学者 J. Jacobs 出版的《美国大城市的生与死》(*The Life and Death of Great American Cities*) 要求城市规划者重新思考现代主义城市规划制度化的合理性,这是战后城市规划开始由工程技术向关注社会问题转型的重要标志,这本书因此也被形容为给当时的西方规划界带来了一次“大地震”[265]。

3 后现代城市规划的视角与重心

1960 年代末以后,在对现代主义的反思和批判过程中,城市规划由单纯的物质空间塑造逐步转向对城市社会文化的探索; 由城市景观的美学考虑转向对具有社会学意义的城市公共空间及城市生活的创造; 由巴罗克式的宏伟构图转向对普遍环境感知的心理研究。总之,开始从社会、文化、环境、生态等各种视角,对城市规划进行新的解析和研究。

(1)对规划中社会公正问题的关注。1972 年 J. Rawls 的《公正的理论》(*Theory of Justice*)以及 David Harvey 的《社会公正与城市》(*Social Justice and the City*),将城市规划公正的理论问题正式提了出来,把城市社会学的研究推向了新的高潮。1970 年代后人们日益关心规划的社会目标,西方城市规划思想、理论与实践的一个重要发展趋势是根据人的需要来制定规划,从而使规划大大脱离了原来只重视物质空间建设的做法, 而转为必须按照当地人民的福利事业的特定内容来考虑规划政策的制定和实施。因此,规划师的成员队伍构成也日益多元化,除了传统的建筑师、规划工程师以外,社会、法律、经济、地理等工作者也越来越多、有效地参与到这个行列中来。1971 年英国皇家城市规划协会会长宣称:将来至少有三种类型的专业人员都把自己称作“规划师”:具有各种专长的空间规划师、社会规划师和管理规划师[266]。

规划思想中对社会公正关注的另一个重要表现是对妇女在规划中的地位

---

[264] 王受之. 世界现代建筑史. 北京:中国建筑工业出版社,1999

[265] P Hall. Cities of Tomorrow: An Intellectual History of Urban Planning and Design in the Twentieth Century. Blackwell Publishers,2002

[266] P Hall 著;邹德慈等译. 城市与区域规划. 北京:中国建筑工业出版社,1985

的不断重视。女权主义对性别行为—空间差异的强调,挑战了传统规划中的客观决定论,要求规划必须重视性别平等,讲究社会的联系和竞争的公平。1990 年代以后这一方面的文献更加多了起来,比较有代表性的有 M. Ritzdorf(1992)的《规划理论与实践的女权思想》(*Feminist Thoughts on the Theory and Practice of Planning*)、H. Liggett(1992)的《认识女性/规划理论》(*Knowing Women/Planning Theory*)、A. Forsyth 的《女权主义与规划理论: 认识论上的联系》(*Feminist Theory and Planning Theory:Epistemological Linkages*)以及 J. Friedmann 的《女权主义规划理论:认识论上的联系》(*Feminist and Planning Theories:The Epistemological Connections*),等等。

(2)对社会多元性的重视。后现代城市规划思想中的一个重要方面是充分认识到社会构成的复杂、多元,承认规划的背景环境是一个多元世界,其中存在许多目标各异的利益团体并导致了空间过程的复杂化、个性化。1961 年 J. Jacobs 在《美国大城市的生与死》一书中提出:"多样性是城市的天性"(diversity is nature to big cities),城市是复杂而多样的,城市必须尽可能错综复杂并且相互支持,以满足多种需求[267]。1960 年代末后发展起来的分离—渐进理论、混合审视理论、非正式的协同和触发性规划、概率规划、自下而上的倡导性规划等等,都是力图体现城市规划对多元社会现实的尊重[268]。在这一方面最重要的著作是 P. Davidoff 与 T. Reiner(1962)合著的《规划选择理论》(*A Choice Theory of Planning*),P. Davidoff(1965)发表的《规划中的倡导与多元主义》(*Advocacy and Pluralism in Planning*),对规划决策过程和文化模式进行了理论探讨,强调通过规划过程机制来保证不同社会集团尤其是弱势团体的利益。到了 1990 年代,这方面的代表作有 1997 年 N. Hadmdi 与 Goethert 发表的《城市的行为规划,社区项目导论》(*Action Planning for the Cities:A Guide to Communtiy Practice*)以及 1998 年 P. Healey 的《合作规划:在破碎的社会中创造空间》(*Collaborative Planning:Shaping Places in Fragmented Societies*),等等。

(3)人性化的城市设计。后现代城市规划思想对传统的物质空间规划手法和城市设计观产生了怀疑,尤其是对大规模的城市改建持严厉的批评态度。J. Jacobs 从社会分析的视角对城市规划界一直奉行的一些最高原则进行了无情的批判,她批评这些浩大的改建工程并没有给城市带来想象的生机和活力,反而破坏了城市原有的结构和生活秩序,她认为柯布西耶所推崇的现代城市规划

[267] J Jacobs. The Life and Death of Great American Cities. Jonathan Cape, 1961

[268] J M Levy. Contemporary Urban Planning. Prentice Hall Inc, 2002

模式是对城市传统文化多样性的彻底破坏(图 9-1);她把城市中大面积绿地与犯罪率的升高联系到一起,提倡传统街道空间的温情感;她指出大规模的战后城市更新使得国家耗费了大量资金,但却让政客和房地产商获利、规划师与建筑师得意,平民百姓承受牺牲;她要求城市设计不仅是功能组织及空间景观的创造,还必须研究人的心理,满足人们的各种需要[269]……她犀利地批评道:“城市规划这一伪科学及其伙伴——城市设计的艺术,至今还未突破那些似是而非、以愿望代替现实,却又为人们所习以为常的迷信,过分的简单化和象征手法,使得城市设计至今还没有走向真实的世界。”总之,J. Jacobs 对城市规划界一直奉行的一些最高原则进行了无情的批判。

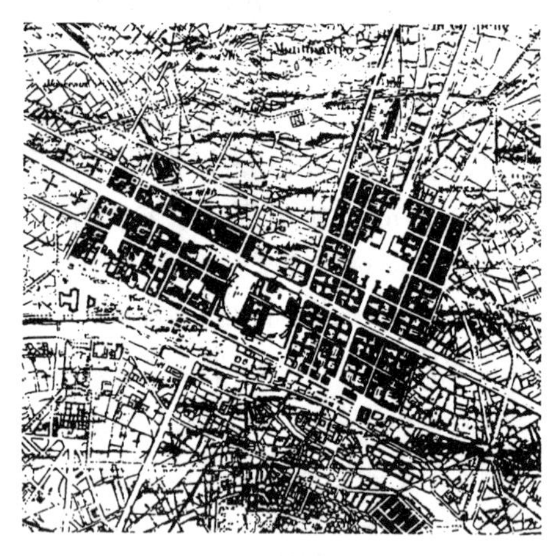

图 9-1　柯布西耶伏瓦生规划对巴黎老城的彻底破坏

J. Jacobs 的论述虽然犀利甚至近乎刻薄,但是却引发了规划师对社会公正、人性化等全方位价值判断的深刻思考,一部分人开始转向对现代城市设计思想的探索。1987 年 A. Jacobs 与 D. Appleyard 出版了《走向城市设计的宣言》(*Towards an Urban Design Manifesto*),以积极的态度确定城市设计的新目标:良好的都市生活、创造和保持城市肌理、再现城市的生命力。1998 年 G. Greed 与 M. Roberts 合著了《导入城市设计:调停与反映》(*Introduction Urban Design: Intervention and Responses*),等等。

(4)对城市空间现象背后的制度性思考。1970 年代中期后,新马克思主义

[269] J Jacobs. The Life and Death of Great American Cities. Jonathan Cape, 1961
洪亮平.城市设计历程.北京:中国建筑工业出版社,2002

理论的兴起为西方学者深刻认识城市问题提供了新的工具。新马克思主义者认为：资本主义的城市结构、城市规划本质上是源自对资本利益的追求，他们强调从资本主义制度的本质矛盾层面来认识、理解城市的空间现象，并且通过对制度的更新来获得新的、健康的城市环境。关于城市空间发展方面研究的代表性成果是 M. Gottdiener(1985)的《城市空间的社会生产》(*The Social Production of Urban Space*)、D. Gregory 与 J. Urry(1985)合著的《社会关系与空间结构》(*Social Relations and Spatial Structure*)以及 N. Smith(1986)的《绅士化：城市空间的前沿与重构》(*Gentrification: The Frontier and the Restructuring of Urban Space*)。按照新马克思主义的视角，城市规划的本质被认为更接近于政治，而不是技术或科学，城市规划被视为以实现特定价值观为导引的政治活动；对城市规划的评估也不再被认为是单纯的技术问题，而与价值判断密切相关[270]。

基于对城市规划本质是政治过程这样的一种认知，西方理论研究中开始更多地关注城市规划的政治问题，尤其是新马克思主义的认识论还进一步引发了对城市规划理论实质的探讨。Scott、Rowis(1977)等人认为，西方的规划理论与实践之间存在着本质上的不协调：理论充满了秩序和合理性，而实践中却处处是杂乱无章和不合逻辑，要解决所有这些问题就必须深入到制度层面去认识。F. Robinovitz(1967)的《政治、个性与规划》(*Politics, Personality and Planning*)、H. J.Gans(1968)的《人民与规划》(*People and Plans*)、A. Skeffington (1969)的《人民与规划(公众参与委员会)报告》(*People and Planning Report of the Committee on Public Participation in Planning*)、R. E. Pahl(1969)的《谁的城市？城市社会的深入论述》(*Whose City? And Further Essays on Urban Society*)和 N. Dennis(1969)的《人民与规划》(*People and Planning*)等等，都是这方面的代表作[271]。1977年新马克思主义学者 M. Castells 发表了《城市问题的马克思主义探索》(*The Urban Question: A Marxist Approach*)，1978年他又发表了《城市、阶级与权力》(*City, Class and Power*)，正面打出了新马克思主义的旗号，标志着西方规划理论界开始摆脱对现代城市表象景观的市民式漫骂（例如很多人对 J. Jacobs 的指责那样），而进入了对资本主义社会、经济、政治制度的本质分析与批判[272]。

毫无疑问，后现代城市规划思想中对社会、文化问题表现出普遍和深入的

---

[270] S Campbell & S S Fainstein. Reading in Planning Theory. Blackwell Publishers, 1996

[271] 吴志强.《西方城市规划理论史纲》导论.城市规划汇刊,2000(2)

[272] 吴志强.《西方城市规划理论史纲》导论.城市规划汇刊,2000(2)

关注是需要的,但是也有一些学者意识到,如果城市规划因此所涉及的领域越来越广,那么最终将使规划变得没有意义——"如果规划什么都是,那么它也许什么都不是"(A. Wildavsky,1973)。

五 后现代城市规划思想的主体特征

1 后现代城市规划思想的总体取向

在建筑与城市规划领域,虽然后现代主义理论家C. 詹克斯常常将Pruitt-Igoe[273]的炸毁作为现代主义死亡和后现代诞生的标志,但更多的人将1966年R. 文丘里(R. Venturi)的文章《建筑的复杂性和矛盾性》(*Complexity and Contradiction in Architecture*)的发表作为后现代主义诞生的标志时间。但事实上从历史发展的眼光看,城市规划思想领域的现代主义与后现代主义并不是完全对立、你死我活的关系,而是同时具有一定的延续性与互补性。现代主义与后现代主义城市规划思维在认识上的主要差别是:

——后现代主义规划观强调城市的发展、空间的演变既不是一个纯自组织的过程,也不是受人类意识控制干预的单一被构过程,而是在自构与被构的双重机制下实现着时空演替,这一点是与现代主义认识的重要差异。

——以现代技术为支撑的现代城市规划观念,讲求思维的严肃、道德的纯洁与评判标准的正直,表达了强制改变世界的主观意愿;而后现代主义对它的评判是:缺乏情感、想象范围狭窄、迷恋技术手段、文化根基脆弱,认为它企图通过机械主义的功能秩序来建设一个"人造的文明城市"。

——1960年代后,随着西方城市经济、社会背景的变化,传统城市规划实践在人类行为、情感、环境等方面存在的冲突日益明显,于是后现代主义城市规划思想开始倡导对城市深层次的社会文化价值、生态耦合和人类体验的发掘,提倡人性、历史的回归,从而进入一个强调规划模式、规划实践适应人类情感的人文化、连续化模式的发展阶段[274]。

——现代城市规划的思维基础是经典自然科学所崇尚的秩序、因果单一、稳定可重复的理性思维原则;而后现代城市规划思维则从相对论、混沌逻辑、

[273] Pruitt-Igoe是由日裔美国建筑师山崎实1954年设计的位于圣路易城的一系列低收入住宅区,由于引发了严重的社会问题于1972年被炸毁。

[274] 孙施文.后现代城市规划.规划师,2002(6)
黄骊.城市的现代和后现代.人文地理,1999(4)

突变论等处找到了反叛的依据,这些依据源自于当代科学与哲学的变革。

L. Sandercock 认为现代主义的城市规划具有五大特征:① 城市、区域规划与公共政策的理性相关。② 当规划最具有综合性的时候,它是最有效的。③ 规划具有科学和艺术两重性,基于经验,它更强调科学性。规划的知识与技术立足于实证科学,在模式建立和数量分析上,都带有这种倾向性(Propensity)。④ 规划作为现代化进程的一部分,它是由国家、政府导向未来的一个计划。⑤ 规划在"公共利益"层面上运作,规划师的教育赋予规划师能够判断什么是利益所在的特权,规划师提供一个中立性的公共意向。而后现代主义者则认为,尽管上述这些特征曾经发挥过重要的作用,但是随着时代的变化、城市的发展和文化的变迁,现代主义城市规划的五大支柱已经不复存在。于是 L. Sandercock 进一步提出后现代主义五项新原则:① 社会公正(Social Justice),社会公正与市场效应同等重要,而且不公正和不平等需要广泛定义,不限于物质范畴和经济范畴;② 不同性质的政治团体对一个问题的界定要通过不同政治团体之间的讨论达成共识;③ 公民性(Citizenship),建立包容性的道德观;④ 社区的理想,去除传统的社区概念,代之以基于"我"的多重界面的多重性质的社区概念,由自下而上的社区治理方式取代自上而下的国家意志表达,从以国家政策导向为主转向以人为中心的城市规划;⑤ 从公共利益走向市民文化,规划师理解的公共利益与实际的公共利益有差异,经济力量已经将社会分化,公共利益应该走向更多元化和更加开放的市民文化[275]。

简要地讲,现代主义与后现代主义在城市规划思想领域的矛盾主要体现在:现代主义的纯粹性(Pure)与后现代主义的多元性(Hybrid);现代主义的直截了当(Straight Forword)与后现代主义的扭曲(Distorted);现代主义的清晰(Articulated)与现代主义的模糊(Ambiguous)。简单地凝练后现代主义显著的标志,就是基于对城市社会、文化复杂性的认识,从而对现代主义纯理性思维和历史失落感[276]的双重否定,呼唤以人性、文化、多元价值观等为特征的宽容性、开放性创作思维。也有学者概括了后现代城市规划思想的下面三种主要倾向[277]:

(1)解释学倾向。活跃于 1960 年代初至 1970 年代中期,主要理论有场所理论、文化分析论、图式语言、认知意象论和城市活力论等,其突出表现是城市

[275] N Tavlor. Urban Planning Theory Since 1945. Bage Publications,1998

[276] 后现代主义城市规划、建筑设计的主要内容是历史文脉性(the historical context),或称为历史的连贯性。

[277] 洪亮平. 城市设计历程. 北京:中国建筑工业出版社,2002

规划开始从注重功能秩序转变为注重生活秩序。受其影响,西方城市规划中开始出现并发展了社区规划、历史传统地区的保护、城市空间复兴等内容。

(2)解构主义倾向。活跃于1970年代中期至1980年代后期,主张对现代城市规划的某些原则进行消解和颠覆,重差异、重游戏、重非规则,强调不清楚的、非固定的以及意义与表达关系的非关联特点。它代表了一种激进的、活跃的、自由的城市规划思想和更彻底反叛的后现代精神。

(3)建构主义倾向。主要是活跃于1980年代及以后,其核心思想是强调城市的生态化生存和健康价值,强调人类与环境的协调和再度统一,它主张生命形式的多元化和环境的公正性,因此,它与城市的可持续发展和信息化建设相衔接。新城市主义和绿色城市设计思潮可以看作是建构主义城市规划思想的主要代表。

2 后现代主义城市规划思维的特征

很难以清晰的笔墨囊括尽述后现代城市规划的复杂的思维特征,因为其特征之一就是持续追求的宽容性、多元化意识,在此只能提炼出几条最基本的思维特征。

1) 反叛理性的规划思维

现代主义追求城市规划、发展的逻辑理性,讲求真实、秩序、明晰等理性主义特征,城市因而易被凝固的空间和僵化的形式所束缚。而后现代主义则认为城市的空间形式往往是含混的、多变的,城市作为一种人为参与主体的多要素复合空间,绝不是因果关系式的直线性理性思维所能把握与左右的。

现代主义基于因果关系的思维是一种单向的矢量思维[278],即假定事件的状态和最终的目标状态均为已知,然后试图通过规划来更好地组织从初始状态向终极状态的转变。这种思维方式的基础是追求一个规则系统、一套逻辑上严格的能产生满意甚至最佳结果的规则。这种矢量思维过程是封闭的、终极式的[279],也是一个"决定论"的过程,是一个规划师"孤芳自赏"的意识表现过程。而后现代主义则摈弃了逻辑思维的规划过程,它是一种启发式(Heuristic)的探寻过程,它的每一步都是探寻性的,而不是终端式的。同时,它也强调规划师应做到"自我消除"(Self-elimination),即努力避免将个人的主观价值与逻辑判断影响到具体的规划设计之中。正如《马丘比丘宪章》所宣称的:人民的建筑是

[278] 黄振定.理想的回归与迷惘.长沙:湖南师范大学出版社,1996

[279] 徐巨洲.后现代城市的趋向.城市规划,1996(5)

没有建筑师的建筑。

2) **多元价值并存的规划观**

后现代主义倡导人性、个性的解放,故借以用现实的多元差异来表达自我主体的丧失。反映在城市空间的塑造中,后现代主义多追求不同空间的连续性,用多元的涵义把城市各部分、各单元组合起来,并试图借助含混折中、复杂性、矛盾性、不确定性等,集中反映一个开放性的城市综合体系[280](有机城市、生态城市、簇群城市等)。

后现代主义将城市社会看作一个没有边际的整体,认为其复杂的功能并不能简单地通过分解、理解要素来认知,而整个有机体将会自我维持着一种动态的自动平衡。C. Alexandex说:"城市就是一个重叠的、模糊的、多元交叠集合起来的统一体。"而R. Venturi更是提出:"杂乱而有活力胜过明确统一。"

后现代主义以有机思想来理解城市的发展与城市空间的组织,强调城市中多元社区文化、精神单元的并存,并尽可能"自给自足",以反映城市的宽容性、功能的叠合性、结构的开敞与灵活性,达到"不和谐之和谐"的目标。

3) **文脉主义的规划情感**

后现代主义规划思想强调城市为了保持它的持久魅力,必须实现历史的延续,返璞一种被现代主义所割裂的历史情感。后现代城市规划常用的文脉主义手法有:

——地区/环境文脉手法:把整个地区的居民生活方式和社会文化模式作为一个整体单元加以延续,它倾向于"传统式"(如"拼贴城市")。

——时间/文脉手法:讲求从传统城市空间中提取符号和传统的历史信息,赞同现代与传统结构的兼容,它倾向于"现代式"(如慕尼黑市中心通过步行系统组织历史街区)。

后现代主义强调的文脉主义,并不是一种片面复古的历史情结,而是更加体现了现代、未来社会对传统、人性回归的渴求。

4) **模糊空间的规划理念**

后现代主义所推崇的城市空间结构是以软环境为主导的,具有历史的特定性和人的主观性,因而也是一种无限与不定的理想模式。后现代主义赞赏用非理性的隐喻手法来进行城市空间组织,既增加了运动感和深度,又加强了城市的想像力。

---

[280] 徐巨洲.后现代城市的趋向.城市规划,1996(5)
黄骊.城市的现代和后现代.人文地理,1999(4)

C. Jackns 曾生动地把后现代主义追求的城市空间形态比喻成中国园林空间的意境:“把清晰的最终结果悬在半空,以求一种曲径通幽、永远达不到的某种确定目标的路线。”

六　文脉、场所理论与现代城市设计

1　文脉主义与拼贴城市(Collage City)

在后现代城市规划理论中最突出的是关于文脉(Context)主义的理论,作为一个名词,最早是由 1971 年舒玛什在《文脉主义:都市的理想和解体》中提出的,其基本意义是:对于城市中已经存在的内容,无论是什么样的内容,都不要破坏,而应尽量设法使之能够融入到城市整体中去,使之成为这个城市的有机内涵之一。简单地说,文脉就是人与建筑的关系、建筑与城市的关系,整个城市与其文化背景之间的关系,它们相互之间存在着的内在的、本质的联系[281],城市规划的任务就是要挖掘、整理、强化城市空间与这些内在要素之间的关系。在文脉主义的启发下,许多后现代理论家对于如何阅读与理解城市进行了深入的研究,最具有代表性的是 K. 林奇(K. Lynch)于 1960 年出版的《城市意象》(*Image of the City*),探讨了如何通过城市形象使人们对空间的感知能够融入到城市文脉中去的过程。A. Rossi(1966)的《城市的建筑》(*The Architecture of the City*)提出城市的意义存在于人们重复产生的记忆,“城市象征什么比它能够提供什么更重要”,城市中的复杂的矛盾统一性使城市充满了生机和文化内涵。

这一时期提出的“拼贴城市”(Collage City)显然是受到了文脉主义思想的影响,它的主要提出者是美国的学者罗威、科勒。这个理论认为城市的生长、发展应该是由具有不同功能的部分拼贴而成,它反对现代城市规划按照功能划分区域、割断文脉和文化多元性的做法(图 9-2)。罗威与科勒认为未来的城市规划和设计应该参考 17 世纪的罗马,采用多元内容的拼合方式,构成城市的丰富内涵;城市结构的矛盾统一组合(或拼贴)类型:简单/复杂、私人/公共、创新/传统等等,这些各种对立的因素的统一,是使得城市具有生气的基础。这一点正如文丘里在《向拉斯维加斯》(*Learning from Las Vegas*)一文中所论述的:

---

[281] 洪亮平.城市设计历程.北京:中国建筑工业出版社,2002
王受之.世界现代建筑史.北京:中国建筑工业出版社,1999

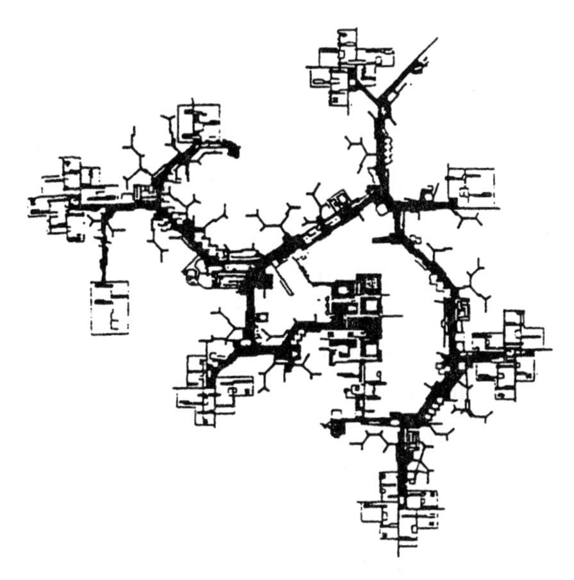

图 9–2 “拼贴城市”示意

城市规划设计应该具有多元性、多样性、矛盾统一性,而不是现代主义式的单一的、刻板的、隔膜的、非人格化的。

从规划设计实践来看,文脉主义的城市规划方案主要有两种不同的表现方式[282]:一种是采用古典的方法和城市尺度来改变工业化城市的景观,从而加强城市的亲和力,增加城市的历史文化含量。著名的如比利时城市列日的“霍斯—沙托区域”的改造(1978)、巴黎哈尔斯区的改造(1979)。C. N. Schulz 是坚持这种思想的代表,她坚持认为城市的建筑、规划都应该达到与城市地点(场所)的结构(place of structure)——文脉相吻合的目的,任何城市的文脉体系都是与城市所在地点、具体的环境分不开的。另一种方式则是使用美国通俗文化的方法,使城市的趣味性增加,最典型的案例是美国拉斯维加斯城市的规划设计。事实上,在实践中这两者又往往是同时或交互进行的,以达到丰富城市文脉的目的。1990 年代后,文脉主义在城市规划领域的一个重要表征就是新城市主义(Neo-urbanism)的兴起与发展,其主要内容是恢复旧的城市面貌和功能,使城市重新成为人们集中居住、工作和生活的中心。

---

[282] 王受之. 世界现代建筑史. 北京:中国建筑工业出版社,1999

2 从“地点”到“场所”(Place)

按照爱因斯坦以一个物理学家的视角来看,“地点”(Place) 被他界定为“地球表面上一小块地方,由名称代表具有某种物质对象的次序,除此之外什么也不是”。然而,在城市规划与建筑学中,更加关注地点因素中的独特的精神内涵(unique-spirit of the place)。舒尔茨(C. N. Schulz)指出:建筑与规划的实质目的是探索和最终寻找到这种精神内涵, 在地点上建造出符合特定人群需求的构造来。后现代主义规划师坚持认为:城市形式并不是一种简单的构图游戏,在空间形式的背后蕴涵着某种深刻的涵义,这种涵义与城市的历史、文化、民族等一系列主题密切相关,这些主题赋予城市空间以丰富的意义,使之成为市民喜爱的“场所”。也就是说,场所不仅具有实体空间的形式,而且还有精神上的意义,当空间中一定的社会、文化、历史事件与人的活动及所在的地域特定条件发生联系时,也就获得了某种文脉意义,空间也就成为“场所”[283]。1972年 O. Neumann 在《可防卫的空间》(*Defensible Space*)一书中,将居住环境分为私有、半私有、半公共、公共领域,可以说是对场所思想的一个具体应用。

3 现代城市设计的思想

1960 年代随着西方城市中大规模物质空间建设运动的结束,随着人们对空间内在社会、文化、精神方面要求的提高,在美国出现了现代城市设计(Urban Design)的概念。现代城市设计将城市视作一个包括时间变化在内的四维空间,强调人与空间的内在互动,强调景观设计对人们活动、心理感知的重要意义。然而正如当时城市设计的提出者所言:“城市设计的出现并不是为了创造一门新的学科,而是对以前忽视空间人性关怀的一种弥补。”按照场所精神与文脉主义的主张,从人的文化心理出发,研究人在城市空间与城市环境中的经历和意义并以此作为城市设计的根本出发点, 这就构成了现代城市设计思想的基本原则。

按照上述思想的理解,城市设计就是挖掘、整理、强化城市中各种场所、文脉之间的关系的过程,最具代表性的就是舒尔茨提出的“建筑现象学”。舒尔茨将胡塞尔的现象学方法用于人类生存环境的研究, 考察了它的基本属性以及人们环境经历与意义。此外,E. Bacon 的《城市设计》对城市空间运动学的研究

---

[283] 洪亮平. 城市设计历程. 北京:中国建筑工业出版社,2002
王建国. 现代城市设计的理论和方法. 南京:东南大学出版社,1991

也突破了对物质空间本身的认识,认为城市的空间、形式是市民生活参与的结果,市民的活动是城市美不可舍弃的部分,并指出城市设计者的任务就是去了解大众艺术的构成,然后使城市建设与大众艺术相结合,应该通过对市民城市经历的寻找,去设计一种普遍的城市环境来满足他们的官能与感性要求[284]。R. Crier的《城市空间》则运用类型学的思想建立了城市设计的分组归类方法体系,将具有相似结构特征的建筑和环境归纳分类,并提出了各种空间类型组合变化的方式。

1960年K. 林奇出版了在西方城市设计领域具有深远影响的著作《城市意象》。他认为城市美不仅要求构图与形式方面的和谐,更重要的是来自于人的生理、心理的切实感受,因此他将城市分解为人类可感受的各种空间特征,建立了空间环境与人的知觉意象之间的关系并提出了著名的"城市认知地图"概念,强调要通过路径(Path)、边界(Edge)、区域(District)、节点(Node)、标志(Mark)来组织人们对城市的意象体系(图9-3)。K.林奇从人的环境心理出发,通过人的认知地图和环境意象来分析城市空间形式,强调了城市结构和环境的可识别性(Legibility)以及可意象性,使得城市结构清晰、个性突出,而且使不同层次、不同个性的人都能接受。这种独特的城市设计思想区别于传统城市设计的精英意识和傲慢的姿态,在于它真正关注人的心理感知,重视人的切实需求,体现了人本主义的规划原则。

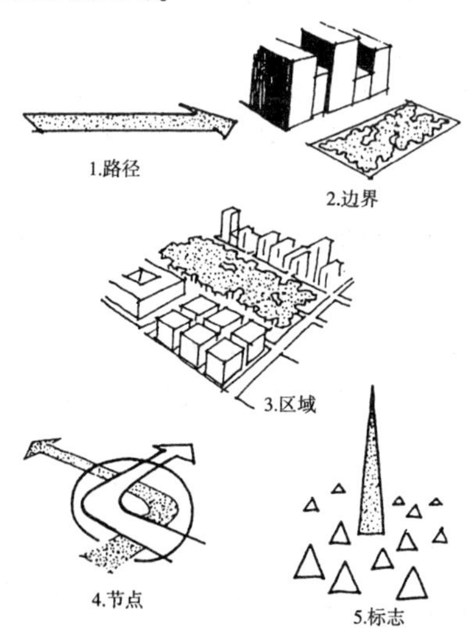

图9-3　K. 林奇提出的城市意象五要素

[284] 王建国. 现代城市设计的理论和方法. 南京:东南大学出版社,1991

此外还值得一提的是，后来再晚些时候在城市设计领域中出现了日本“新陈代谢学派”的思想。丹下健三、黑川纪章、菊竹清川、慎文彦等在对现代设计理论进行反思和对未来城市进行展望的基础上提出了新陈代谢的思想，其要点是[285]：

(1) 面对机器时代挑战的强烈生命和生命形式。

(2) 复苏现代建筑中被丢失或被忽略的要素，如历史传统、地方风格、场所性质等。

(3) 不仅强调整体性，而且强调部分、子系统和亚文化的存在与自主。

(4) 文化的识别性与地域性未必是可见的。

(5) 新陈代谢建筑的暂时性，用佛教的“无常观念”代替西方审美思想的普遍性和永恒性。

(6) 将建筑和城市看作在时间和空间上都是开放的系统，就像生命的组织一样。

(7) 历史性、共时性：过去、现在和将来的共生，不同文化的共生。

(8) 神圣领域、中间领域、模糊性和不定性，这些都是生命的特点。

(9) 重视关系胜过重视实体本身。

七　城市更新运动与社区发展

1940 年代至 1950 年代开始盛行的郊区化浪潮导致美国及许多西方国家内城的衰败，中产阶级和富裕阶层离开城市中心，而原先繁荣的中心区逐渐被大量的穷人、有色人种所占据，不仅导致生活、治安等环境恶化，而且也严重危及了城市的税收状况。于是西方国家在二战后不久就普遍展开了大规模的由政府主导的城市更新(Urban Renewal)运动，尤以美国为代表。美国的城市更新运动始于 1949 年的《住房法》(*The Housing Act*)，得到了联邦政府的大力支持，当时确定的目标是：消灭低标准住宅，振兴城市经济，建造优良住宅，减少社会隔离等等。

当时西方城市规划领域居于主流的思想仍然是《雅典宪章》所倡导的功能理性，正如上文所述，功能理性的最大弱点就是它将社会现实理解得过分简单化，大拆大建的外科手术式的城市更新并未使城市融合为一个有机整体，不但

---

[285] 沈玉麟. 外国城市建设史. 北京：中国建筑工业出版社，1989
洪亮平. 城市设计历程. 北京：中国建筑工业出版社，2002

使城市失去了有机性和延续性，而且新的社会隔离又随着重建更多地产生出来[286]。1960 年代后,西方社会许多文化精英对这种简单、粗暴、大规模的城市更新进行了猛烈抨击,J. Jacobs 甚至直接指责柯布西耶、霍华德等是造成美国城市衰败的罪魁祸首[287]。在这种背景下,1974 年美国国会通过了《住房及社区发展法》(*The Housing and Community Development Act*),终止了由联邦政府资助的大规模城市改造计划,转向对社区的渐进更新和改造,并成立了"社区发展基金"(CDBG),由联邦政府拨款并赋予地方更大的支配权,以推动社区重建和环境改善。西方国家的城市更新运动也由此进入了一个新的阶段(图 9-4)。

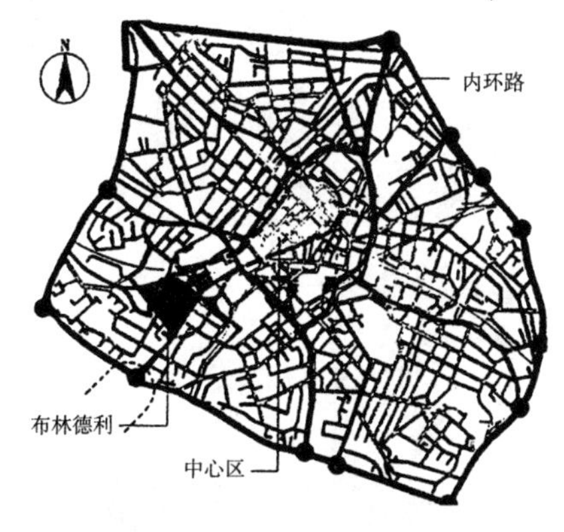

图 9-4　伯明翰 Brindleplace 地区的城市更新

从本质上讲,城市更新运动不同于简单的"旧城改造",因为它所注重的不仅仅是城市物质空间的改善，而且更注重通过一系列政策的整合行动来促进经济发展、提高人口素质、改善城市生活环境和居住条件、为打开社会需求而开辟资源等等。1970 年代后,西方现代城市更新运动的趋向是:城市更新政策的重点从大量贫民窟清理，转向对社区邻里环境的综合整治和社区邻里活力的恢复振兴;城市更新规划由单纯的物质环境改善规划,转向社会规划、经济规划和物质环境规划相结合的综合性更新规划，城市更新工作发展成为制定各种不同的政策纲领;城市更新手法从急剧的动外科手术式的推倒重建,转向小规模、分阶段和适时的谨慎渐进式改善,强调城市更新是一个连续不断的持

[286] P Hall. The World Cities. George Weidenfeld & Nicolson Limited, 1984

[287] P Hall. The World Cities. George Weidenfeld & Nicolson Limited, 1984
J Jacobs. The Life and Death of Great American Cities. Jonathan Cape, 1961
J M Levy. Contemporary Urban Planning, Prentice Hall Inc, 2002

续过程(阳建强,1995)。1980 年代末以来,随着城市更新任务与手段的日益多样化、综合化,渐渐用城市再生(Urban Regeneration)的概念取代了传统的城市更新(图 9-5、图 9-6)。

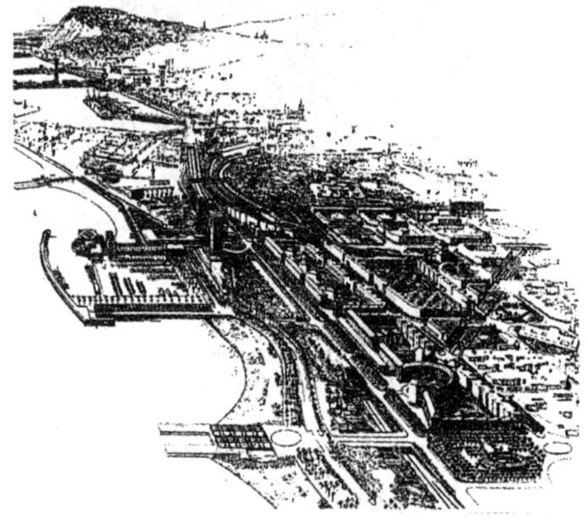

图 9-5　巴塞罗那奥运村——城市再生的经典案例

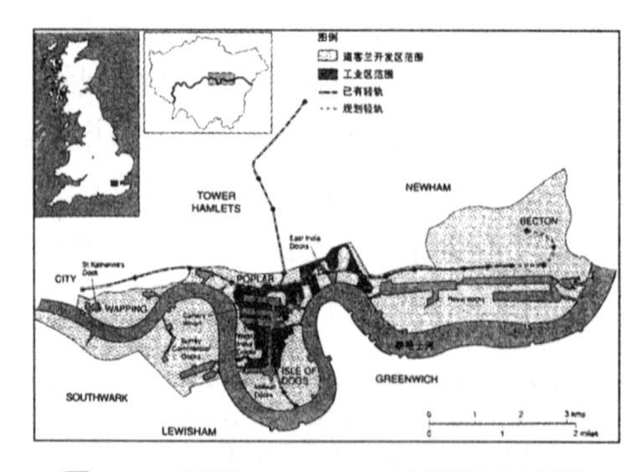

图 9-6　英国 Docklands 地区的城市再生

八 未来学思潮与"未来城市"的探索

对未来城市的探索一直是西方城市规划的主要内容与发展动力之一,从柏拉图《理想国》—维特鲁威《建筑十书》—莫尔《乌托邦》—霍华德《明日的田园城市》—柯布西耶"光明城"—莱特"广亩城市"等等,都体现了这些规划先知们对未来城市的憧憬。作为一个学派,未来派(Futurism)产生于20世纪初的意大利,其创始人F. T. Marinetti在1909年发表了《未来主义宣言》,表达了对技术的极度崇拜和对技术时代的极度憧憬。1960年代末、1970年代初的未来学思潮,则是重点探讨科学技术和社会未来发展的前景,提出人类社会走向未来可供选择的各种可能性——"为科学时代设计新世界蓝图"[288],主要代表人物有托夫勒、奈斯比、贝尔、科林斯、哈尔林斯以及罗马俱乐部等。

事实上未来学思潮的人物是三教九流,其思想也可以分为悲观学派和乐观学派两大阵营,他们的分歧点主要在于如何看待科学技术对人类社会发展的影响——即科学技术是万恶之首,还是万善之源。"罗马俱乐部"是悲观学派的代表,而更多的人则属于乐观派。甘哈罗曾经描绘了一幅从1776年至2716年社会发展的S形曲线,认为1976年后人类在逐步控制发展,以前遭遇的各种问题都将得以解决。托夫勒认为,今天社会种种衰落的迹象,只是意味着工业社会文明的末日,而新的第三次文明浪潮正喷薄而出,人类的历史远未结束,人类的故事不过刚刚开始。奈斯比认为,1956年至1957年是一个转折点,即工业社会时代的结束和"美妙"的信息社会的到来,而2000年将是人类的分水岭。

当代学者对于"未来城市"的探索以美国与日本的成果最为丰富[289]。有的学者是从未来社会、经济发展的总体趋势进行探索,其代表理论有Global City、Global Village等;有的是立足现代信息技术发展基础上进行的探索,最具代表性的是Information City;有的是从环境和资源出发探索未来城市的形态,如生态城市、仿生城市(Biological City)、步行城市、水上城市等[290]。总之,未来主义学者主体上是对科学技术的发展过于盲目乐观,他们倾向于将技术不

[288] E舒尔曼著.科技时代与人类未来——在哲学深层的挑战.上海:东方出版社,1996
言玉梅.当代西方思潮评析.海口:南海出版公司,2001
[289] 沈玉麟.外国城市建设史.北京:中国建筑工业出版社,1989
A Rapoport. Human Aspects of Urban Form. Perbaman Press,1977
[290] J Brotchie & P Hall. The Future of Urban Form:The Impact of New Technology. Croom Helm,1985

仅看成是城市形态构造的支撑,而且看成是城市发展的支柱和基础[291](图 9-7、图 9-8)。

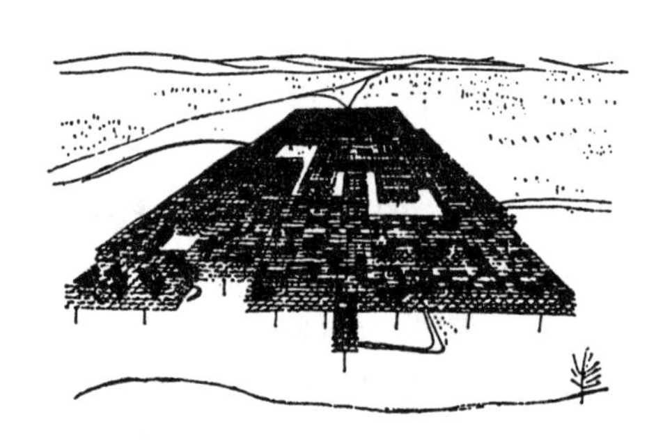

图 9-7　弗里德曼的“可插入式”城市

图 9-8　矶崎新的“空间城市”示意

九　社会公正思想与城市规划公众参与

1　市场公正:美国“区划法”的兴起

公平、公正思想一直是资产阶级亮出的旗号,这包括了市场公正和社会公正两个方面。在 19 世纪末、20 世纪初资产阶级疯狂攫取经济利润的时候,由于对个人利益的过分强调而导致了市场的失衡与冲突，于是纷纷开始谋求实现市场规范化的各种行为制约。在城市规划领域,由于追求市场公正问题而出现的重要实践是美国的区划法。1909 年和 1915 年美国联邦最高法院在两起诉讼案中，分别确认政府有权限制建筑物的高度和规定未来的土地用途而无

[291] P Hall. Cities of Tomorrow: An Intellectual History of Urban Planning and Design in the Twentieth Century. Blackwell Publishers, 2002

需作出补偿。1915 年的"纽约公平大厦裁决案"实际上是为了平衡房地产者之间利益的一场诉讼，但是却奠定了美国政府—市场之间在城市土地规划中的基本权利分配关系[292]。以公平大厦为导火索,在房地产经纪人和规划师的倡导下,1916 年纽约通过了区划条例 (Zoning Regulation)，区划法规普遍开始推行。1926 年纽约区划条例中又增加了关于地标的规定(Landmark Regulation)，开始将城市设计内容纳入区划控制。同年，联邦高等法院批准了俄亥俄州的 Euclid Ambler 社区区划法案，从而标志着区划开始成为一项正式的法令。1920 年代末美国的大多数城市都有了自己的 Zoning。

纽约及其他许多城市 Zoning Regulation 的主要目的和内容是在土地私有占主体的情况下,保证必要的公共利益和其他业主的利益,控制建筑高度并部分限制商业区、零售区、居住区等的范围[293]。从理论上讲,区划法是将城市规划的部分内容经过必要的转译而形成的法律文本,因此准确地说,区划法基本上是政治权力和市场竞争的结果。1961 年纽约推出新的 Zoning 在三个方面给城市规划思想和技术注入了新的内容:① 采用容积率(Floor Area Ratio,FAR)来从总体上控制开发强度，保证了基本的环境要求而在实际开发中又给予建设者以较大灵活性和自由度(图 9–9);② 首创了"鼓励性区划"(Incentive Zoning)的措施,通过容积率奖励等鼓励一些社会性公共设施的建设,改变了城市规划单纯依靠消极控制来管理城市建设的状况，体现了城市规划的刚性与弹性相结合、强制与引导相结合的作用;③ 增加了"文脉性区划"、"特殊地区开发权转让"等规定,"约束性合同技术"的引入,也使区划法成为更具敏感性和灵活性的规划管理工具。美国的区划法虽然是政府在土地高度私有的环境中推进城市规划的一种有限行动,但是其却能很好地处理"规划的刚性"(代表政府方面)与"市场的弹性"(代表开发商方面)的关系,便于实现规划意图与管理实施之间的衔接,作为一种极其有益的规划思想和实践探索,很快对西方很多国家的规划体系产生了重大影响[294],以及包括中国香港的"法定图则"制度,中国内地也借用了区划法的思想从 1990 年代初开始推行 "控制性详细规划"类型。

---

[292] 王旭.美国城市史.北京:中国社会科学出版社,2000
Hirons. Town Planning in History. Lund Humphries,1953

[293] J B Cullingworth & V Nadin. Town and Country Planning in the UK13th. Routledge,2002
B Cullingworth. British Planning:50 Years of Urban and Regional Policy. The Athlone Press,1999

[294] J B Cullingworth & V Nadin. Town and Country Planning in the UK13th. Routledge. 2002

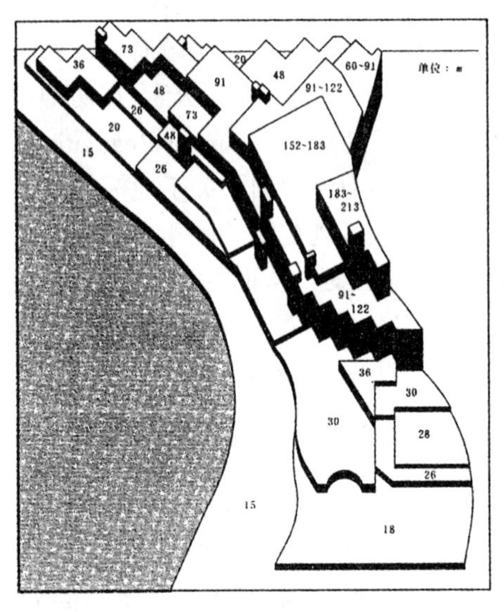

图 9-9　美国区划法中对建筑高度的控制

2　社会公正：一个新的城市规划命题

在 1960 年代后期，西方社会面临的尖锐矛盾导致了“规划的社会公正”的命题被广泛提出，许多人认识到，在城市规划建设过程中，住宅和物质环境的建造只是全部工作的一小部分，更重要的是要建立广泛的规划公正制度。于是 1970 年代美国的城市规划重心开始由纯粹的物质性规划，转向对城市社会问题和对策的综合研究[295]。

P. Hall 将 1970 年代后西方城市理论的研究整体上称为“马克思论主导阶段”。社会学家 H. Gans 检讨了城市规划的过程与方式，认为人的生活是由经济、文化、社会权力结构所决定的，而不是由规划师所认为的物质环境来决定的，从而表达了对城市规划作用的新认识。正如 M. Petersen(1966)所说的：“我可以稍带夸张，但却又颇有几分真理性地说，一代人的规划会成为另一代人的社会的问题。在规划工作中所取得的那些‘成绩’，往往会成为产生困难的根源。”1970 年代中期 D. Harvey 出版了《社会公正与城市》(*Social Justice and the City*)，他以巴尔的摩为实证，研究了城市中不同社会利益团体之间的争议

[295] J M Levy. Contemporary Urban Planning. Prentice Hall Inc, 2002
S Campbell & S S Fainstein. Reading in Planning Theory. Blackwell Publishers, 1996

和冲突,试图找到冲突的内在因素并探索社会公正的原则,寻求城市社会公正的道路[296]。最后,D. Harvey认为其实并不存在绝对的公正,其概念因时间、场所和个人而异。到了1991年Levy指出:“没有规划能够在脱离政治意愿和政治行动的状况下得到实施,因此规划师就必须非常接近于政治过程,或者也许就是政治过程的一部分。”[297]也就是说,规划师既不是超越世俗的“精英”,也不是无性的社会“中间人”,其道德水准与价值判断将直接决定其规划中所流露的根本态度。

3 公众参与思想的兴起与发展

社会公正命题的提出,导致了城市规划中“公众参与”思想的蓬勃兴起。

在欧洲大陆,1947年英国的《城乡规划法》中已经明确并要求规划中需要有一定形式的公众参与,在所有地方均设立规划委员会体制,其会议向公众开放[298]。1940年代至1950年代,这种带有公众参与性质的规划模式在英国和其他西欧国家开始盛行。但是,当时的规划体制还特别强调规划的工作与职责主要是规划师的任务,因此这一时期的公众参与实质上更多的表现形式是“征询公众意见”,还缺少为公众主动地参与决策提供种种制度性的保障。1960年代后,随着社会环境的改变和民主化进程的推进,公众更直接、更有效地参与规划制定和实施的全过程,“公众参与”的意识真正诞生。英国政府的规划咨询小组(PAG)于1965年首次提出“公众应该参与”规划全过程的思想:“规划体制作为一种规划政策的工具,同时又应作为公众参与城市规划的手段,它应确保这两项宗旨的充分实施。”1968年斯凯夫顿(Skeffington)领导的政府特别小组,研究并提交了关于公众如何参与地方规划的报告——*The Skeffington Report*,试图寻找城市规划公众参与的方法与途径,提出了诸如设立“社区论坛”、任命“社区发展官员”等一系列设想,被公认为是西方公众参与城市规划的里程碑。1968年英国的《城乡规划法》将规划体系划定为战略规划、地方规划两个层次,在法律中要求“地方规划机构在编制其地方规划时,必须提供地方以评议或质疑的机会,这一规定将被视为审批规划的必要前提”[299],法律的明确规定使得城市规划的公众参与得到了有效的制度保障。

---

[296] J M Levy. Contemporary Urban Planning. Prentice Hall Inc,2002

[297] B Michael. American Planning in the 1990: Evolution,Debate and Challenge. Urban Studies, 1996(4~5)

[298] 赵中枢.英国规划理论回顾.北京:中国城市规划设计研究院学术信息中心,1994

[299] J B Cullingworth & V Nadin. Town and Country Planning in the UK13th. Routledge,2002
B Cullingworth. British Planning:50 Years of Urban and Regional Policy. The Athlone Press,1999

在美国的社会体制中,公众参与国家、社会事务有着长期的传统。1775 年美国独立时就确立了民主政治的信仰,1863 年林肯的“三民主张”(民有、民治、民享)更是突出了这一点[300],因此可以说,公众参与社会政治决策是美国最基本的社会和政治主张。1960 年代至 1970 年代的石油危机、持续失业、种族歧视、越战爆发等,使得社会问题更加成为焦点,而公众参与也因此成为缓和矛盾的重要手段之一[301]。

城市规划公众参与思想的重要意义,不仅在于对公众的社会公正利益的保证,而且也标志着规划师的角色由“向权力讲授真理”到“参与决策权利”的转变,并进而在 1980 年代至 1990 年代出现了交往规划理论(Communicative Planning Theory)。在西方城市规划领域,关于公众参与思想的代表性人物与理论主要有:

(1) P. Davidoff 的“辩护(倡导)性规划”理论。P. Davidoff 既是规划师,也是一名律师,1965 年他提出了“规划中的辩护(倡导)论与多元主义(Advocacy and Pluralism in Planning)”思想,他从在一个排外的白人郊区内成功地规划建设了非白人的低收入住宅项目的实践开始深入思考:城市规划如何维护并作为少数低收入居民利益的代言人?他提出了规划选择理论(A Choice Theory of Planning),强调社会群体价值观的自主性,城市规划必须与不同的价值观及表现出来的活动相匹配,因此城市规划的作用在于其倡导性,并进而提出了倡导性规划的概念[302]。他认为,“要求规划师考虑各种利益集团的需要,是建立有效率的城市民主的需求,在这样一个体系中公民可以在政策决策过程中扮演更积极的角色,在民主制度下适宜的政策应该是通过公众讨论而达成的”。在“辩护(倡导)性规划”理论中,P. Davidoff 还进一步指出:不同的利益群体有不同的需求,规划师应当借鉴律师的角色,放弃中立的立场和笼统的“公众代言人”地位,成为社会不同群体的辩护人、代言人。每个规划师应该利用自己的专业知识和技能为不同的利益群体辩护并制定相应的规划方案,然后呈给地方规划委员会,进行各自辩护、评价及裁定。规划不应当以一种价值观来压制其他多种价值观,而应当为多种价值观的体现提供可能,规划师就是要表达这些不同的价值判断并为不同的利益团体提供技术帮助。

“辩护性规划”理论成为 1960 年代至 1970 年代西方激进主义规划师们(Advocacy Planners、Equity Planners)的思想武器,针对当时由那些“以推土机

[300] 王旭.美国城市史.北京:中国社会科学出版社,2000

[301] J M Levy. Contemporary Urban Planning. Prentice Hall Inc,2002

[302] J M Levy. Contemporary Urban Planning. Prentice Hall Inc,2002

开路的城市改建计划”摧毁旧城区的现象,一些年轻的规划实践家们发起了各种抵抗运动,他们甚至在居住区中就地成立了建筑事务所(称为“社团服务中心”),为当地的居住区遭受拆毁而发起斗争,并制定设计方法,以各种途径让使用者参与决策与设计建造的全过程。

(2) S. Arnstein(1969)的“市民参与阶梯”(A Ladder of Citizen Participation)理论。S. Arnstein 认为公众参与可以分为不同的层次,根据参与程度的不同将市民参与规划划分为八个阶段:执行操作、教育后执行、提供信息、征询意见、政府退让、合作、权利代表、市民控制(图 9-10)。S. Arnstein 认为,只有当所有社会利益集团之间——地方政府、私人公司、邻里和社区非营利组织之间——建立起一种规划和决策的联合机制,市民的意见才将起到真正的作用。

《马丘比丘宪章》中对公众参与的强调。1977 年发布的《马丘比丘宪章》对公众参与给予了前所未有的高度肯定:“城市规划必须建立在各专业设计人士、城市居民以及公众和政府领导人之间的系统的不断的互相协作配合的基础上。”《马丘比丘宪章》不仅承认公众参与对城市规划的极端重要性,而且更进一步地推进其发展,“鼓励建筑使用者创造性地参与设计和施工”,提出了“人民的建筑是没有建筑师的建筑”等论断。

(3) Sager & Innes 的“联络性规划”理论。1980 年代至 1990 年代,美国出

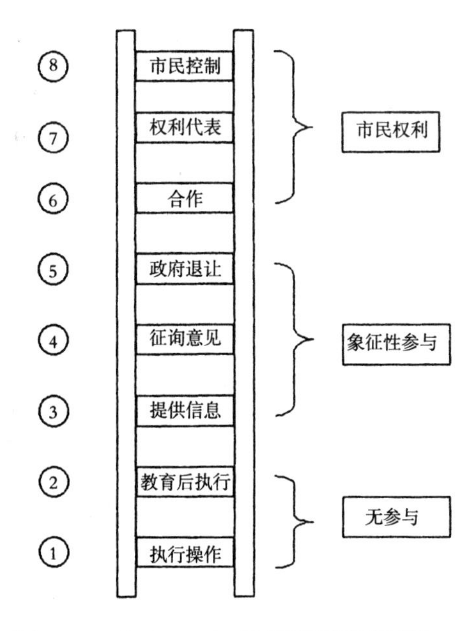

图 9-10　S. Arnstein 的“市民参与阶梯”

现了与公众参与密切相关的一些规划新名词:综合性规划(Comprehensive City Planning)、联络性规划理论(Communicative Planning Theory)等等,其中最著名的是 Sager & Innes 的"联络性规划"理论(1995)[303]。"联络性规划"的对象不是针对普通公众,而是针对规划师这一特殊的公众群体,它是在 1980 年代实践主义规划理论(Action-Oriented Planning)基础上发展起来的。其基本观点是:规划师在决策过程中应该发挥更为独到的作用,以改变那种传统的被动提供技术咨询和决策信息的角色,运用联络互动的方法以达到参与决策的目的。"联络性规划"强调"联络性和交互式实践",认为规划师个人的沟通和协商技术(技巧)在其推荐规划方案时将变得十分重要,甚至将直接影响规划政策和方案的实施。

十 从《雅典宪章》到《马丘比丘宪章》

1 《马丘比丘宪章》的主要思想内涵

面对西方社会环境的巨大变化,传统《雅典宪章》所制定的许多规划原则都已受到了严峻的挑战与冲击,人们迫切需要在城市规划的主体纲领方面进行重新思考。1977 年国际建协(IUA)在秘鲁利马(Lima)的玛雅文化遗址地马丘比丘召开了具有重大影响的一次会议,并制定了著名的《马丘比丘宪章》,这是一个在新背景下以新的思想方法体系来指导城市规划的纲领性文件。但是需要指出的是,《雅典宪章》仍然是指导现代城市规划的重要纲领,它提出的一些原理直至今天仍然有效,对于这一点《马丘比丘宪章》开宗明义地予以了表明。因此,这两个宪章并不是后者完全取代前者的关系,而是后者对前者的一种补充、发展和提升。正如《马丘比丘宪章》在前言中所写的:"雅典代表的是亚里斯多德和柏拉图学说中的理性主义,而马丘比丘代表的却都是理性派所没有包括的、单凭逻辑所不能分类的种种一切。"后现代主义社会的大背景,毫无疑问对《马丘比丘宪章》的主体思想形成产生了重大影响。

与《雅典宪章》认识城市的基本出发点不同,《马丘比丘宪章》强调世界是复杂的,人类一切活动都不是功能主义、理性主义所能覆盖的,因此其主要观点是:

[303] J M Levy. Contemporary Urban Planning. Prentice Hall Inc,2002

(1) 不要为了追求清楚的功能分区而牺牲了城市的有机构成和活力。

(2) 城市交通政策的总体方针应使私人汽车从属于公共运输系统的发展。

(3) 城市规划是一个动态的过程,不仅包括规划的编制,还包括规划的实施,规划应该重视编制与实施的过程。

(4) 规划中要防止照搬照抄不同条件、不同变化背景的解决方案。

(5) 城市的个性和特征取决于城市的体型结构和社会特征,一切能说明这种特征的有价值的文物都必须保护,保护必须同城市建设过程结合起来,以使得这些文物具有经济意义和生命力。

(6) 宜人生活空间的创造重在内容而不是形式,在人与人的交往中,宽容和谅解的精神是城市生活的首要因素。

(7) 不应着眼于孤立的建筑,而是要追求建筑、城市、园林绿化的统一。

(8) 科学技术是手段而不是目的,要正确运用。

(9) 要使公众参与城市规划的全过程,城市是人民的城市。

……

正如《马丘比丘宪章》所强调的那样,《雅典宪章》仍然是这个时代乃至今天城市规划领域中的一项基本文件。但是随着时代的进步,城市发展面临着新的环境,而且人们认识境界的提升也对城市规划提出了新的要求。

2 从两个宪章的比较看现代城市规划的发展趋势

从两个宪章的主要思想差异我们可以辨析出现代城市规划发展的主导趋势,这些趋势在两个宪章中最明显地表现为下面几点:

1) 从理性主义向社会文化主义思想基石的改变

物质空间决定论是《雅典宪章》思想的核心,并成为其所提出来的功能分区及其机械联系的思想基础, 正如在该宪章中强调的:“城市规划是一种基于长、宽、高三度空间……的科学”。二战以后,西方的城市规划基本上都是依据功能理性主义的思想而展开的,客观地讲对于战后城市重建、新城建设、城市改造等发挥了重大的指导意义。但是,由于对纯粹功能、理性主义的强调而导致了许多社会问题的出现,特别是关于城市的活力丧失的问题(贫血症)、多样性匮乏问题等。这样的批评从1950年代后期就已经开始,而最早的批评就来自于CIAM内部的Team 10,1960年代后这样的批评越来越多 (J. Jacobs、C. Alexander等)。他们认为柯布西耶的理想城市“是一种高尚的、文雅的、诗意的、有纪律的、机械环境的机械社会,或者说,是具有严格等级的技术社会的优美城市”,但这并不是人们所需要的,而人们真正需要的是以人为核心的“人际结合”思想以及流动、生长、连续、变化的有机城市。

《马丘比丘宪章》则摒弃了功能理性主义的思想基石，宣扬社会文化论的基本思想，强调物质空间只是影响城市生活的一项变量，而且这一变量并不能起决定性的作用，真正起决定性作用的应该是城市中各类人群的文化、社会交往模式和政治结构[304]。它特别强调了人与人之间的相互关系对于城市发展及城市规划的重要性，并将理解和贯彻这一关系视为城市规划的基本任务："我们深信人的相互作用与交往是城市存在的基本根据。城市规划……必须反映这一现实"。《马丘比丘宪章》还要求将城市规划的专业和技术应用到各级人类居住地域上(邻里、乡镇、城市、都市地区、区域、国家和洲)并以此来指导建设，而这些规划都"必须对人类的各种需求作出解释和反应"，并"应该按照可能的经济条件和文化意义提供与人民要求相适应的城市服务设施和城市形态"。

2) 从空间功能分割到城市系统整合思维方式的改变

《雅典宪章》遵循的是现代理性主义认知事物所强调的"分解思维"模式，它认为可以把复杂的事物分解成无限小的部分予以分别认识，然后再按照一定的秩序联系组装在一起以实现对总体的把握。它所提出的城市规划功能分区思想就是遵循了典型的"分解—组合型"思维，强调将城市活动划分为居住、工作、游憩和交通四大功能，通过城市规划为其创造各自最适宜发展的条件，然后再通过交通系统将它们组织起来，就可以实现生活、工作和文化分类与秩序化的统一。

然而 1960 年代后，西方国家的经济转型、社会转型都使得城市空间形态、人们的需求结构发生了根本的变化，许多人因而批评《雅典宪章》所崇尚的功能分区"没有考虑到城市居民人与人之间的关系，结果使城市生活患了贫血症，在那些城市里建筑物成了孤立的单元，否认了人类的活动要求流动的、连续的空间这一事实"[305]。《马丘比丘宪章》接受了这样的观点，提出"在今天，不应当把城市当作一系列的组成部分拼在一起来考虑，而必须努力去创造一个综合的、多功能的环境"——即提出了混合功能区的思想(图 9-11)，并且强调"在 1933 年，主导思想是把城市和城市的建筑分成若干组成部分。在 1977 年，目标应当是把那些失掉了它们的相互依赖性和相互联系性，并已经失去其活力和含义的组成部分重新统一起来"，这标志着系统整合思维方式在城市规划

[304] 孙施文.城市规划哲学.北京：中国建筑工业出版社，1997

[305] J Jacobs. The Life and Death of Great American Cities. Jonathan Cape，1961

领域的最终确立。

3）从终极静态的思维观向过程循环的思维观改变

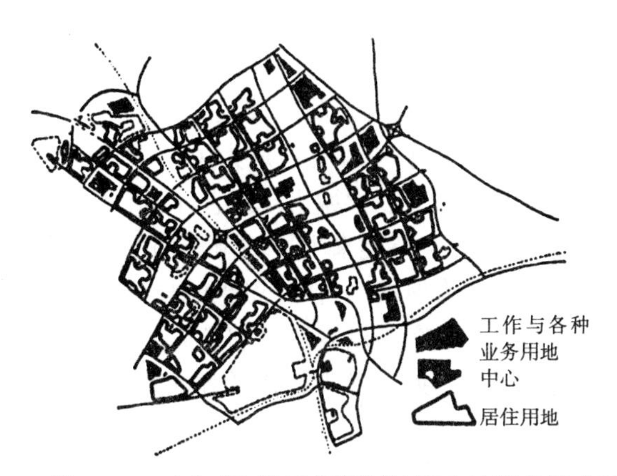

图9-11 密尔顿·凯恩斯规划结构中体现的混合功能布局思想

现代城市规划由于严格地因循理性主义认知客观世界的方法，它们从一开始就认为可以通过不断的认知来逼近或达到城市的“理想状态”，他们的规划是城市未来的终极美好蓝图，是依据建筑学原则确立的不可更改的、完美的组合[306]，因此《雅典宪章》毫不怀疑地认为城市规划的基本任务就是制定规划方案，在城市各功能分区之间建立“平衡状态”和“最合适的关系”，并“必须制定必要的法律以保证其实现”。

1960年代以后，系统思想和系统方法在城市规划领域中得到了广泛的运用，特别强调城市规划的过程性和动态性。《马丘比丘宪章》也受到了系统论思维的影响，要求“城市规划师和政策制定者必须把城市看作为在连续发展与变化的过程中的一个结构体系”，并进一步提出“区域与城市规划是个动态过程，不仅要包括规划的制定，而且也要包括规划的实施。这一过程应当能适应城市这个有机体的物质和文化的不断变化”。《马丘比丘宪章》的诞生，标志着人们已经将城市规划看作为一个不断模拟、实践、反馈、重新模拟……的循环过程，认识到只有通过这样不间断的连续过程才能更有效地与城市系统相协同[307]。M. C. Branch(1973)提出的“连续性规划”(Continuous City Planning)概念，又

[306] 孙施文.城市规划哲学.北京:中国建筑工业出版社,1997
P Hall 著; 邹德慈等译.城市与区域规划.北京:中国建筑工业出版社,1985

[307] 孙施文.城市规划哲学.北京:中国建筑工业出版社,1997

进一步发展了规划过程论的思想。J. Friedmann 提出的"行动性规划"(Action Planning)认为,通过公共决策和政策制定得出的方案并不能在实际中得到很好地执行,为了使规划能得以很好的执行,规划师应该是这方面的管理者、"各种网络的缔造者"与联络者。

4) 从精英规划观到公众规划观的改变

《雅典宪章》虽然强调了城市规划是为了广大人民的利益,但是它受到现代建筑运动的影响,无法摆脱对"城市规划艺术"高雅性的傲慢认识,因而强调需要由规划师、专家等社会精英来主导城市规划的全过程——规划师"必须以专家所作的准确的研究为根据"。在此思想的指导下,城市规划就客观上演变为一种少数专业人员与政客用以表达他们意志,并以此来规范城市社会各类群体和个人行为的手段,西方学者提出的城市增长机器 (Urban Growth Machine)理论,也正是说明了这一点。

自 1960 年代中期开始,城市规划的公众参与已经成为城市规划发展的一项重要内容,同时也成为此后推进城市规划进一步发展的动力。1973 年联合国世界环境会议通过的宣言就开宗明义地提出:"环境是人民创造的。"这实际上为城市规划中的公众参与提供了政治上的保证,城市规划过程的公众参与,现在已成为许多国家城市规划立法和制度所保障的重要内容和步骤。《马丘比丘宪章》不仅承认公众参与对城市规划的极端重要性,而且更进一步地推进了这一思想的提升,实现了由传统精英规划观到公众规划观的根本转变。

通过两个宪章的比较,我们可以概括出现代城市规划发展的总体趋势是:

(1) 由单个城市走向区域。城市与区域发展的日益紧密关系,使得城市规划的视野必须越过单个城市本身,而投射到城市以外的区域大环境中。

(2) 由单纯物质规划走向综合规划。城市规划不再是一种简单的空间营造行为,它必须综合考虑社会、经济发展的背景,利用更加综合化的手段促进城市的可持续发展。

(3) 由静态规划走向动态规划。城市规划不是描绘一个城市发展的终极蓝图,而是一个通过规划手段来进行必要的调控,以实现向理想目标趋近的持续的、动态的过程。

(4) 由精英型规划走向公众参与。城市规划不再是少数人关起门来孤芳自赏的作品,由于其具有对社会利益平衡的巨大调节作用,因此随着民主体制的发展和完善,公众对城市规划具有越来越大的参与热情和制约作用。

十一　L. 芒福德:当代人本主义规划思想的巅峰

我们曾经在前文提到过近现代人本主义规划思想的三位大师,L. 芒福德就是20世纪最具世界声望的城市规划思想家,他的理论思想对西方当代城市规划发展与评判价值体系的确立产生了重大影响：他关心城市生活的各个方面,自诩为“万事通教授”;他著作等身,而所有的文字中都闪烁着人文主义思想的光辉;他是一个社会正义者,从来没有因为压力而改变过自己的价值判断……正是因为如此,芒福德虽然离世不久,但是却成为世界规划思想史中最受人崇敬的巨星,并且当之无愧地屹立在20世纪人本主义规划思想的巅峰。

相比于霍华德、盖迪斯,芒福德是一个更加激进的社会改良主义者,他主张对美国的社会、体制进行一场革命以建立一种新的社会、经济体系[308]:“倘若土地私有制妨碍了作为人类资源的土地最佳使用,那么必须牺牲的不是环境,而是不加限制的私有制原则。”他甚至把他的主张称为“共产主义”,提出要建立人道的“绿色共和国”[309]。他对美国政府许多政策的批评虽然给他的工作与生活带来了很多的麻烦,然而这也更使他加深了对社会的认识,并决心用自己的方法去促进社会的进步。芒福德对城市、区域的许多问题都有其深刻而独到的研究,但是人文主义思想都无一例外地成为其所有学说的核心主线,这里简要地介绍一些他有关城市发展、规划的重要思想。

1）芒福德的城市观

芒福德始终坚持从历史发展观的角度来认识城市，因而他倾力研究文化和城市的相互作用。他认为:“从历史上看，城市是社区权力和文化的最集中点,生活散射的各种光芒在这里全面聚焦,并取得更大的社会效益和意义,城市是社会整体关系的形式和标志。”[310]他于1938年出版的《城市文化》与1961年出版的《城市发展史:起源、演变和前景》两部著作,都是从文化的角度来深刻认识城市的发展过程。

芒福德把西方的城市发展历史、现在与未来概括为6个阶段：原始城市(Eopolis)、城邦(Polis)、中心城市(Metropolis)、巨型城市(Megalopolis)、专制城市

---

[308] 金经元.近现代西方人本主义城市规划思想家.北京:中国城市出版社,1998

[309] L Mumford.The Culture of Cities. Harcourt.Brace and Company,1934
L芒福德著;倪文彦,宋峻岭译. 城市发展史:起源、演变和前景.北京:中国建筑工业出版社,1989

[310] L Mumford. The Urban Prospect. Brace & World Inc,1968
L Mumford. The Culture of Cities. Harcourt,Brace and Company,1934

(Tyrannopolis)、死城(Nekropolis)[311],并分别阐述了城市在不同发展阶段的社会、文化演变特征,高度强调城市文化在城市发展中的极端重要性:“城市的生命过程在本质上不同于一般高级生物体,城市可以局部成长、部分死亡、自我更新”;“城市文化可以从遥远或长久的孕育中突然新生;它们可以借助于多种文化的寿命来延续它们的物质组织;它们可以通过移植其他地区健康社区或健康文化的组织而显现出新的生命”[312]。这些观点芒福德虽然早在1930年代就已经提出,但是他认为即使到了1970年代,这种认识“依然处于现行思想的前列”[313]。

2) **芒福德的区域观**

所有的人本主义思想家都极其关注区域的问题,芒福德更是将区域理解为城市的生态环境,并把城市社区赖以生存的环境称为区域。他认为:所谓区域,作为一个独立的地理单元是既定的;而作为一个独立的文化单元则部分是人类深思熟虑的愿望和意图的体现[314]。因而,芒福德所理解的区域事实上是人文区域(Human Region),它是地理要素、经济要素和文化要素的综合体。恰恰与大都市带的热情支持者相反[315],芒福德坚持认为大都市带并非是一种新型的区域/城市空间形态,而是城市无限度生长和蔓延的结果,将会抹掉农村、模糊人类处境的真实状况,最终成为“类城市混合体(Urbanoid Mishmash)”[316](图9-12)。

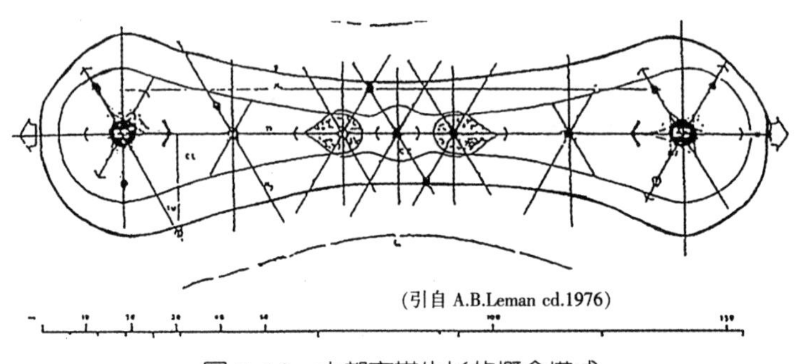

(引自 A.B.Leman cd.1976)

图9-12　大都市带生长的概念模式

[311] L 芒福德著;倪文彦、宋峻岭译.城市发展史:起源、演变和前景.北京:中国建筑工业出版社,1989

[312] L Mumford. The Culture of Cities. Harcourt, Brace and Company, 1934

[313] 金经元. 近现代西方人本主义城市规划思想家. 北京:中国城市出版社,1998

[314] L Mumford. The Culture of Cities. Harcourt, Brace and Company, 1934

[315] 萨斯基亚·萨森.论世界经济下的城市的复合体.国际社会科学杂志,1995(2)
王作锟.信息社会与传统——未来城市.城市规划汇刊,1986(3)

[316] L 芒福德著;倪文彦,宋峻岭译. 城市发展史:起源、演变和前景.北京:中国建筑工业出版社,1989

3) 芒福德的规划观

芒福德对现代西方城市规划中的许多思想持批判态度（包括高速公路与小汽车支持下的城市形态和方式，以及 Megalopolis 等区域形态），指出全社会对金钱、物质、技术的崇拜已经发展到了否定人类正常生理需要、心理需要和社会需要的程度[317]。他经常用“无机”(机械)、“有机”(生物技术)等对立的词汇来形容两种根本对立的规划思想：是盲目炫耀机械、技术的进步，还是用新的技术来不断改善人类的生活[318]。他对现代城市规划中所充斥的种种形式主义的表现予以了坚决的批判，把那些不考虑社会需要的城市布局称之为“非城市”(Non-City)，这样的规划也因而被称为非规划(Non-Plan)，芒福德明确地提出了“城市的最好运作方式是关心人、陶冶人”这一崇高的思想命题。

[317] L芒福德著;倪文彦,宋峻岭译. 城市发展史:起源、演变和前景.北京:中国建筑工业出版社,1989
[318] 金经元.近现代西方人本主义城市规划思想家.北京:中国城市出版社,1998

第十章

全新图景：1990年代以来的城市规划思想

- 令人关注的新国际环境
- 回眸战后西方城市规划思想演变的总体历程
- 世界城市与全球城市体系
- 城市/区域管治思潮与新区域主义
- 新城市主义的思想与实践
- 精明增长与增长管理
- 生态城市的规划思想
- 人文主义的城市发展与规划取向

经历了1970年代至1980年代西方社会的动荡与重组，人类社会在1990年代迎来了崭新的图景。虽然这只是一个短短十年左右的时间，但是其演绎的巨大政治、社会变化背景和对城市规划思想的巨大影响，却是历史上任何时期所不可企及的。

一 令人关注的新国际环境

1 冷战解体与多极化的世界格局

1980年代末、1990年代初冷战的铁幕垮塌，以前苏联为首的东欧社会主义阵营彻底解体并加速向西方体系靠拢，国际政治、军事形势总体趋稳。美国作为世界上唯一超级强权推行的单边主义，与以欧盟壮大、中国和平崛起等为代表的多极化的世界格局并存，和平与发展成为1990年代全球性政治、经济的主旋律。

1992年克林顿政府上台以后，美国以“新经济”为主导的发展模式带动了国家经济进入了一个长达8年的高速发展期，对稳定和促进世界经济发展都起到了重要的作用。二战后四十多年的和平与发展，也使得西欧国家都进入了发达国家的行列，1989年前后东欧社会主义国家的解体改变了世界政治格局，也促成了新欧洲的形成：1980年代欧洲共同体建立了统一的经济和金融联盟，1991年在欧洲共同体的基础上新的欧洲联盟成立了，1999年实现了货币的统一并不断扩展其成员国、加深一体化进程，这标志着欧洲进入了一个全新的合作时代，也标志着美国之外西方世界的另外一个经济与政治强权集团已经逐渐形成。

2 全球化与全球城市体系重组

全球化是一个十分宽泛、时间跨度很大的概念，我们这里主要谈论的是以经济全球化为主导带动的全球劳动地域新分工过程。需要强调的是，经济全球化的影响绝不仅仅限于经济发展层面,而且对全球文化、意识形态、制度体系、社会生活方式乃至国家政治权利结构等都产生了深刻的影响,正如人们经常所感叹的:我们如今确实生活在了一个“全球时代”[319]。

在全球化的影响下,由于以新劳动地域分工为主导作用的全球城市体系重构过程已经展开,面对一个无国界、高弹性、高流动、高变化、网络化的竞争环境,全球各个城市都直接或间接地被纳入了这个体系重构过程,它既给城市发展带来了许多难得的机遇,也使得它们面临着前所未有的挑战(最典型的就是 1997 年在东亚爆发的金融危机)[320],全球化可谓是一把“双刃剑”。于是,为了在全球化的环境里获取更多的发展资源和发展空间,关于城市竞争的概念被空前强调(例如对于城市竞争力的广泛研究),为了塑造更强的竞争能力、占据更高的竞能级,“区域一体化”作为与全球化相伴而生的现象在全球各个地区普遍展开。

许多学者关注到,由于全球化和网络化进程的加速、信息时代的到来,城市面貌将产生巨变[321],相应的关于城市发展新趋势的研究广泛出现,1990 年代对大都市全球化、信息化、网络化等的研究日益增加。在大都市全球化方面最具影响的研究成果有 J. Friedmann (1986) 年的《世界城市的假说》(*The World City Hypothesis*)以及 S. S.Fainstain(1990)的《世界经济的变化与城市重构》(*The Changing World Economy and Urban Restructuring*)、A. King(1990)的《全球城》(*The Global City*)、S.Sassen(1991)的《全球城》(*The Global City*)。在信息化城市方面最具代表性的成果是 M. Castells(1989)的《信息化城市》(*The Informational City*)以及他与 P. Hall(1994)合作的《世界技术极》(*Technopoles of the World*)。

3 政府重塑运动与管治(Governance)思潮的涌动

进入 1990 年代后,面对全球化的激烈竞争和公民社会的茁壮成长,西方社会中对于通过政府改革来提高政府效率并进而提升城市竞争力,通过扩展非政府组织(NGO)在城市生活中的影响与管理作用来促进社会的协调等方面的要求空前高涨起来[322],这就是 1990 年代在西方社会具有重大影响的“政府

[319] M Castells & P Hall. Technopoles of the World: The Making of 21st Century Industrial Complexes. Routledge, 1994

[320] P Hall. The World Cities. George Weidenfeld & Nicolson Limited, 1984

[321] 王作锟. 信息社会与传统——未来城市. 城市规划汇刊, 1986(3)

[322] 言玉梅. 当代西方思潮评析. 海口:南海出版公司, 2001
章士嵘. 西方思想史. 上海:东方出版中心, 2002

重塑运动”和“管治(Governance)思潮”,并直接导致了1990年代以来西方国家城市规划与管理中出现的“企业化”特征。

1980年代末以后在西方世界由于“里根—撒切尔”主义(属于新右派运动)的推行,推崇自由竞争的公众选择思想占据了优势,权利分散和地方主义已经成为一个重要议题,并催生了对公共政策分析、城市政体(urban regime theory)理论等研究的兴起,这其中最著名的是布坎南(J. M. Buchanan,1919—)的公共选择理论,它是当代西方新制度经济学中独树一帜的学说[323]。布坎南是美国著名经济学家、诺贝尔奖获得者,《公共选择理论:经济学在政治方面的应用》是他的代表作,主要涉及国家理论、投票规则、投票人行为、行政党的政治学、官僚主义等诸多方面。布坎南将最早由亚当·斯密提出的所谓“经济人假设”[324]引申到公共政治领域的选择,认为遵循同样的原理,政治家和官僚们也是以追求自身利益最大化(权力、地位、威望、支配权等)为目的。公共选择理论将政治活动视为一个复杂的交易过程,其目的是通过对政府—政治过程的经济学分析,寻找当代西方国家所面临的财政赤字、通货膨胀、高失业率、政府机构膨胀、效率低下和资源浪费等经济、政治困境的原因及对策。

在检讨了1930年代后西方普遍奉行的凯恩斯主义关于政府干预市场的主张,以及1950年代新制度主义反对放任、扩大政府职能、限制私人经济、由国家对经济活动进行干预和控制的思想后[325],布坎南指出:市场经济条件下政府干预的局限性或政府失败问题是现代西方社会面临种种困难的根源,因此必须要在公共行政管理体制内建立起竞争机制,以减少福利国家的浪费,对政府的税收和支出进行约束[326],并认为在这一点上资本主义和社会主义将“趋同”。在这种思想的指导下,西方国家普遍开展了以提高政府效率为主旨的政府重塑运动,对政府进行了企业化改造。

另一方面,1960年代以后,西方资本主义国家进入了以强调平等、多元等社会价值观为基础的后现代社会(后工业社会),正由传统的福特主义(Fordism)和福利国家(Welfare State)转向后福特主义(Post-fordism)和“劳保国家”(Workfare State)。后工业社会的生产特征及全球化(Globalization)的进程,使得世界经济生产方式的空间性既强调跨越边界、区际差异,也强调控制

---

[323] 章士嵘. 西方思想史. 上海:东方出版中心,2002

[324] 就是指当一个人在经济活动中面临着若干不同的选择机会时,他总是倾向于选择能给自己带来更大经济利益的那种机会,即总是遵循追求利益最大化的原则。

[325] 杨德明. 当代西方经济学基础理论的演变. 北京:商务印书馆,1988

[326] 黄明达,雷达. 市场功能与失灵. 北京:经济科学出版社,1993

和协调(Davoudi, 1995)。作为一种源自经济发展领域的价值判断，它日渐表现在全球、国家与地区、区域、城市生产及生活等各个层面，从而更加促使西方国家重新探讨适应其民主政治传统与当代新时代要求的制度管理模式[327]。由于信息、科技的发展及社会中各种正式、非正式力量的成长，人们如今所崇尚与追求的最佳管理方式往往不是集中的，而是多元、分散、网络型以及多样性的——即“管治”(Governance)的理念。虽然到目前为止大家对管治的理解还有很多争议，但是一般都认为管治有四个基本特征：①管治不是一套规章制度，而是一种综合的社会过程；②管治的建立不以“支配”、“控制”为基础，而以“调和”为基础；③管治同时涉及广泛的公私部门及多种利益单元；④管治虽然并不意味着一种固定的制度，但确实有赖于社会各组成间的持续相互作用。

1990年代后由于国家—市场—社会之间的关系发生了新的变化，传统的由上而下、臃肿而无所不包的政府管理体系，已经无法适应急速变化的经济、社会、文化环境，一种寻求计划与市场相结合、集权与分权相结合、正式组织与非正式组织相结合的“新社会管治观”在不断酝酿、磨合中逐渐形成。管治的概念最初起源于环境问题，随后被逐渐引入到处理国际、国家、城市、社区等各个层次的各种需要进行多种力量协调平衡的问题之中。1990年代以来“管治”频繁出现于联合国、多边和双边机构、学术团体及民间志愿组织的活动中，内容几乎迅速涉及社会经济生活的各个领域。受到管治思潮的影响，这一时期的规划也已更多地具有咨询和协商(Consultation and Negotiation)的特征[328]：城市规划与规划师开始从与国家权力紧密结合的统一体中分离出来，他们在政府与社会之间、公共部门与私人部门之间寻求对话，寻求解决问题的相互作用；规划师“除了必须有能力进行大规模的发展规划编制外，他还要起到发展商、现行政策的辩护士、政府与公众之间的协调者与中介、城市公共设施的管理人和鼓吹者等作用，有时他本人甚至是一个经理人员”(A.Ferebee)。

4 对生态、文化的空前重视

对于这一点无需再作过多的陈述。随着人类的发展，对地球资源的过度开采与利用造成的无法弥补的生态环境问题已经从根本上危及了人类社会的未

[327] M Castells & P Hall. Technopoles of the World: The Making of 21st Century Industrial Complexes. Routledge, 1994

[328] J M Levy. Contemporary Urban Planning. Prentice Hall Inc, 2002
B Michael. American Planning in the 1990: Evolution, Debate and Challenge. Urban Studies, 1996(4~5)

来[329]。1987年可持续发展思想的提出广泛影响了人类对世界、城市、生活的重新认知,“生态城市”理论、“生态脚印”、“紧凑城市”(Compact City)等都是以生态问题为出发点而提出来的发展模式再思考[330]。

经过了后现代运动、芒福德等人的宣扬,到了1990年代文化在城市发展、城市生活中的重要性已经得到了充分的认同。随着全球范围内国家、区域城市间竞争的加剧,从文化层面来认识、进而提升制度的竞争力日益受到人们的高度关注,因而文化也被一些学者视作为当今世界的“第一竞争力”,提出了“城市以文化论输赢”的理念。

二　回眸战后西方城市规划思想演变的总体历程

到了这个新世纪之交的时刻，简要回顾一下二战后西方城市规划思想发展的总体历程,将更有助于我们对1990年代乃至再远未来的城市规划思想的理解与把握。

1　1950—1960年代的理性综合规划观

简单地概括这个时期西方的规划思想,应该可以把它归纳为“理性综合规划观”(Rational Comprehensive Planning Approach)。“理性综合规划观”的思想认为规划应该由一系列理性的、循序渐进的程序(过程)所组成:问题的界定—资料收集与处理—目标形成—设计多方案—方案选择—实施—监测与反馈;而政府和规划是价值中立的公众利益代表者，这一规划过程是由技术专家可以控制的,相信规划师有足够的技术能力预测和管理未来,规划师也有合法的理性来代表社会公正[331]。

2　1970年代的政治经济规划观

1970年代的西方经济危机使得以前被经济增长所掩盖的社会矛盾更为

---

[329] A Blowers. Planning for a Sustainable Environment:A Report by the Town and Country Planning Association. Earthscan,1993

[330] A Blowers. Planning for a Sustainable Environment:A Report by the Town and Country Planning Association. Earthscan,1993
World Commission on Environment and Development 著;王之佳,柯金良译.我们共同的未来. 长春:吉林人民出版社,1997

[331] P Hall. Cities of Tomorrow: An Intellectual History of Urban Planning and Design in the Twentieth Century. Blackwell Publishers,2002

明显[332],在城市研究、城市规划领域再次掀起了马克思主义热,强调运用政治经济观来深入分析资本主义社会的结构性矛盾。D. Harvey等新马克思主义学者将城市物质环境与其背后的政治、经济背景联系起来,认为城市空间在社会生产过程中扮演着资本积聚和劳动力消费的重要角色,城市规划作为国家行为工具具有为资本投资提供稳定环境的作用,被用于保证现有的社会生产关系的再生产以及资本积累的顺利进行。因此,规划作为政府职能的组成是必然被资本主义利益所影响和决定的[333]。

3 1980年代的新自由主义规划观

1980年代西方国家中的里根—撒切尔主义推行"新自由主义"思想,希冀以此摆脱经济危机,刺激经济增长。"新自由主义"思想强调市场作用和个人自由的新自由主义观(Neo-liberal),其主要主张是市场原则、权力分散、反对官僚主义,许多国家政府(最典型的是英国)因此削减公共开支,将大量公共机构调整为私营[334]。城市规划作为"官僚政治体系"的一部分,被认为是市场经济的对立面,需要删改、回避或更换城市规划体系,规划机构相应进行调整和缩减(例如撒切尔时期就撤消了大伦敦都市区委员会,导致区域规划停滞[335])。与此相应的全球经济一体化使得城市间竞争日益加剧,城市规划的首要职责被认为是增强城市的吸引力,让城市变成更为适合的投资空间,规划转而强调对促进经济效益的作用,规划的首要职能转变为让市场充分发挥作用[336]。

4 1990年代的多元的规划观

到了1990年代,国际环境的转变、生产方式的变化、生活方式的转型等都使得城市问题极其复杂、变化莫测,已经没有一种理论、方法能够被运用来整体地认识城市、改造城市,多元思潮蓬勃兴起,城市规划的理论与实践探索已经进入了一个更为广阔的背景之中[337]。全球化、管治、可持续、文化等成为主

[332] A 刘易斯著;梁小民译.增长与波动.北京:华夏出版社,1987
H 乔治著;吴良健等译.进步与贫困.北京:商务印书馆,1995
[333] D Harvey 著;阎嘉译.后现代的状况.北京:商务印书馆,2003
[334] 章士嵘.西方思想史.上海:东方出版中心,2002
[335] B Cullingworth. British Planning:50 Years of Urban and Regional Policy. The Athlone Press,1999
H Cbout. Europe's Cities in the Late Twentieth Century. University of Amsterdam,1994
[336] J M Levy. Contemporary Urban Planning. Prentice Hall Inc,2002
[337] R Freestone. Urban Planning in a Changing World:The Twentieth Century Experience.Brunner-Routledge,2000

导新时期规划思想的关键词。N. Tavlor 经过研究后,精辟地将 1990 年代西方城市规划领域关注的重要议题列为五个方面:城市经济的衰退和复苏;超出传统阶级视野并在更广范围内讨论社会的公平; 应对全球生态危机和响应可持续发展要求;回归对城市环境美学质量以及文化发展的需要;地方的民主控制和公众参与要求[338]。这其中既有新环境催生的对新规划思想的探索,也有对传统规划思想、规划价值观的螺旋性上升的再认识。

三　世界城市与全球城市体系

1980 年代后、1990 年代以来, 西方国家的产业结构及全球的经济组织结构发生了巨大的变化:管理的高层次集聚、生产的低层次扩散、控制和服务的等级体系扩散方式构成了信息经济社会的总体特征[339]。P. Hall 早在 1966 年便前瞻性地提出了基于新型全球经济重组背景下将产生一些世界城市(World City)的论断,描述了其政治、经济、社会、信息、文化等方面的特征。沃夫(Wolff,1982)、弗里德曼(Friedmann,1982、1993)、莫斯(Moss,1987)、萨森(Sassen,1991)等人提出了世界城市体系假说,他们认为各种跨国经济实体正在逐步取代国家的作用, 使得国家权力空心化, 全球出现了新的等级体系结构, 分化为世界级城市、跨国级城市、国家级城市、区域级城市、地方级城市——即形成了"世界城市体系"[340]。

在这个全球城市网络中, 决定城市地位与作用的因素将不仅取决于其规模和经济功能,而且也取决于其作为复合网络连接点的作用(富歇,1997)。在庞大的跨国网络化城市体系内,大都市区出现人口与经济活动的再集中趋向,出现了再城市化现象,大城市连绵区既是产业空间重组的结果,也是一种新的区域/城市地域空间组织形式,是城市化发展进入高级阶段出现的以集聚和扩散为主要特征的地域城市化现象, 它占据着当今及未来全球发展区域的核心位置。因此从这个意义上讲,大都市带的形成并不仅仅是"人类居住形式"的变化,更重要的是代表了一种新型的生产力布局形式[341]。

---

[338] N Tavlor. Urban Planning Theory Since 1945. Bage Publications,1998
[339] M Castells. Informational City. Blackwell Publishers,1989
[340] S Sassen. The Global City. Princeton Press,1991
[341] 张京祥.城镇群体空间组合.南京:东南大学出版社,2000

四 城市/区域管治思潮与新区域主义

1 城市与区域管治思潮

管治作为一种全方位的社会思潮与行动正在西方政治、经济、社会的各个层面展开,在城市规划领域也无可回避"管治"的渗透。应该说,管治对城市与区域规划来讲并不完全是一种新的思想,从1960年代Davidoff提出的"倡导性规划理论",到今天在规划领域中一再提及的"公众参与",实际上都是一种管治思维的反映。

城市与区域管治是一种地域空间管治的概念,它是将经济、社会、生态等的可持续发展以及资本、土地、劳动力、技术、信息、知识等生产要素综合包容在内的整体地域管治概念,既涉及中央元(AC)又涉及地区元(LG),也涉及非政府组织元(NGO)等多组织元的权力协调,其中政府、公司、社团、个人行为对资本、土地、劳动力、技术、信息、知识等生产要素控制、分配、流通的影响起着十分关键的作用。在市场经济环境中,空间资源的分配是协调各社会发展单元相互利益的重要方式,因此,空间资源的分配(具体表现为各种形式的空间规划与管理行动)一向是政府握有的为数不多而行之有效的调控社会整体发展的手段之一。但是随着社会经济环境的变革,传统的城市与区域规划及管理中所奉行的单一、纵向的空间资源控制方式已愈来愈难以付诸实施,必然需要系统而明确地引入"管治"的思维。毫无疑问,以"空间资源管治"为核心的城市与区域规划及管理,是广泛"社会管治"的重要组成内容和基本实现渠道之一。

城市与区域空间管治的本质在于:① 用"机构学派"的理论建立起地域空间管理的框架,提高政府的运行效益;② 有效地发挥非政府组织参与城市与区域管理的作用,以提高城市规划的社会基础、科学基础和可实施基础。西方国家城市与区域空间管治的研究正处于发展之中,较之于传统,其研究内容主要表现为如下新的方面:① 探究全球经济背景下各级政府所应扮演的角色,以争取发展策略的主动权;② 研究如何适应经济、社会发展的新特征,使非政府组织(NGO)在公共服务中担任更为重要的角色;③ 重新界定当地有关正式、非正式部门的权力和职能以及相应产生的许多新权力中心的运作。

2 新区域主义

全球化使得区域空间层次的弹性变得更大,从社会经济发展的总体历程来看,我们大致可以认为从工业革命以来先后经历了城市革命(18世纪和19世纪)、大都市区革命(以1950年代至1970年代欧美国家大规模的郊区化拓展为主体),到1990年代则已经进入了真正的区域革命时代[342]。全球经济已经发展到了一个新的阶段,需要用诸多功能性的城市网络(而不再是单一的城市或都市区)去支配其空间积累的过程,因此各种区域性层次的制度与空间架构就显得前所未有的重要。

1) 新区域主义的内涵

我们现在一般对二战后形成的(旧)区域主义(Regionalism)的理解是:在具体区域的基础上,不同利益主体之间的团体或组织的结构化。1990年代以后,伴随着冷战体系的解体和愈渐加深的经济全球化影响,在西方国家有关区域研究、区域复兴等内容被重新理解与重视,并成为众多学科的中心议题。区域不仅被看作是参与当今全球竞争的重要空间单元与组织单元,也被理解为推动全球化的基本动力,从而兴起了全球范围内的第二次区域主义浪潮。

在这种整体背景转变中,传统的区域发展战略、区域规划、区域政策与管治等也面临着巨大的转型。在全球竞争时代,区域的角色与作用正在发生着巨大的变化。1990年代以来面对经济全球化的深化和挑战,发达的资本主义国家普遍实行了政府重塑等角色转型和将管治权力向区域转移的战略,这包括国家权力的下放和城市间通过联盟方式将某些权力上交(例如各种大都市区、区域性组织的兴起)以形成新的制度竞争优势,进一步突出了区域在全球经济竞争中的地位和作用。区域被看作是当今全球竞争体系中,协调社会经济生活的一种最先进形式和竞争优势的重要来源。这种以生产技术和组织变化为基础,以提高区域在全球经济中的竞争力为目标而形成的区域发展理论、方法和政策导向,就是目前西方所盛行的"新区域主义"(New Regionalism)。

如果将二战后的区域发展归结为旧区域主义观念的主导,那么这里所谓的新区域主义则开始出现于1980年代末期。新区域主义强调区域不可或缺的价值并认为其应该成为现代经济政策关注的焦点;鼓励区域内基于多元主体互动、激发内生发展潜力的各种长期政策与行动;各种区域政策的关键在于增强"合作网络"的集体认识、行动与反应能力,强调经济与社会行为的区域化特征;改进区域发展的经济、社会与制度基础,培育区域的持续发展能力等等。与旧区域主义相比,新区域主义所关注的内容和要求实现的目标不断增加,空间效益集约、环境可持续发展、社会公正、社会和文化网络交流与平衡等,都是其

[342] 张京祥.城镇群体空间组合.南京:东南大学出版社,2000

关注的重要内容,并且强调区域发展与规划中的社会多极化,强调自上而下与自下而上的结合互动。如果说旧区域主义过于强调区域内部的一致性和对外的封闭性,那么新区域主义则是以"开放"为特征的,不只是在区域内部开放,也鼓励向其他地区开放,因此这种区域内成员间的相互依赖关系与世界经济发展的网络化环境是相容的。与旧区域主义具体、单一的目标相比,新区域主义是一个综合、多元的进程,它既包括贸易和经济一体化,同时也包括环境、社会保障政策、安全和民主等方面,即在深化经济一体化的基础上最终达到区域社会、安全和文化的趋同。旧区域主义过于重视边界、政府的作用,而新区域主义特别强调非政府组织应成为影响区域发展的重要力量。许多欧洲学者认为,新区域主义的出现体现了"新世界秩序观"的影响,也与和平、发展、生态可持续等这些当代全球性命题密不可分。新区域主义是目前影响西方区域发展与规划的主流思想,甚至被用来作为解决某些国际问题的基本框架。例如为了稳定巴尔干地区的局势,欧洲国家于1999年签署了《东南欧稳定公约》,被认为是新区域主义在国际政治事务中的重要尝试。

2) 新区域主义规划的重点

在上述背景下,国家、城市的竞争力都越来越有赖于区域的竞争力,区域规划成为促进区域竞争力提升的一种积极的和重要的措施。1990年代以后,世界范围内特别是欧洲国家兴起了新一轮区域规划的高潮[343]。欧盟15国为了促进持续发展、增强全球竞争力、共同实现区域与城市空间的集约发展,于1993年开始了"欧洲空间展望"(European Spatial Development Perspective)的跨国规划(图10–1),欧盟希望通过各种区域性规划,使得各个城市、国家由单一的竞争关系转变为策略性的联盟。欧洲21世纪议程、阿姆斯特丹条约、欧盟人居会议(1996)等,无一不强调维护区域意识,加强区域基础设施和规划上的管理与合作,并成立了欧洲城际联盟(Eurocities)、欧洲大都市联盟(Metrex)、欧盟发展实施计划署(IDO)等区域组织,担负起为整合欧盟区域政策而努力的重要使命。1992年完成的大巴黎地区规划总面积12 072平方公里,涉及7个省。规划认为协同巴黎盆地整体合力的大巴黎地区,将成为欧洲以至全球最具竞争优势的区域[344]。近年来,大伦敦的发展战略规划(Draft Spatial Development Strategy for Greater London,2002)、兰斯塔德地区规划(将阿姆斯特丹、海牙、鹿特丹城市群作为整合体来协同参与欧洲与世界事务)、柏林/勃兰登堡

[343] 张京祥.城镇群体空间组合. 南京:东南大学出版社,2000

B Cullingworth. British Planning:50 Years of Urban and Regional Policy. The Athlone Press,1999

[344] H Cbout. Europe's Cities in the Late Twentieth Century.University of Amsterdam,1994

统一规划以及1996年公布的第三次纽约区域规划等等,都强调在更大的区域范围内加强整体联系,实现共同繁荣、社会公平与环境改良的目标。因此可以说,全球化时代的区域规划已不再是仅仅解决区域内自身发展中遇到的某些具体问题,而更具有增强区域吸引力和竞争力以获取更多发展机会等空间形态以外的内容,即区域规划更多地具有了空间政策的内涵,成为参与全球性竞争的一种战略手段。

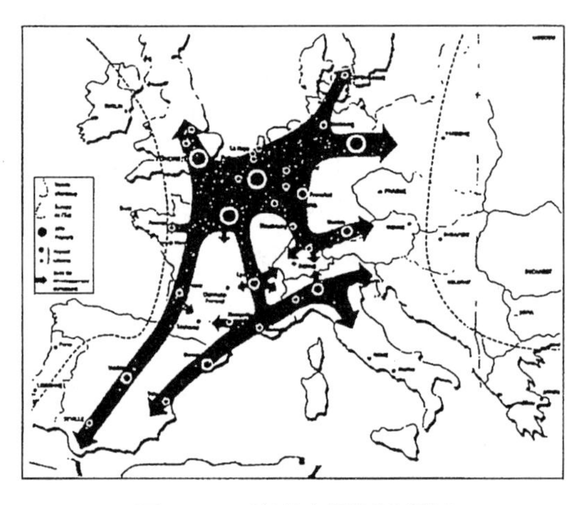

图10-1 欧洲空间展望规划

3) **区域复兴运动**

除此以外,欧美特别是西欧国家区域规划中对重振经济衰退地区的活力也进行了巨大的努力。与许多城市的复兴一样,区域复兴也是当前西方发达国家区域规划中的重要议题之一。为了摆脱危机以适应新形势下经济发展的需要,1960年代以来德国鲁尔地区开展了全面的区域规划整治工作,它通过持续、不间断和务实的区域规划,以新技术革命、多样化、综合化发展来促进区域经济结构的全面更新和提升,重塑区域的全球竞争力,成为老工业区持续发展的典范和德国区域整治中最成功的实例。为了重整衰退的经济,英国政府于2000年提出了"第二次现代化"的概念,重点努力推进传统产业区域的再发展。利物浦地区、格拉斯哥等传统产业地区等都成功地实现了区域发展转型,特别是格拉斯哥—爱丁堡高速公路地带,已经成功地发展成为英国乃至世界重要的电子信息产业带,吸引了四百多家高新技术企业,其中跨国公司就达一百五十余家。

五 新城市主义的思想与实践

1 新城市主义思想的产生

1993年J. 康斯特勒出版了《无地的地理学》,严厉地指出二战以来美国松散而不受节制的城市发展模式造成了城市沿着高速公路无序向外蔓延的恶果,并由此引发了巨大的环境和社会问题[345]。他因而提倡要改变这种发展模式,必须从以往的城市规划中寻找合理因素,改造目前因为工业化、现代化所造成的人与人隔膜、城市庞大无度的状况,即新城市主义(New-urbanism)思想。新城市主义主要强调的是通过重新改造那些由于郊区化发展而被废弃的传统的旧市中心区,使之重新成为居民集中的地点以建立新的密切邻里关系和城市生活内容,后来又进一步发展到有关对郊区城镇采用紧凑开发模式的探索。从这个意义上理解,新城市主义是西方过去城市更新、城市复兴政策的一种持续推进。

二战以后,一些西方国家尤其是美国经历了不受节制的郊区化蔓延过程,出现了"增长危机"、"非都市化"(高成本低效率、生态环境不可持续、内城衰败、城市结构瓦解、侵蚀社会生活)等矛盾。1980年代末以后,在美国等西方国家中形成了对郊区化增长模式的一股强大反思[346],"新城市主义"领导了这个潮流,并已经成为1990年代后西方国家城市规划中最重要的探索方向之一。新城市主义以"终结郊区化蔓延"为己任,倡导"以人为中心"的设计思想,努力重塑多样性、人性化、社区感的城镇生活氛围,甚至成为戈尔当年竞选美国总统时的纲领之一[347]。新城市主义的代表人物有Peter Calthorpe、Elizabeth Moule、Stefanos Polyzoides、Daniel Solomon、Andres Duany、Elizabeth Zyberk夫妇以及后现代城市规划理论宗师Leon Krier等。1993年10月,在美国的亚历山大市召开了第一届新城市主义代表大会(the Congress for the New Urban-

---

[345] B Michael. American Planning in the 1990: Evolution, Debate and Challenge. Urban Studies, 1996 (4~5)

[346] B Michael. American Planning in the 1990: Evolution, Debate and Challenge. Urban Studies, 1996 (4~5)

A Downs 著. 美国大都市地区最新增长模式.布鲁金斯研究所与林肯土地政策研究所联合出版,1994

D Rothblatt. North American Metropolitan Planning. Autumn, A.P.A, 1994

[347] 洪亮平.城市设计历程.北京:中国建筑工业出版社,2002

ism,CNU),CNU 也已经从一个精英论坛发展成为目前融会广泛社会阶层的主流力量、具备国际性影响的一个组织。在一系列新城市主义的实验社区取得商业成功之后，越来越多的政府与开发商也积极加入到支持新城市主义者的行列之中[348]。1996 年的第四届 CNU 大会签署了《新城市主义宪章》(*The Charter of the New Urbanism*),标志着新城市主义的宣言和行动纲领正式得以确立。

2 新城市主义的基本思想

在西方有关新城市主义的规划思想论述中，有两个术语是会被新城市主义者常常提及的:Highway 66 和 Main Street。Highway66 是贯穿美国东西的主要干道,它代表了当年由东向西推动形成的城市扩张、蔓延精神,是美国现代主义城市的代名词；而 Main Street 是大多数美国城市中心区主要干道的名称,以它来代表历史的、温情的、具有人情味的新城市主义规划模式[349]。

新城市主义思想的核心,是以现代需求改造旧城市市中心的精华部分,使之衍生出符合当代人需求的新功能,但是强调要保持旧的面貌,特别是旧城市的尺度,最典型的案例是美国巴尔的摩、纽约时报广场、费城"社会山"以及英国道克兰地区等的更新改造。但是需要注意的是,新城市主义与简单的"文物保护"项目不同,它具有发展、改造、提供新的内涵等更为明确、更为宽泛的动机。而在城市的郊区,新城市主义则提倡采取一种有节制的、公交导向的"紧凑开发"模式。1990 年代以后,"紧凑城市"(Compact City)被西方国家认为是一种可持续的城市增长形态。从侧重于小尺度的城镇内部街坊角度,Andres Duany 和 Elizabeth Zyberk 夫妇提出了"传统邻里发展模式"(Traditional Neighborhood Development,TND)(图 10-2、图 10-3);从侧重于整个大城市区域层面的角度,Peter Calthorpe 则提出了"公交主导发展模式"(Transit Oriented Development,TOD)(图 10-4、图 10-5、图 10-6)。TND、TOD 是新城市主义规划思想提出的有关现代城市空间重构的典型模式，它们共同体现了新城市主义规划设计的最基本特点:紧凑、适宜步行、功能复合、可支付性以及珍视环境。总之,新城市主义成功地把多样性、社区感、俭朴性和人性尺度等传统价值标准与当今的现实生活环境有机地结合起来。

---

[348] 新城市主义真正的实践是由政治家、城市领导者和城市规划师共同推动的,他们之间的密切配合使得它取得了很显著的成效。新城市主义无疑比任何一种城市规划运动都得到了社会和政府的更大支持。

[349] 洪亮平.城市设计历程.北京:中国建筑工业出版社,2002

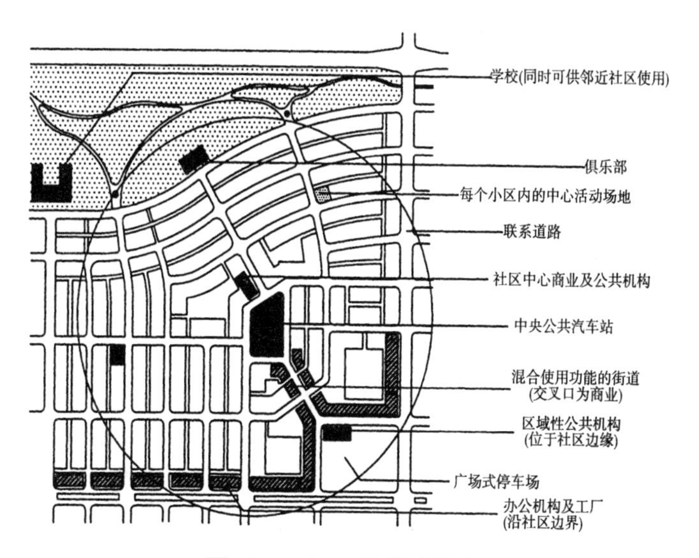

图 10–2　TND 的模式示意

图 10–3　蔓延增长模式与 TND 增长模式的比较

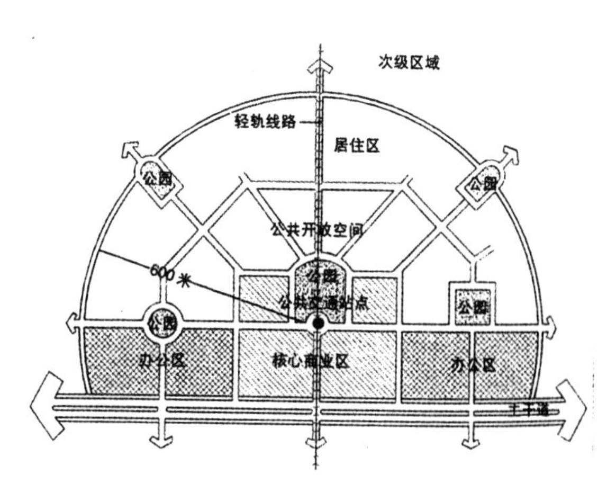

图 10–4　社区型 TOD 结构

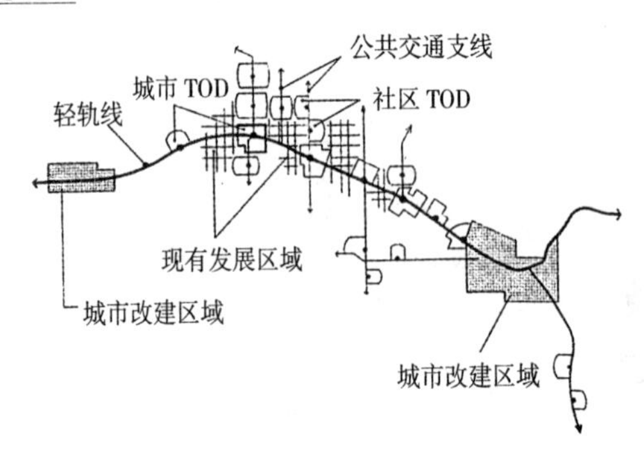

图 10-5　基于 TOD 的城市结构

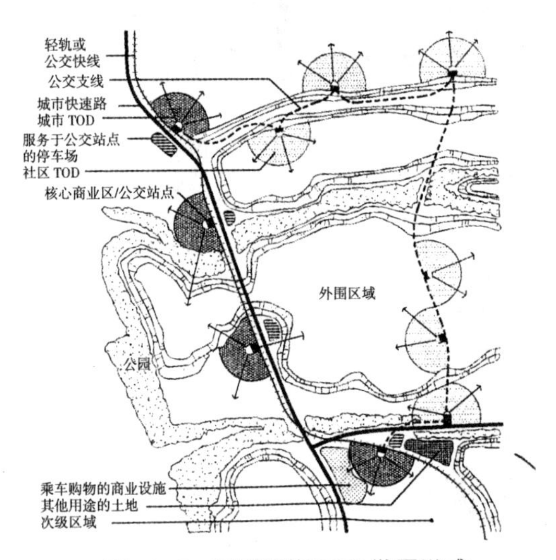

图 10-6　区域型的 TOD 发展模式

新城市主义者给自己制定的明确任务是:① 修复大城市区域现存的市镇中心,恢复强化其核心作用;② 整合重构松散的郊区使之成为真正的邻里社区及多样化的地区;③ 保护自然环境;④ 珍存建筑遗产,其最终目的是要扭转和消除由于郊区化无序蔓延所造成的不良后果,重建宜人的城市家园[350]。为此,他们提出了三个方面的核心规划设计思想:① 重视区域规划,强调从区

[350] D Rothblatt. North American Metropolitan Planning. Autumn, A.P.A, 1994.

域整体的高度来看待和解决问题；② 以人为中心，强调建成环境的宜人性以及对人类社会生活的支持性；③ 尊重历史和自然，强调规划设计与自然、人文、历史环境的和谐性[351]。如今新城市主义在城市与区域规划的各个领域中都已形成了广泛的影响。在区域规划层面，美国新城市主义的主要实践活动有：俄勒冈州波特兰市区域规划、波特兰 2040 年规划、芝加哥大都市区面向 21 世纪区域规划项目、纽约大都市区"拯救危机中的区域"、盐湖城区域规划项目；而更多的新城市主义规划实践是集中在城镇层面和邻里社区尺度，代表性的有：佛罗里达州的"海滨社区"(Seaside)、芝加哥的 West Garfield Park 社区重建、弗吉尼亚州 Diggs Town 改造、纽约曼哈顿 Bryant Park 再生项目等等[352]。

针对有人提出新城市主义的规划思想、设计手法与霍华德的"田园城市"、欧洲的老城改造、环境保护主义等活动相比，并没有太多"新意"的批评时，新城市主义者坦承他们并无意去创建什么前所未有的奇思妙想。相反，他们提醒人们与其挖空心思去一味求新、求异，不如把目光转向那些早已存在的、历经时间考验而生命力依旧的东西，去探究蕴藏在其中的持久不变的特质[353]。

六　精明增长与增长管理

1　有节制增长思想的产生

与西欧许多国家在二战后就已经明确确立了控制大城市无序增长的思想不同，美国、加拿大战后城市增长的高潮、放任的郊区化造成了畸形的城市蔓延(Urban Sprawl)。长期以来在北美，增长都被认为是正面的、引以为荣的[354]。虽然美、加两国得天独厚的自然条件为这种蔓延增长方式提供了空间基础，高速公路、小汽车的发展为之提供了技术支撑，但是由此导致的生态、社会方面

[351] 王慧.新城市主义的理念与实践、理想与现实.国外城市规划，2002(3)
[352] 洪亮平.城市设计历程.北京：中国建筑工业出版社，2002
[353] 洪亮平.城市设计历程.北京：中国建筑工业出版社，2002
王慧.新城市主义的理念与实践、理想与现实.国外城市规划，2002(3)
[354] 王旭.美国城市史.北京：中国社会科学出版社，2000
A Downs 著.美国大都市地区最新增长模式.布鲁金斯研究所与林肯土地政策研究所联合出版，1994
D Rothblatt：North American Metropolitan Planning. Autumn，A.P.A，1994

的负效应[355](图 10-7),使得 1990 年代后北美学者不得不开始检讨传统的这种不受控制的城市增长方式，提出要对土地开发活动进行管制以提高空间增长的综合效益[356],即增长管理(Growth Management)的思想。

受到生态主义和新城市主义等思想的影响,1997 年美国马里兰州州长 P. N. G. Lendening 首先提出了精明增长(Smart Growth)的概念,并在后来被戈尔副总统作为总统竞选纲领——21 世纪的可居议程（New Livability Agenda for the 21st Century)中的重要内容。简单地说,实现精明增长是目标,实施增长管理是手段。1999 年,美国规划师协会(APA)在联邦政府资助下花了 8 年时间,完成了对精明增长的城市规划立法纲要。到了 2000 年包括佛罗里达州(1985)、佛蒙特州(1988)、华盛顿州(1990)等在内,已经有 20 个州建立了增长管理计划或制定了各自的“精明增长法”(Smart Growth Act)与“增长管理法”(Growth Management Act)。

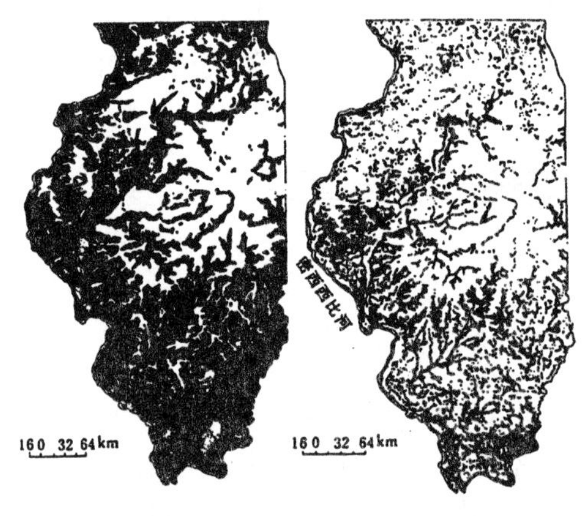

图 10-7　美国伊利诺伊州在高速城市化前后森林覆盖率的对比

2　精明增长的目的与做法

一般认为精明增长的三个主要目的是：①通过对城市增长采取可持续、健康的方式,使得城乡居民中的每个人都能受益;②通过经济、环境、社会可持续发展之间的相互耦合,使得增长能够达到经济、环境、社会的公平;③新

[355] 从 1970 年至 1990 年大纽约地区人口仅增加 5%,但新消费的土地却增加了 61%;大芝加哥地区人口仅增加 4%,但土地消费增加了 46%;大克里夫兰的人口减少了 11%,但土地消费却增加 33%。预计马里兰州今后 25 年消费的土地将相当于前 300 年的总量。

[356] A Downs 著. 美国大都市地区最新增长模式. 布鲁金斯研究所与林肯土地政策研究所联合出版,1994

的增长方式应该使新、旧城区都有投资机会以得到良好的发展[357]。因此,精明增长特别强调对城市外围有所限制,而更要注重发展现有城区。

精明增长提出的基本做法主要有如下一些方面:

(1) 保持良好的环境,为每个家庭提供步行休憩的场所。扩展多种交通方式,借鉴新城市主义的思想,强调以公共交通和步行交通为主的开发模式。

(2) 鼓励市民参与规划,培育社区意识。鼓励社区间的协作,促进共同制定地区发展战略。

(3) 通过有效的增长模式,加强城市的竞争力,改变城市中心区衰退的趋势。

(4) 强调开发计划应最大限度地利用已开发的土地和基础设施,鼓励对土地利用采用"紧凑模式",鼓励在现有建成区内进行"垂直加厚"。

(5) 打破绝对的功能分区思想和严格的社会隔离局面,提倡土地混合使用、住房类型和价格的多样化。

3 增长管理定义与手段

事实上西方国家对于增长管理还没有形成明确而统一的定义,收集有关的主要观点有:

(1) 美国城市土地协会(ULI,1975)在《对增长的管理与控制》中指出:增长管理是"政府运用各种传统与先进的技术、工具、计划及活动,对地方的土地使用模式,包括发展的方式、区位、速度和性质等进行有目的的引导"。

(2) B. Chinitz(1990)指出:增长管理是积极的、能动的,旨在保持发展与保护之间、各种形式的开发与基础设施的同步配套之间、增长所产生的公共服务需求与满足这些需求的财政供给之间以及进步与公平之间的动态平衡。

(3) Foder(1999)指出:增长管理泛指用于增长与发展的各种政策与法规,包括从积极鼓励增长到限制甚至阻止增长的所有政策与法规。

总体而言,增长管理强调的主要方面是:① 它是一种引导私人开发过程的公共的、政府的行为;② 管理是一种动态的过程,而不仅仅是编制规划与后续的行动计划;③ 必须强化预测并适应发展,而并不仅仅是为了限制发展;④ 应能提供一定的机会和程序,来决定如何在相互冲突的发展目标之间求得适当的平衡;⑤ 必须确保地方的发展目标,同时兼顾地方与区域之间的利益

[357] 王朝晖."精明累进"的概念及其讨论.国外城市规划,2003(3)

平衡[358]。

在具体做法中，增长管理一般是通过划分城市增长的不同类型区域，对那些需要促进增长的地区（优先资助区）予以鼓励和支持，而对不应该增长的地区（非优先资助区）则要求坚决予以控制。最著名的增长管理实践是美国俄勒冈州划定的"城市增长界线"(Urban Growth Boundaries, UGBS)——将所有城市增长都限定在界线之内，其外只发展农业、林业和其他非城市用途，在这个UGBS内包含已建设用地、闲置土地以及足以容纳未来20年城市增长需求的新土地。除了通过规划以外，增长管理的手段还包括法规、计划、税收、行政手段等多方面(图10–8)。

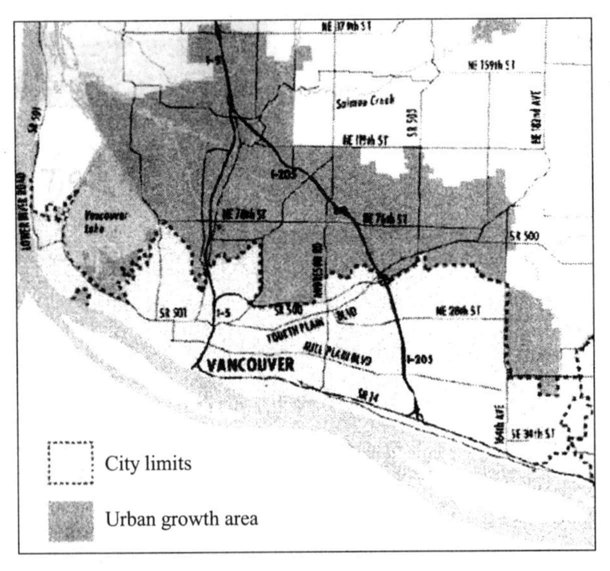

图10–8 城市增长管理界线

4 对增长管理与精明增长的评价

毫无疑问，实行增长管理与精明增长的措施在北美地区取得了大量的积极效果[359]：在一定程度上遏止了城市的蔓延，保护了土地和生态环境；有助于保护与改善社区生活质量，保证老街坊和商业区的活力；确保各社区之间的财政与社会公平；政府借此拓展了住房和就业机会，降低了公共、私人开发过程

[358] 张进. 美国的城市增长管理. 国外城市规划，2002(2)
[359] 王朝晖. "精明累进"的概念及其讨论. 国外城市规划，2003(3)

中的投资风险,等等。

但是,也有人反对增长管理与精明增长的政策,例如 Shaw、Utt 等人就指责由于实施空间管制造成了土地供应紧张、房价上涨,加重了中低收入者的负担;Duanny、Plater-Zyberk 等人认为 UGBS 是“预见到并切实鼓励未来 20 年的恶性增长,把大量最常见的蔓延包容在界线以内”;Gordon、Richardson 则通过成本—利润、土地压力、发展潜力、社会公平等方面的分析,认为紧凑型的开发是不可取的;也有人对美国公共交通发展的历史轨迹与实际效果(如轨道交通费用占了全国公交开支的 25%,但运量却承担了不足总量的 2%)进行分析,怀疑 TOD 模式的有效性;A. Bartleet 则更是毫不留情地批评到:精明增长与“愚蠢增长”是殊途同归,不过是“五十步笑一百步”而已[360]。

七 生态城市的规划思想

1 生态城市思想的源起与发展

生态城市,从广义上讲是建立在人类对人与自然关系更深刻认识基础上的一种新文化观、新发展观,是按照生态学原则建立起来的社会、经济、自然协调发展的新型社会关系,是有效利用环境资源实现可持续发展的新的生产和生活方式;从狭义角度讲,就是按照生态学原理进行城市规划,以建立高效、和谐、健康、可持续发展的人类聚居环境[361](图 10-9)。

“生态城市”虽然是 1980 年代后才迅速发展起来的一个“概念”,但实际上其“思想”已经十分久远:霍华德的“田园城市”、欧美国家的城市美化运动、绿色组织运动等中都萌生了有关生态城市的思想;而盖迪斯更是早在 1915 年就将生态学原理和方法运用到城市规划中,成为生态城市探索的先驱;1950 年代西方现代生态学科的崛起,对生态城市的规划、建设也起到了有力的推动作用。1969 年 McHarg 在 *Design With Nature* 一书中建立了一个城市与区域规划的生态学研究框架,1982 年其发表的遗作 *Nature's Design* 中进一步探讨了在城市生态平衡基础上建立自然与人和谐关系的方法。Bobwater(1985)的 *Sustainable Cities*、D. Gorden(1990)的 *Green Cities* 等著作对城市的可持续发展方

[360] 王宏伟,袁中金等.城市增长理论述评与启示. 国外城市规划,2003(3)
[361] 陈敏豪.生态文化与文明前景.武汉:武汉出版社,1995

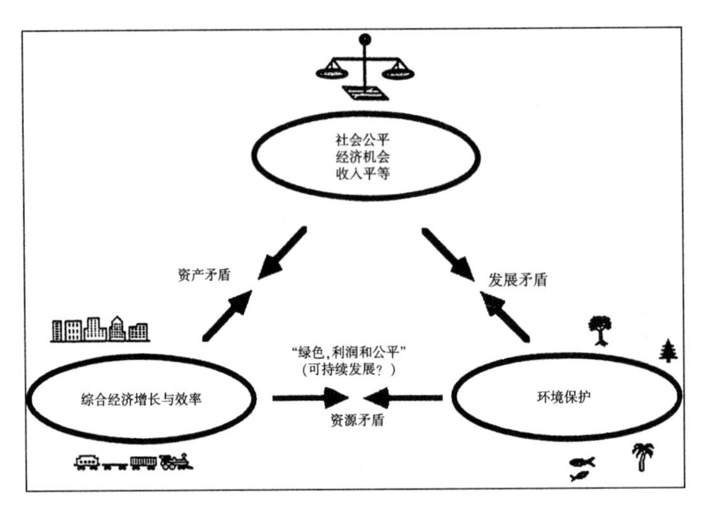

图 10-9 规划目标间的矛盾与冲突

针和生态化途径进行了探讨。1987 年可持续发展理念[362]的提出为生态城市思想提供了基础支撑,1992 年联合国环境与发展大会发表的《全球 21 世纪议程》,标志着可持续发展开始成为人类的共同行动纲领,这一思想包含了当代和后代的需求、国家主权、国际公平、自然资源、生态承载力、环境与发展相结合等诸多重要内容。“可持续发展”这一词语一经提出即在世界范围内迅速得到认同并成为大众媒介使用频率最高的词汇之一，这反映了人类对自身以前走过的发展道路的怀疑和抛弃，也反映了人类对今后选择的发展道路和发展目标的憧憬和向往[363]。1990 年英国城乡规划协会成立可持续发展研究小组并

---

[362] 1972 年联合国环境会议秘书长 M.斯特朗最初提出“生态发展”(Eco-development)一词,1980 年国际自然保护同盟(IUCN)发表的《世界自然资源保护大纲》中首次提出“可持续发展”一词。1980 年联合国向全世界发出呼吁:“必须研究自然的、社会的、生态的、经济的以及利用自然资源过程中的基本关系,确保全球持续发展。”1981 年美国世界观察研究所所长布朗的《建设一个可持续发展的社会》(*Building a Sustainable Society*)一书问世,提出通过控制人口增长、保护资源基础和开发再生能源来实现可持续发展的三大途径。1983 年联合国成立了世界环境与发展委员会(WECD),挪威首相布伦特兰夫人(G. H. Brundland)任主席。1987 年该委员会把长达 4 年研究、经过充分论证的报告《我们共同的未来》(*Our Common Future*)提交给联合国大会,正式提出了可持续发展(sustainable development)的概念。1992 年联合国环境与发展大会(UNCED)通过的《21 世纪议程》,更是高度凝聚了当代人对可持续发展理论认识深化的结晶。

[363] World Commission on Environment and Development 著;王之佳,柯金良译.我们共同的未来.长春:吉林人民出版社,1997

A Blowers. Planning for a Sustainable Environment:A Report by the Town and Country Planning Association. Earthscan,1993

于 1993 年发表了《可持续环境的规划对策》，提出要将可持续发展的概念引入城市规划的实践。随后，1992 年 M. Wackennagd 和 W. Ress 提出了“生态脚印”(Ecological Footprint)的概念，提醒人们应当有节制地开发有限的空间资源（图 10-10）。1993 年英国城乡规划协会发表了 *Planning for a Sustainable Environment*，提出应该将自然资源、能源、污染和废弃物等环境要素管理纳入各层次的空间发展规划。欧盟 15 国的“欧洲空间展望”中提出旨在促进可持续发展、共同实现城市空间集约发展的思想，也得到了共鸣。

图 10-10　生态脚印

有关生态环境与可持续发展的规划理论、研究成果主要还有：1987 年 A. Faludi 发表的《以决策为中心观点的环境规划》(*A Decision-Centres View of Environmental Planning*)、1988 年 R. Erhman 的《规划：更明确的战略与环境规划》(*Planning: Clearer Strategies and Environment Controls*)、1992 年 M. Breheny 的《可持续发展与城市形态》(*Sustainable Development and Urabn Form*)、1993 年 A. Blowers 编著的《为了可持续发展的环境而规划》(*Planning for a Sustainable Environment*)，1996 年 S. Buckingham 和 B. Evans 合著了《环境规划与可持续性》(*Environmental Planning and Sustainability*)，1996 年 M. Jenks 出版了《紧凑型城市：一种可持续的都市形式》(*The Compact:A Sustainable Urban Form*)等等。

2　生态城市的原则与规划实践

在城市规划实践领域，生态城市思想主要是在三个层面上展开的：首先，在城市—区域层次上，生态城市强调对区域、流域甚至是全国系统的影响，考虑区域、国家甚至全球生态系统的极限问题；其次，在城市内部层次上，提出应按照生态原则建立合理的城市结构，扩大自然生态容量，形成城市开敞空间；第三，生态城市的最基本实现层次是，建立具有长期发展和自我调节能力的城市社区[364]。

许多学者经过多年的探索、实践，提出了很多关于生态城市设计的具体原则，最有代表性的是加拿大学者 M. Roseland 提出的“生态城市 10 原则”：

(1) 修正土地使用方式，创造紧凑、多样、绿色、安全、愉悦和混合功能的城市社区。

(2) 改革交通方式，使其有利于步行、自行车、轨道交通以及其他除汽车以外的交通方式。

(3) 恢复被破坏的城市环境，特别是城市水系。

(4) 创造适当的、可承受得起的、方便的以及在种族和经济方面混合的住宅区。

(5) 提倡社会的公正性，为妇女、少数民族和残疾人创造更好的机会。

(6) 促进地方农业、城市绿化和社区园林项目的发展。

(7) 促进资源循环，在减少污染和有害废弃物的同时，倡导采用适当技术与资源保护。

(8) 通过商业行为支持有益于生态的经济活动，限制污染及垃圾产量，限制使用有害的材料。

(9) 在自愿的基础上提倡一种简单的生活方式，限制无节制的消费和物质追求。

(10) 通过实际行动与教育，增加人们对地方环境和生物区状况的了解，增强公众对城市生态及可持续发展问题的认识。

1990 年代以来，西方国家包括一些发展中国家都积极进行了生态城市规划、建设的实践，具备国际影响的著名案例有巴西库里帝巴、澳大利亚怀阿拉、澳大利亚哈利法克斯、丹麦哥本哈根、美国克里夫兰等(图 10-11)。

---

[364] A Blowers. Planning for a Sustainable Environment: A Report by the Town and Country Planning Association. Earthscan, 1993
陈敏豪.生态文化与文明前景，武汉：武汉出版社，1995

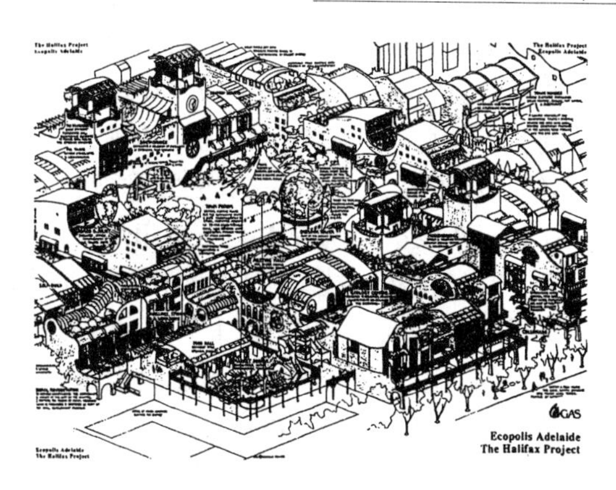

图 10-11　澳大利亚哈利法克斯生态城

八　人文主义的城市发展与规划取向

自工业革命以来,以经济高速增长为核心目标、通过技术发展来主导生活的发展模式对城市人文精神的建树构成了极大的威胁与挑战。近现代城市规划的发展历史,从某种意义上讲,就是人类在工业社会中重新发现自身价值、领悟城市发展的真谛、人文精神与技术理性相互交锋—协调—交锋的矛盾运动过程。

以科技为标志的工业化过程放大了人的力量，这种力量施加的对象不仅是自然的生态环境,而且也粗暴地作用于人类的社会文化环境。19 世纪末狄尔泰曾经针对工业社会忽视人性的大生产说:“现在我们被科学的突飞猛进所淹没,我们对于事物的本源,对于我们生存的价值,对于我们行为的终极茫然无知……”20 世纪尤其是 1960 年代以来,现代非理性的人文主义思潮在城市及区域科学领域得到了迅速的发展。托姆(B. Tormn 1968)提出:“是人,而不是技术,必须成为价值的根源;是人的最优发展,而不是生产的最大化,应该成为所有计划的标准”。著名的城市人文学者 L.芒福德早在 1930 年代就发表了《*Technics and Culture*》一书,呼吁发展“走向生活指向的技术”;1960 年代又倾其人文观念而著《城市发展史:起源、演变和前景》一书,批判了包括大都市带在内的、以极其功利主义的思想所采取的对人类未来种种不负责任的发展方式,而引起人们的深思。1969 年哈格斯特朗(T. Hagerstrand)在出任欧洲区域科学协会会长时说:“区域科学的自身定位是一门社会科学，因为它对人的假设是关于科学宏旨的”,区域研究亦折射出较为明显的人文化倾向。

对于由工业大生产导致的城市人文精神危机，我们大多已有一定的认识；而面对以排山倒海之势飞速发展的现代科学技术(如快速交通、计算机网络通讯、生物克隆等)，人们在对其无所不能、无所不在的强大力量羡慕、感慨并进而欢呼之时[365]，我们似乎还没有意识到：一个更为隐蔽、更为残酷而不受约束限制的现代技术，有可能从根本上诱导人类对城市进步的认识发生偏差——误将人类社会发展的手段(经济的、技术的)视为城市发展的最终目标。正如芒福德所说的那样："接受这种现实生活的人们……一切都被精确地安排定当，他们选择的余地是很少的，他们被允许做出的反应也是有限的、不足的，说实在的，在这里我们看到了'孤独的人群'(the lonely crowd)。"[366]在此，芒福德等人并不是否认现代技术的巨大正面意义，而是强调要从人类长远发展、从人文城市的建设角度，对现代技术作出审慎的思考。

哲人告诫我们：人类是地球的花朵，而人类远不是成熟的果实。古往今来，领导过历史潮流的各个阶级几乎都犯过同样的错误，那就是过早地宣布自己的成熟，往往过程才开始，便站在假想的终点上进行裁决[367]。具有巨大科技潜能的现代人在几乎不可能中止的科学技术发展中，应将视野延展到对终极幸福本身追求这一更高目的上，有意识地调整科学发展的速度和方向，使其与人类自身存在的品质之进化保持一致。在一个极端迷恋于技术的社会中是不可能建树起真正的人文精神的，必须要在经济和技术发展中将人的价值和人文精神恢复到城市规划、建设的中心位置上来。城市的发展演化绝不应被看作是一个单纯的经济及技术要素驱动的行为，恰当适宜的技术应该成为延续、发展、丰富城市文明的一种手段[368]。此外，对由于经济全球化而导致的文化全球性趋同、城市个性的丧失等世界性问题，我们也应该有清醒的认识。人文城市的核心是对具有各种自然、社会、经济背景的人们予以尊重，表现与内涵的多元性是其重要特征。因此，未来城市的重要职责之一就是充分发展地区的、文化的多样性与个性，最优化的城市经济、社会形态应该是关怀人、陶冶人。

---

[365] 现代以布罗奇(J. Brotchie)、巴拉斯(R. Barras，1987)等为代表的技术决定论者认为：技术变化首先影响并决定了经济发展，经济发展影响并决定了城市发展，这种思想倾向将技术不仅看成是构成城市形态框架的力量，而且是区域、城市发展的支柱与基础。

[366] L芒福德著；倪文彦，宋峻岭译. 城市发展史：起源、演变和前景. 北京：中国建筑工业出版社，1989

[367] 高亮华.人文主义视野中的未来.北京：中国社会科学出版社，1996

[368] 张京祥.城镇群体空间组合.南京：东南大学出版社，2000

结语

到了21世纪初,人类社会总人口的一半以上已经居住于城市,正如绝大多数学者所认为的那样,我们已经无可回避地进入了真正的“城市时代”(City Era)。在这个城市时代里,城市对整个社会发展的推动作用将更加强劲(事实上从工业革命以后,城市就已经确立了其在人类社会发展中的主导地位)。伴随着全球日趋激烈的竞争环境,城市尤其是一些特大中心城市的发展将成为整个社会、经济新的增长源——这一点无论是在发达国家还是在广大的发展中国家都是如此。有学者甚至曾经把美国的高科技和中国的城市化,视作为共同推动21世纪世界进步的两大动力。包括中国在内的世界上绝大多数国家,已经或必将建立起以城市为中心的经济、社会整体运作系统,这个国家、地区的系统进而会与全球城市系统更加紧密地连接在一起。

然而,这个城市时代是一个充满变数的时代,是一个充满矛盾与冲突的时代,也是一个人类极易迷失自我的时代。伴随着新的城市时代演进,必然将不断出现新的时空观、新的自然观、新的技术观和新的文化观。可以说,今天在这个地球上人类已经没有足迹不可涉及、技术不可突破的禁区,城市也已经远远突破了一般的生活空间意义,城市与人类所依赖的生态环境正在被纳入一个更加整体性、高度关联性的人居系统中。“可持续发展”——包括生态的可持续、社会的可持续与文化的可持续,已经成为当今城市规划理论研究与实践发展的基本立足点和最终归宿。因此,在这样的一个充满挑战、发展理念和发展模式都面临重大转折的时刻,我们更需要正本清源,在哲学的层面上客观、冷静地回眸城市发展的过去,深刻地认识城市发展的现实,理清思路,充满理想与理性地思索城市发展的未来。毫无疑问,城市规划思想史是为达到这个目的而可以借用的一个最重要、最有力的“阶梯”。

21世纪,人们需要开放的城市规划思想。客观地讲,由于时代的变迁,我们已经失去了历史上那些可能创造“整体性城市”的种种有利条件,既没有强大的权力,也没有稳定的文化,一切都处于变化之中。与此相应,城市规划的思想、内容、方式、方法及实施手段等也在不停地嬗变。因此,当今及未来的城市规划绝不是某一学科、某一团体、某种固定方法所能解决的“技术科学”范畴,城市规划因其构成的复杂、利益的冲突、运作周期的漫长以及处于无止境的动态变化环境之中，它正在演变成一项全民参与的“社会性事业”，成为政治运动、社会工程与技术行为三位一体的组合，需要全社会的共同参与才能进行，并必将进一步推动公共政策的转变和政府、社会、公众的整体转型。为此，我们必然需要建立起一个开放的城市规划思想体系，只有因时、因势而进，才能保持城市规划事业的持续活力和不朽魅力。

在我们展望未来、豪情万丈的时候，这里需要再次特别提及的是城市规划中对“人文精神”(Human Spirit)的关注。回顾历史，从一定意义上讲，城市规划思想的演进、城市规划的整体发展史就是一部人们在“人文主义”与“非人文主义”(神权思想、王权思想、技术至上思想等)之间徘徊、交替前行的历史。城市不是“居住的机器”，不是各种利益集团追逐一己名利的战场，也不是政治领导人、规划师等“社会精英”展示与宣扬自己宏伟蓝图的“画板”，城市是陶冶人和熔炼人的场所，是人类的“精神家园”。L. Mumford 早就前瞻而精辟地指出：“城市的主要历史任务就是流传文化和教育人民。”“按事物的本来面貌去认识它，按事物的本来面貌去创造它”才是城市规划不变的真谛(盖迪斯)。人文主义精神在人类发展历史长河中的主要贡献，就是它随时在与人类偏离正确发展轨道的各种思想进行着不懈的斗争。因此，人文精神作为保障城市健康、持续发展的一种重要的平衡力量，作为城市规划基本价值准绳的体现，在今天“功能至上”、“技术至上”、“利益至上”的时代显得尤为重要。如果稍作注意就可以发现，在本书的写作中，自始至终地贯穿着城市规划思想史对人文精神持续追求与彰显这样一根主线，我想这不仅是这本书所刻意要表达的，事实上也必须贯穿于人类社会发展的所有基本方面。

最后，我们还要对城市规划内容、方法在未来可能面临的挑战稍作展望，其实这些看似是实际操作层面的命题，也必将在很大程度上影响着城市规划思想的未来演进脉络：

(1) 在城市高速发展的时代，其所带来的不仅是空间上的急剧转变，还包括经济、社会、文化、技术等各个领域的巨大变化。城市规划如何能够经济、高效而又健康地创造一个合理的、具备高弹性与高应变能力的空间环境，来支撑提高城市竞争力的目的，以应对高速城市化进程的挑战。

(2) 在人类必须依赖的资源环境正日益脆弱、约束力不断增强的今天，如何真正而有效的在城市规划中确立并实施可持续发展战略，妥善处理好城市与自然的关系，以实现不仅是城市而且是人类社会的整体、持续进步。

(3) 面对混乱而不可阻挡的城市化进程，面对由此导致的社会不断分化局面,如何妥善处理好“公平”与“效率”的问题,如何处理好“外延”与“内涵”发展的矛盾，如何建立起城市的整体有机秩序，以塑造一个人人适居的城市环境。

(4) 面对一个日益缩小的“地球村”,一方面是全球化造成的“无国界”文化与意识形态的渗透，另一方面是由于巨大地区差异所造成的各种文化冲突和本土价值沦失,两者互相交织、矛盾丛生。如何在“国际化”的过程中保护本土城市的特色,传承历史、弘扬文化以在全球化的环境中建树地域性的文化品格,如何实现在全球时代的“高技术”与“高情感”协调。

(5) 在信息时代编织的网络社会里,面对城市发展形态、功能组织等的不可把握性与无止境变化,面对网络社会对现实社会的巨大冲击与重新塑造,如何营造一个适应未来社会形态需要的、健康的“城市社区”,如何通过城市规划促进人们必需的直接交往(Face to Face)并妥善规避无谓的时空消耗,是一个值得关注的重要课题。

(6) 面对一个开放的社会体系,科学不管是自然科学还是社会科学都进行了新的分类与重组,学科的封闭不再是知识高深的标签,而更成为禁锢其自身发展的桎梏。城市规划如何在妥善处理与政治、经济、文化、技术等多重价值协调以及多学科渗透、整合的过程中，既保持自身学科的基本内核又不断进步。

…………

附录

1　城市规划及相关的重要经典宪章*

雅典宪章

（1933年8月现代建筑国际会议拟订于雅典）

一、定义和引言

城市与乡村彼此融会为一体而各为构成所谓区域单位的要素。

城市都构成一个地理的、经济的、社会的、文化的和政治的区域单位的一部分，城市即依赖这些单位而发展。

因此，我们不能将城市离开它们所在的区域作单独的研究，因为区域构成了城市的天然界限和环境。这些区域单位的发展有赖于下列各种因素：

(1) 地理的和地形的特点——气候、土地和水源；区域内及区域与区域间之天然交通。

(2) 经济的潜力——自然资源（包括土壤、下层土、矿藏原料、动力来源、动植物）；人为资源（包括农工业产品）；经济制度和财富的分布。

(3) 政治的和社会的情况——人口的社会组织、政体及行政制度。

所有这些主要因素集合起来，便构成了对任何一个区域作科学的计划之唯一真实的基础，这些因素是：

(1) 互相联系的，彼此影响的。

(2) 因为科学技术的进步，社会、政治、经济的改革而不断的变化的。

自有历史以来，城市的特征均因特殊的需要而定：如军事性的防御、科学的发明、行政制度、生产和交通方法的不断发展。由此可知，影响城市发展的基本因素是经常在演变的。现代城市的混乱是机械时代无计划和无秩序的发展所造成的。

二、城市的四大活动

居住、工作、游憩与交通四大活动是研究及分析现代城市设计时最基本的分类。下面叙述现代城市的真实情况，并提出改良四大活动缺点的意见。

*注：来源于各相关文献，非本书作者所译。

三、居住是城市的第一活动

现在城市的居住情况：

城市中心区的人口密度太大，甚至有些地区每公顷的居民超过一千人。

过度拥挤在现代城市中，不仅是中心区如此，因为19世纪工业的发展，即在广大的住宅中亦发生同样的情形。

在过度拥挤的地区中，生活环境是非常不卫生的。这是因为在这种地区中，地皮被过度的使用，缺乏空旷地，而建筑物本身也正在一种不卫生和败坏的情况中。这种情况，是因为这些地区中的居民收入太少，故更加严重。

因为市区不断扩展，围绕住宅区的空旷地带亦被破坏了，这样就剥削了许多居民享受邻近乡野的幸福。

集体住宅和单幢住宅常常建造在最恶劣的地区，无论就住宅功能讲，或是就住宅所必需的环境卫生讲，这些地区都是不适宜于居住的。比较人烟稠密的地区，往往是最不适宜于居住的地点，如朝北的山坡上，低洼、潮湿、多雾、易遭水灾的地方或过于邻近工业区易被煤烟、声响振动所侵扰的地方。

人口稀疏的地区，却常常在最优越的地区发展起来，特享各种优点：气候好，地势好，交通便利而且不受工厂的侵扰。

这种不合理的住宅配置，至今仍然为城市建筑法规所许可，它不考虑到种种危害卫生与健康的因素。现在仍然缺乏分区计划和实施这种计划的分区法规。现行的法规对于因为过度拥挤、空地缺乏、许多房屋的败坏情形及缺乏集体生活所需的设施等等所造成的后果，并未注意。它们亦忽视了现代的市镇计划和技术之应用，在改造城市的工作上可以创造无限的可能性。

在交通频繁的街道上及路口附近的房屋，因为容易遭受灰尘噪音和嗅味的侵扰，已不宜作为居住房屋之用。

在住宅区的街道上对于那些面对面沿街的房屋，我们通常都未考虑到它们获得阳光的种种不同情形。通常如果街道的一面在最适当的钟点内可以获得所需要的阳光，则另外一面获得阳光的情形就大不相同，而且往往是不好的。

现代的市郊因为漫无管制的迅速发展，结果与大城市中心的联系(利用铁路公路或其他交通工具)遭受到种种体形上无法避免的障碍。

根据上面所说的种种缺点，我们拟定了下面几点改进的建议：

住宅区应该占用最好的地区，我们不但要仔细考虑这些地区的气候和地形的条件，而且必须考虑这些住宅区应该接近一些空旷地，以便将来可以作为文娱及健身运动之用。在邻近地带如有将来可能成为工业和商业区的地点，亦应预先加以考虑。

在每一个住宅区中,须根据影响每个地区生活情况的因素,订定各种不同的人口密度。

在人口密度较高的地区,我们应利用现代建筑技术建造距离较远的高层集体住宅,这样才能留出必需的空地,作为公共设施娱乐运动及停车场所之用,而且使得住宅可以得到阳光、空气和景色。

为了居民的健康,应严禁沿着交通要道建造居住房屋,因为这种房屋容易遭受车辆经过时所产生的灰尘、噪音和汽车放出的臭气、煤烟的损害。

住宅区应该规划成安全、舒适、方便、宁静的邻里单位。

四、工作

叙述有关工商业地区的种种问题:

工作地点(如工厂、商业中心和政府机关等)未能按照各自的功能在城市中作适当的配置。

工作地点与居住地点,因事先缺乏有计划的配合,产生两者之间距离过远的旅程。

在上下班时间中,车辆过分拥挤,即起因于交通路线缺乏有秩序的组织。

由于地价高昂、赋税增加、交通拥挤及城市无管制而迅速的发展,工业常被迫迁往市外,加上现代技术的进步,使得这种疏散更为便利。

商业区也只能在巨款购置和拆毁周围的建筑物的情形下,方能扩展。

可能解决这些问题的途径:

工业必须依其性能与需要分类,并应分布于全国各特殊地带里,这种特殊地带包含着受它影响的城市与区域。在确定工业地带时,须考虑到各种不同工业彼此间的关系,以及它们与其他功能不同的各地工业的关系。

工作地点与居住地点之间的距离,应该在最少时间内可以到达。

工业区与居住区(同样和别的地区)应以绿色地带或缓冲地带来隔离。

与日常生活有密切关系而且不引起扰乱危险和不便的小型工业,应留在市区中为住宅区服务。

重要的工业地带应接近铁路线、港口、通航的河道和主要的运输线。

商业区应有便利的交通与住宅区及工业区联系。

五、游憩

游憩问题概述:

在今日城市中普遍的缺乏空地面积。

空地面积位置不适中,以致多数居民因距离远,难得利用。

因为大多数的空地都在偏僻的城市外围或近郊地区，所以无益于住在不合卫生的市中心区的居民。

通常那些少数的游戏场和运动场所占的地址。多是将来注定了要建造房屋的。

这说明了这些公共空地时常变动的原因。随着地价高涨,这些空地又因为建满了房屋而消失,游戏场等不得不重迁新址。每迁一次,距离市中心便更远了。

改进的方法：

新建住宅区,应该预先留出空地作为建筑公园、运动场及儿童游戏场之用。

在人口稠密的地区,将败坏的建筑物加以消除,改进一般的环境卫生,并将这些清除后的地区改作游憩用地,广植树木花草。

在儿童公园或儿童游戏场附近的空地上设立托儿所、幼儿园或初级小学。公园适当的地点应留出公共设施之用,设立音乐台、小图书馆、小博物馆及公共会堂等,以提倡正当的集体文娱活动。

现代城市盲目混乱的发展，不顾一切地破坏了市郊许多可用作周末的游憩地点。因此在城市附近的河流、海滩、森林、湖泊等自然风景幽美之区,我们应尽量利用它们作为广大群众假日游憩之用。

六、交通

关于交通与街道问题的概述：

今日城市中和郊外的街道系统多为旧时代的遗产，都是为徒步与行驶马车而设计的;现在虽然不断地加以修改,但仍不能适合现代交通工具(如汽车、电车等)和交通量的需要。

城市中街道宽度不够,引起交通拥挤。

现在的街道之狭窄,交叉路口过多,使得今日新的交通工具(汽车、电车等)不能发挥它们的效能。

交通拥挤为造成千万次车祸的主要原因,对于每个市民的危险性与日俱增。

今日的各条街道多未能按着不同的功能加以区分，故不能有效地解决现代的交通问题。这个问题不能就现有的街道加以修改(如加宽街道、限制交通或其他办法)来解决,唯有实施新的城市规划才能解决。

有一种学院派的城市规划由“姿态伟大”的概念出发,对于房屋、大道、广场的配置,主要的目的只在获得庞大纪念性排场的效果,时常使得交通情况更为复杂。

铁路线往往成为城市发展的阻碍,它们围绕某些地区,使得这些地区与城市别的部分隔开了,虽然它们之间本来是应该有便捷与直接的交通联系的。

解决种种最重要的交通问题需要下面几种改革:

摩托化运输的普遍应用,产生了我们从未经验过的速度,它激动了整个城市的结构,并且大大地影响了在城市中的一切生活状态,因此我们实在需要一个新的街道系统,以适应现代交通工具的需要。

同时为了准备这新的街道系统,需要一种正确的调查与统计资料,以确定街道合理的宽度。

各种街道应根据不同的功能分成交通要道、住宅区街道、商业区街道、工业区街道等等。

街道上的行车速率,须根据其街道的特殊功用,以及该街道上行驶车辆的种类而决定。所以这些行车速率亦为道路分类的因素,以决定其为快行车辆行驶之用或为慢行车辆之用,同时将这种交通大道与支路加以区别。

各种建筑物,尤其是住宅建筑应以绿色地带与行车干路隔离。

将这种种困难解决之后,新的街道网将产生别的简化作用。因为借有效的交通组织将城市中各种功能不同的地区作适当的配合以后,交通即可大大减少,并集中在几条主要的干路上。

七、有历史价值的建筑和地区

有历史价值的古建筑均应妥为保存,不可加以破坏。

(1) 真能代表某一时期的建筑物,可引起普遍兴趣,可以教育人民者。

(2) 保留其不妨害居民健康者。

(3) 在所有可能条件下,将所有干路避免穿行古建筑区,并使交通不增加拥挤,亦不使妨碍城市有机的新发展。

在古建筑附近的贫民窟,如作有计划的清除后,即可改善附近住宅区的生活环境,并保护该地区居民的健康。

八、总结

以上各章的总结与说明:

我们可以将前面各章关于城市四大活动之各种分析总结起来说:现在大多数城市中的生活情况,未能适合其中广大居民在生理上及心理上最基本的需要。

自机器时代开始以来,这种生活情况是各种私人利益不断滋长的一个表现。

城市的滋长扩大，是使用机器逐渐增多所促成——一个从工匠的手工业改成大规模的机器工业的变化。

虽然城市是经常的在变化,但我们可以说普遍的事实是:这些变化是没有事先加以预料的,因为缺乏管制和未能应用现代城市规划所认可的原则,所以城市的发展遭受到极大的损害。

一方面是必须担任的大规模重建城市的迫切工作，一方面却是市地的过度的分割。这两者代表了两种矛盾的现实。

这个尖锐的矛盾,在我们这个时代造成了一个最为严重的问题:

这个问题是使我们急切需要建立一个土地改革制度，它的基本目的不但要满足个人的需要,而且要满足广大人民的需要。

如两者有冲突的时候,广大人民的利益应先于私人的利益。

城市应该根据它所在区域的整个经济条件来研究，所以必须以一个经济单位的区域规划,来代替现在单独的孤立的城市规划。

作为研究这些区域规划的基础，我们必须依据由城市之经济势力范围所划成的区域范围来决定城市规划的范围。

城市规划工作者的主要工作是:

(1) 将各种预计作为居住、工作、游憩的不同地区,在位置和面积方面,作一个平衡的布置,同时建立一个联系三者的交通网。

(2) 订立各种计划,使各区依照它们的需要和有机规律而发展。

(3) 建立居住、工作、游憩各地区间的关系,务使在这些地区间的日常活动可以最经济的时间完成,这是地球绕其轴心运行的不变因素。

在建立城市中不同活动空间的关系时，城市规划工作者切不可忘记居住是城市的一个为首的要素。

城市单位中所有的各部分都应该能够作有机性的发展。而且在发展的每一个阶段中,都应该保证这种活动间平衡的状态。

所以城市在精神和物质两方面都应该保证个人的自由和集体的利益。

对于从事于城市规划的工作者，人的需要和以人为出发点的价值衡量是一切建设工作成功的关键。

一切城市规划应该以一幢住宅所代表的细胞作出发点，将这些同类的细胞集合起来以形成一个大小适宜的邻里单位。以这个细胞作出发点，各种住宅、工作地点和游憩地方应该在一个最合适的关系下分布在整个城市里。

要解决这个重大艰巨的问题，我们必须利用一切可以供我们使用的现代技术,并获得各种专家的合作。

一切城市规划所采取的方法与途径,基本上都必须要受那时代的政治、社会和经济的影响,而不是受了那些最后所要采用的现代建筑原理的影响。

有机的城市之各构成部分的大小范围,应该依照人的尺度和需要来估量。城市规划是一种基于长、宽、高三度空间而不是长、宽两度的科学,必须承认了高的要素,我们方能作有效的及足量的设备以应对交通的需要和作为游憩及其他用途的空地的需要。

最急切的需要,是每个城市都应该有一个城市规划方案与区域规划、国家规划整个地配合起来,这种全国性、区域性和城市性的计划之实施,必须制定必要的法律以保证其实现。

每个城市规划,必须以专家所作的准确的研究为根据,它必须预见到城市发展在时间和空间上不同的阶段。在每一个城市规划中必须将各种情况下所存在的各种自然的、社会的、经济的和文化的因素配合起来。

马丘比丘宪章

(1977 年 12 月国际建协拟订于秘鲁马丘比丘)

一、背景材料

1933 年现代建筑国际会议(简称 CIAM)通过了一项文件,即后来著名的《雅典宪章》。此后,这一文件多少年来一直是欧美高等建筑教育的指针。1977 年 12 月,一些城市规划设计师聚集于利马(LIMA),以《雅典宪章》为出发点进行了讨论。讨论时四种语言并用,提出了包含有若干要求和宣言的《马丘比丘宪章》(CHARTER OF MIACHU PICCHU)。

12 月 12 日与会人员在秘鲁大学建筑与规划系学生以及其他见证人陪同下,来到了马丘比丘山的古文化遗址签署了新宪章,以表示他们对在专业培训及实践方面所提倡与探索的规划设计原理的坚定信念。

文件签署人明确表示《马丘比丘宪章》应当适用于各设计专业,但并不是灵丹妙药,而只是为了促进本专业的目标与职能进行专业与专业之间的综合评述。本宪章也旨在促进公开辩论,并过问各国政府所能够做到也应当采纳的有关改进世界上人类居住点的质量的政策与措施。

国际建协(IUA)将授予国立利马大学以显赫的琼·柴祖勉奖金以表彰该大学召开国际著名设计人士座谈会起草本宪章的首创精神。此奖金将于 1978 年 10 月在墨西哥城召开的第 13 届国际建协大会上正式颁发给宪章签署人代表团。

马丘比丘诗人派白罗·聂鲁达(Pablo Neruda)曾以他卓越的隐喻笔法把这座被人遗忘的城市描写成“最崇高的人类文化熔炉,它长期寄寓着我们的沉默”。我们这些聚集在一起的建筑师、教育家和规划师,承担了冲破当前的沉默这项严肃任务,本文件就是我们第一次集体努力的结果。

自从现代建筑国际会议(CIAM)发表了关于城市规划的理论与方法的文件以来,几乎已有 45 年,那文件就是《雅典宪章》。最近几十年来出现了许多新的情况要求对宪章进行一次修订,所有国家的知识界和专业人员、研究院和大学都应来参加。

过去曾有多次努力,想把《雅典宪章》更新一下。本文件只是作为我们所承担的工作的开始。1933 年的《雅典宪章》仍然是这个时代的一项基本文件;它可以提高改进但不是要放弃它。《雅典宪章》提出的许多原理到今天还是有效的,它证明了建筑与规划的现代运动的生命力和连续性。

1933年的雅典,1977年的马丘比丘，这两次会议的地点是具有重要意义的。雅典是西欧文明的摇篮;马丘比丘是另一个世界的一个独立的文化体系的象征。雅典代表的是亚里斯多德和柏拉图学说中的理性主义;而马丘比丘代表的却都是理性派所没有包括的,单凭逻辑所不能分类的种种一切。

以下按照世界大多数国家在城市化问题的讨论中所占的重要程度，依次提出《雅典宪章》所包含的各项概念。

二、城市与区域

《雅典宪章》认识到城市及其周围区域之间存在着基本的统一性。由于社会认识不到城市增长和社会经济变化所带来的后果，还迫切需要毫不含糊地具体地对这条原则予以重新肯定。

今天由于城市化过程正在席卷世界各地，已经刻不容缓地要求我们更有效地使用现有人力和自然资源。城市规划既然要为分析需求、问题和机会提供必需的系统方法,一切与人类居住点有关的政府部门的基本责任,就是要在现有资源限制之内对城市的增长与开发制定指导方针。

规划必须在不断发展的城市化过程中反映出城市与其周围区域之间基本的动态的统一性,并且要明确邻里与邻里之间、地区与地区之间以及其他城市结构单元之间的功能关系。

规划的专业和技术必须应用于各级人类居住点上——邻里、乡镇、城市、都市地区、区域、州和国家——以便指导建设的定点、进程和性质。

一般地讲,规划过程包括经济计划、城市规划、城市设计和建筑设计,必须对人类的各种需求作出解释和反应。它应该按照可能的经济条件和文化意义提供与人民要求相适应的城市服务设施和城市形态。为达到这些目的,城市规划必须建立在各专业设计人、城市居民以及公众和政治领导人之间的系统的不断的互相协作配合的基础上。

宏观经济计划与实际的城市发展规划之间的普遍脱节，已经浪费掉本就为数不多的资源并降低了两者的效用。城市用地范围内往往受到了以笼统的、相对抽象的经济政策为基础的各种决定所带来的副作用。国家和区域一级的经济决策很少直接考虑到城市建设的优先地位和城市问题的解决以及一般经济政策和城市发展规划之间的功能联系。结果系统的规划与建筑设计的潜在效益往往不能有利于大多数人民。

三、城市增长

自从《雅典宪章》问世以来，世界人口已经翻了一番，正在三个重要方面造成严重的危机，即生态学、能源和粮食供应。由于城市增长率大大超过了世界人口的自然增加，城市衰退已经变得特别严重；住房缺乏、公共服务设施和运输以及生活质量的普遍恶化已成了不可否认的后果。

《雅典宪章》对城市规划的探讨并没有反映最近出现的农村人口大量外流而加速城市增长的现象。

可以看到城市的混乱发展有两种基本形式：

第一种是工业化社会的特色，就是私人汽车的增长，较为富裕的居民都向郊区迁移。而迁到市中心区的新来户以及留在那里的老户缺乏支持城市结构和公共服务设施的能力。

第二种形式是发展中国家的特色，在那里大批农村住户向城市迁移，大家都挤在城市边缘，既无公共服务设施又无市政工程设施。要处理这种情况远远超出了现行城市规划程序所可能做到的范畴。目前能做到的不过是对这些自发的居住点提供一些最起码的公共服务，公共卫生和住房方面的努力恰恰反而加剧了问题本身，更加鼓励了向城市迁移的势头。

因此不论是哪一种形式，不可避免的结论是：当人口增加，生活质量就下降。

四、分区概念

《雅典宪章》设想，城市规划的目的是综合四项基本的社会功能——生活、工作、休憩和交通——而规划就是为了解决它们之间的相互关系和发展。这就引出了城市划分为各种分区或组成部分的做法，于是为了追求分区清楚却牺牲了城市的有机构成。

这一错误的后果在许多新城市中都可看到。这些新城市没有考虑到城市居民人与人之间的关系，结果使城市生活患了贫血症。在那些城市里建筑物成了孤立的单元，否认了人类的活动要求流动的、连续的空间这一事实。

今天的规划、建筑和设计，不应当把城市当作一系列的组成部分拼在一起来考虑，而必须努力去创造一个综合的、多功能的环境。

五、住房问题

与《雅典宪章》相反，我们深信人的相互作用与交往是城市存在的基本根据。城市规划与住房设计必须反映这一现实。同样重要的目标是要争取获得生活的基本质量以及与自然环境的协调。

住房不能再被当作一种实用商品来看待了，必须要把它看成为促进社会发展的一种强有力的工具。住房设计必须具有灵活性以便易于适应社会要求的变化，并鼓励建筑使用者创造性地参与设计和施工。还需要研制低成本的建筑构件以供需要建房的人们使用。

在人的交往中，宽容和谅解的精神是城市生活的首要因素，这一点应作为不同社会阶层选择居住区位置和设计的指针，而不要进行强制区分，这是与人类的尊严不相容的。

六、城市运输

公共交通是城市发展规划和城市增长的基本要素。城市必须规划并维护好公共运输系统，在城市建设要求与能源衰竭之间取得平衡。交通运输系统的更换必须估算它的社会费用，并在城市的未来发展规划中适当地予以考虑。

《雅典宪章》很显然把交通看成为城市基本功能之一，而这意味着交通首先是利用汽车作为个人运输工具。44 年来的经验证明，道路分类、增加车行道和设计各种交叉口方案等方面根本不存在最理想的解决方法。所以将来城区交通的政策显然应当是使私人汽车从属于公共运输系统的发展。

城市规划师与政策制定人必须把城市看作为在连续发展与变化的过程中的一个结构体系，它的最后形式是很难事先看到或确定下来的。运输系统是联系市内外空间的一系列的相互连接的网络，其设计应当允许随着增长、变化及城市形式作经常的试验。

七、城市土地使用

《雅典宪章》坚持建立一个立法纲领以便在满足社会用地要求时，可以有秩序地并有效地使用城市土地，并设想私人利益应当服从公共利益。

自从 1933 年以来，尽管多方面的努力，城市土地有限仍然是实现有计划的城市建设的根本阻碍。所以，对这一问题今天仍迫切要求拟订有效的、公平的立法，以便在不久的将来能够找到确有很大改进的解决城市土地的办法。

八、自然资源与环境污染

当前最严重的问题之一是我们的环境污染迅速加剧到了空前的具有潜在的灾难性的程度。这是无计划的爆炸性的城市化和地球自然资源滥加开发的直接后果。

世界上城市化地区内的居民被迫生活在日趋恶化的环境条件下，与人类卫生和福利的传统概念和标准远远不相适应，这些不可容忍的条件包括在城市居民所用的空气、水和食品中含有大量有毒物质以及有损身心健康的噪音。

控制城市发展的当局必须采取紧急措施，防止环境继续恶化，并按公认的公共卫生与福利标准恢复环境的固有的完整性。

在经济和城市规划方面，在建筑设计、工程标准和规范以及在规划与开发政策方面，也必须采取类似的措施。

九、文物和历史遗产的保存与保护

城市的个性和特性取决于城市的体型结构和社会特征。因此不仅要保存和维护好城市的历史遗址和古迹，而且还要继承一般的文化传统。一切有价值的说明社会和民族特性的文物必须保护起来。

保护、恢复和重新使用现有历史遗址和古建筑必须同城市建设过程结合起来，以保证这些文物具有经济意义并继续具有生命力。

在考虑再生和更新历史地区的过程中，应把优秀设计质量的当代建筑物包括在内。

十、工业技术

《雅典宪章》在讨论工业活动对城市所产生的影响时，略微提到了工业技术的作用。

在过去 44 年内，世界经历了空前的工业技术发展，技术惊人地影响着我们的城市以及城市规划和建筑的实践。

在世界的某些地区，工业技术的发展是爆炸性的，技术的扩散与有效应用是我们时代的重大问题之一。

今天科学与技术的进步以及各国人民之间交往改进，应当可以使人类社会克服地区的局限性和提供充分资源(注：应理解为资料资源)去解决建筑和规划问题。

然而对这些资源不加批判地使用，往往为了追求新颖或者由于文化依靠性的恶果，造成了材料、技术和形式的应用不当。

因此由于技术发展的冲击，结果是出现了依赖人工气候与照明的建筑环境。这种做法对于某些特殊问题是可以的，但建筑设计应当是在自然条件下创造适合功能要求的空间与环境的过程。

应当清楚地了解，技术是手段并不是目的。技术的应用应当是在政府适当支持下，认真研究和试验的实事求是的结果。

在有些地区，要求高度工业化的生产过程或施工设备是难以获得和推广的。这不应当因此而在技术上要求不严或者在解决当前的问题上就可以不讲究建筑设计,要在可能的范围内找出解决问题的方案,这对建筑与规划也是一种挑战。

施工技术应当努力采用经济合理的方法,做到设备能重复使用,利用资源丰富的材料生产结构构件。

十一、设计与实施

建筑师、规划师与有关当局要努力宣传使群众与政府都了解,区域与城市规划是个动态过程,不仅要包括规划的制定而且也要包括规划的实施。这一过程应当能适应城市这个有机体的物质和文化的不断变化。

此外,为了要与自然环境、现有资源和形式特征相适应,每一特定城市与区域应当制定合适的标准和开发方针。这样做可以防止照搬照抄来自不同条件和不同文化的解决方案。

十二、城市与建筑设计

《雅典宪章》本身对建筑设计不感兴趣。宪章制定人并不认为有此必要,因为他们认为“建筑是在光照下的体量的巧妙组合和壮丽表演”。

勒·柯布西耶的“太阳城”就是由这样的“体量”组成的。他的建筑语言是与立体派艺术相联系的,也是与把城市按功能分隔成不同的元素那种思想一致的。

在我们的时代，近代建筑的主要问题已不再是纯体积的视觉表演而是创造人们能生活的空间。要强调的已不再是外壳而是内容,不再是孤立的建筑,不管它有多美、多讲究,而是城市组织结构的连续性。

在1933年,主导思想是把城市和城市的建筑分成若干组成部分。在1977年,目标应当是把那些失掉了它们的相互依赖性和相互联系性,并已经失去其活力和涵义的组成部分重新统一起来。

建筑与规划的这一再统一不应当理解为古典主义的“先验地统一”(注:或者简单地说复古),应当明确指出,最近有人想恢复巴黎美院传统,这是荒唐地违反历史潮流,是不值得一谈的。因为用建筑语言来说,这种倾向是衰亡的症象,我们必须警惕走19世纪玩世不恭的折中主义道路,相反我们要走向现代运动新的成熟时期。

1930年代,在制定《雅典宪章》时,有一些发现和成就今天仍然有效,那就是:

(1) 建筑内容与功能的分析。

(2) 不协调的原则。

(3) 反透视的时空观。

(4) 传统盒子式建筑的解体。

(5) 结构工程与建筑的再统一。

建筑语言中的这些常数或“不变数”还需加上：

(6) 空间的连续性。

(7) 建筑、城市与园林绿化的再统一。

空间连续性是弗兰克·劳埃德·莱特的重大贡献，相当于动态立体派的时空概念，尽管他把它应用于社会准则如同应用于空间方面一样。

建筑—城市—园林绿地的再统一是城乡统一的结果。要坚持现在是建筑师认识现代运动历史的时候了，要停止搞那些由纪念碑式盒子组成的、过了时的城市建筑设计，不管是垂直的、水平的、不透明的、透明的或反光的建筑。

新的城市化追求的是建成环境的连续性，意即每一座建筑物不再是孤立的，而是一个连续统一体中的一个单元而已，它需要同其他单元进行对话，从而使其自身的形象完整。

这种形象待续的原则(就是说，本身形象的完整性有待与其他建筑联系起来相辅而完成)并不是新的。意大利文艺复兴派大师发现了这一原则，由米开朗基罗发扬光大。不过在我们时代，这不仅仅是一条视觉原则，而且更根本是一条社会原则。近几十年来，音乐和造型艺术领域内的经验证明艺术家现在不再创造一个完整的作品。他们在创作过程中往往只进行到创作的四分之三的地方就中止了，这样使观众不再是艺术品的消极的旁观者，而是多价信息(Polyvalent Message)中的积极参与者。

在建筑领域中，用户的参与更为重要，更为具体。人们必须参与设计的全过程，要使用户成为建筑师工作整体中的一个部分。

强调“不完整”或“待续”并不降低建筑师或规划师的威信。相对论和测不准原理并未削弱科学家的威信，相反恰好提高了威信，因为一位不信奉教条的科学家比那些过时的“万能之神”更受人尊敬。如果群众能被组织到设计过程中来，建筑师的联系面会增长，建筑上的创造发明才能也将会丰富和加强。一旦建筑师从学院戒律和绝对概念中解放出来，他们的想像力会受到人民建筑的巨大遗产的影响而激发出来——所谓人民建筑是没有建筑师的建筑，近几十年来人们曾对此作了大量研究。

可是，我们必须谨慎从事。应当认识到虽然地方色彩的建筑物对建筑设计想象是有很大贡献的，但不应当模仿。模仿在今天虽然很时髦，却像复制派提隆神庙(注:Parthenon,古希腊建筑的杰作)一样的无聊。问题是和模仿截然不同的,很清楚,只有当一个建筑设计能与人民的习惯、风格自然地融合在一起的时候,这个建筑才能对文化产生最大的影响。要做到这样的融合必须摆脱一切老框框,诸如维特鲁威柱式或巴黎美院传统以及勒·柯布西耶的五条设计原理。

十三、结束语

古代秘鲁的农业梯田受到全世界的赞赏,是由于它的尺度和宏伟,也由于它明显地表现出对自然环境的尊重。它那外表的和精神的表现形式是一座对生活的不可磨灭的纪念碑。在同样的思想鼓舞下,我们谨慎地提出这份宪章。

新城市主义宪章

（1996年新城市主义会议拟订于美国南卡罗莱纳州查尔斯顿）

新城市主义大会认为中心城市投资缺乏，地区蔓延扩张，日益增加的种族和贫富之间的距离，农业土地和荒地的不断减少，以及对现存社会遗产的侵蚀，这些都是相互关联的问题，是社区建筑面临的挑战。

我们主张恢复现有的中心城镇和位于连绵大都市区内的城镇，将蔓延的郊区重新整理和配置为有真正邻里关系的不同形式的社区，保护自然环境，保护业已存在的文化遗产。

我们认为仅仅依靠物质环境的解决方案不能完全解决社会和经济问题，但是如果没有一个明确的体形框架作为支持，同样也不能维持经济的活力、社区的稳定性以及环境的健康发展。

我们提倡重新组织公共政策和开发实践以支持以下原则：邻里要保持多种用途和人口的多样性；社区交通设计不仅要考虑到小汽车，同时还要考虑步行系统；城市和城镇的形式由普遍能到达的公共空间以及社区机构的物质环境界定；城镇空间由经过设计的建筑和景观构成，并反映当地历史、气候、生态以及建筑实践。

我们由公众部门和私人部门的领导、社会活动家、多学科的专业工作人员组成，代表广大的市民。我们承诺通过公众参与规划和设计的方式来重建建筑艺术和社区建设的关系。

我们将使我们每个人致力于改造我们的家、街区、街道、公园、邻里、地区、城镇、城市、区域和环境。

我们倡导以下列具体原则来指导公共政策、开发行为、城镇规划和设计。

区域：大都市、城市、城镇

1. 大都市区域是指有明确位置的地区，其地理上的边界为地形地貌、分水岭、海岸线、区域性公园和河床地带。大都市区域由城市、城镇和乡村多个中心组成，每个地区都有明确的中心和边界。

2. 大都市区域是当今世界的基础经济单位，政府协作、公共政策、形体规制以及经济政策皆应反映这个新的现实。

3. 大都市和农业内地与自然景观存在着必要的但并不稳固的环境、经济和文化方面的关系。农田和自然对于大都市的重要性犹如花园对于住宅的重要性。

4. 发展的方式不应模糊或消除大都市区的边界。在现存的城市地区的插入式发展应当保护环境资源、经济投资和社会肌理，同时开发边缘地区和废弃的地区。大都市区应制定策略鼓励插入式发展方式以取代周边的蔓延。

5. 和城镇边缘相邻的适宜新开发区应以邻里、地区的形式组织起来，并和现有的城镇体系融为一体。不相邻的发展地区应当以城镇、乡村的形式组织起来，各自都有自己的城镇边界。新开发区在规划时应考虑工作和居住的平衡发展，而不仅仅作为郊外的居住区。

6. 城市和城镇的开发和更新应当尊重历史的模式、先例和范畴。

7. 城市和城镇应引进公共和私人用途来支持区域的经济发展，以有利于各种收入阶层的居民。经济住房应当在区域的范围内和工作机会实现合理的配置，从而避免贫困居民的集中化。

8. 地区的体形组织应被新的交通体系所支持。有轨交通、步行体系和自行车体系应帮助完善区域可达性和流动性，并减少对汽车的依赖。

9. 税收和资源应当在区域内市政当局和中心更为有效的合作中得到共享，避免对于税收基础的破坏性竞争，以促进交通、娱乐、公共服务、住宅、社区机构理性和谐的发展。

邻里、分区和交通走廊

1. 邻里、分区以及交通走廊是大都市区区域发展和更新的重要要素。它们形成清晰可辨的地区，从而鼓励市民为形成和保护这些重要因素担负起责任。

2. 邻里应是紧凑的、步行友好的、混合使用的。分区通常强调一种特定的用途，在可能的条件下，应遵照邻里设计原则。交通走廊是邻里、地区的连接体，它们包括林阴道、轨道，也包括河流和公园路。

3. 日常许多活动应在步行距离内，为那些不能驾驶的人，尤其是老人和孩子创造独立性。互相联系的街道网络应当设计成为步行空间，减少汽车行驶频率和距离，节省能耗。

4. 在邻里中，大范围的住宅类型和价格体系可以为各种年龄、种族、收入的居民创造日常交流机会，加强私人和公共的联系，这些是真正的社区所必需的。

5. 如果合理规划和配置有轨交通体系，可以帮助组织邻里结构、复兴城镇中心。另一方面，高速公路发展不应取代对现有城市中心的投资建设。

6. 在有轨车站的步行范围内应当合理布置合适的居住密度和土地用途，使公共交通成为替代小汽车的一种有力方式。

7. 市民、机构、商业活动的集中体应当融入在邻里和地区的生活中，不要形成远离的、单一用途的综合体。学校的规模适中，应位于小孩步行或骑自行车方便达到的地方。

8. 城市设计图解法规对于城镇未来发展确定导则，可以促进邻里、地区以及交通走廊的经济健康及和谐发展。

9. 各种公园，从乡村绿地到球场和社区花园，应在邻里的范围内合理分布。保护区和开敞空间可以用来区分和联系不同的邻里和分区。

街区、街道、建筑物

1. 所有城镇建筑和景观设计的主要任务是确定共享的街道和公众空间的形体。

2. 个体建筑项目应当和它们的环境密切地相联系，这不仅仅是风格的问题。

3. 城镇空间更新应具有安全性和保护性。街道和建筑设计应当加强环境的安全性，不能牺牲开敞空间的可达性。

4. 当代的大都市区的发展应适当容纳小汽车的发展，应以尊重行人的空间形式为前提。

5. 街道和广场对于行人应是安全、舒适和有吸引力的。应合理进行配置，鼓励步行，促进邻里间的居民相互认识，保护他们的社区。

6. 建筑和景观设计应当源自当地的气候、类型、历史以及建筑实践。

7. 市民建筑和市民聚集空间要求位于重要的地段来加强社区识别性和民主文化。它们应有明确的形式，因为它们在城市中的地位和其他组成城市肌理的建筑和空间完全不同。

8. 所有建筑物应当使居民对于位置、天气和时间有清晰的认识。自然加热和冷却的方法应比机械系统更为节省能源。

9. 保护和复兴历史性建筑、街区和景观，强化城镇社区的延续和发展。

北京宪章

（1999年6月国际建协拟订于北京）

在世纪交会、千年转折之际，我们来自世界100多个国家和地区的建筑师，聚首在东方的古都北京，举行国际建协成立半个世纪以来的第20次会议。

未来由现在开始缔造，现在从历史中走来，我们总结昨天的经验与教训，剖析今天的问题与机遇，以期21世纪里能够更为自觉地把我们的星球——人类的家园——营建得更加美好、宜人。

与会者认为，新世纪的特点和我们的行动纲领是：变化的时代、纷繁的世界、共同的议题、协调的行动。

一、认识时代

1. 20世纪："大发展"和"大破坏"

20世纪既是人类从未经历过的伟大而进步的时代，又是史无前例的患难与迷惘的时代。

20世纪以其独特的方式丰富了建筑史：大规模的技术和艺术革新造就了丰富的建筑设计作品，在两次世界大战后医治战争创伤及重建中，建筑师的卓越作用意义深远。

然而，无可否认的是，许多建筑环境难尽人意；人类对自然以及对文化遗产的破坏已经危及其自身的生存；始料未及的"建设性破坏"屡见不鲜："许多明天的城市正由今天的贫民所建造"。

100年来，世界已经发生了翻天覆地的变化，但是有一点是相同的，即建筑学和建筑职业仍在发展的十字路口。

2. 21世纪："大转折"

时光轮转，众说纷纭，但认为我们处在永恒的变化中则是共识。令人瞩目的政治、经济、社会改革和技术发展、思想文化活跃等，都是这个时代的特征。在下一个世纪里，变化的进程将会更快，更加难以捉摸。在新的世纪里，全球化和多样化的矛盾将继续存在，并且更加尖锐。如今，一方面，生产、金融、技术等方面的全球化趋势日渐明显，全球意识成为发展中的一个共同取向；另一方面，地域差异客观存在，国家之间的贫富差距正在加大，地区冲突和全球经济动荡如阴云笼罩。

在这种错综复杂的、矛盾的情况下，我们不能不看到，现代交通和通讯手段致使多样的文化传统紧密相连，综合乃至整合作为新世纪的主题正在悄然兴起。

对立通常引起人们的觉醒，作为建筑师，我们无法承担那些明显处于我们职业以外的任务，但是不能置奔腾汹涌的社会、文化变化的潮流于不顾。“每一代人都……必须从当代角度重新阐述旧的观念”。我们需要激情、力量和勇气，直面现实，自觉思考21世纪建筑学的角色。

二、面临挑战

1. 繁杂的问题

环境祸患

工业革命后，人类在利用和改造自然的过程中，取得了骄人的成就，同时也付出了高昂的代价。如今，生命支持资源——空气、水和土地——日益退化，环境祸患正在威胁人类，而我们的所作所为仍然与基本的共识相悖，人类正走在与自然相抵触的道路上。

人类尚未揭开地球生态系统的谜底，生态危机却到了千钧一发的关头。用历史的眼光看，我们并不拥有自身所居住的世界，仅仅是从子孙处借得，暂为保管罢了。我们将把一个什么样的城市和乡村交给下一代？在人类的生存和繁衍过程中，人居环境建设起着关键的作用，我们建筑师又如何作出自身贡献？

混乱的城市化

人类为了生存得更加美好，聚居于城市，集中并弘扬了科学文化、生产资料和生产力。在20世纪，大都市的光彩璀璨夺目；在未来的世纪里，城市居民的数量将有史以来首次超过农村居民，成为名副其实的“城市时代”，城市化是我们共同的趋向。

然而，城市化也带来了诸多难题和困扰。在20世纪中叶，人口爆炸、农用土地被吞噬和退化、贫穷、交通堵塞等城市问题开始恶化。半个世纪过去了，问题却更为严峻。现行的城市化道路是否可行？我们的城市能否存在？“城镇”是由我们所构建的建筑物组成的，然而当我们试图对它们作些改变时，为何又如此无能为力？在城市住区影响我们的同时，我们又怎样应对城市住区问题？传统的建筑观念能否适应城市趋势？

技术“双刃剑”

技术是一种解放的力量。人类经数千年的积累，终于使科技在近百年来释放了空前的能量。科技发展，新材料、新结构和新设备的应用，创造了20世纪特有的建筑形式。如今，我们仍然还在利用技术的力量和潜能的进程中。

技术的建设力量和破坏力量在同时增加。技术发展改变了人和自然的关系，改变了人类的生活，进而向固有的价值观念挑战。如今技术已经把人类带到一个新的分叉点。人类如何才能安渡这个分叉点又怎样对待和利用技术？

建筑魂的失落

文化是历史的积淀，存留于城市和建筑中，融合在人们的生活中，对城市的建造、市民的观念和行为起着无形的影响，是城市和建筑之魂。

技术和生产方式的全球化带来了人与传统地域空间的分离。地域文化的多样性和特色逐渐衰微、消失；城市和建筑物的标准化和商品化致使建筑特色逐渐隐退。

建筑文化和城市文化出现趋同现象和特色危机。由于建筑形式的精神意义植根于文化传统，建筑师如何因应这些存在于全球和地方各层次的变化？建筑创作受地方传统和外来文化的影响有多大？

如今，建筑学正面临众多纷繁复杂的问题，它们都相互关联、互为影响、难解难分，以上仅举其要，但也不难看出，建筑学需要再思考。

2. 共同的选择

我们所面临的多方面的挑战，实际上，是社会、政治、经济过程在地区和全球层次上交织的反映。要解决这些复杂的问题，最重要的是必须有一个辩证的考察。

面对上述种种问题，人类逐步认识到“只有一个地球”。1987 年 5 月明确提出“可持续发展”的思想，如今这一思想正逐渐成为人类社会的共同追求。可持续发展含义广泛，涉及政治、经济、社会、技术、文化、美学等各个方面的内容。建筑学的发展是综合利用多种要素以满足人类住区需要的完整现象。走可持续发展之路是以新的观念对待 21 世纪建筑学的发展，这将带来又一个新的建筑运动，包括建筑科学技术的进步和艺术的创造等。为此，有必要对未来建筑学的体系加以系统的思考。

三、从传统建筑学走向广义建筑学

在过去的几十年里，世界建筑师已经聚首讨论了许多话题，集中我们在 20 世纪里对建筑学的各种理解，可以发现，对建筑学有一个广义的、整合的定义是新世纪建筑学发展的关键。

1. 三个前提

历史上，建筑学所包括的内容、建筑业的任务以及建筑师的职责总是随时代而拓展，不断变化。传统的建筑学已不足以解决当前的矛盾，21 世纪建筑学的发展不能局限在狭小的范围内。

强调综合,并在综合的前提下予以新的创造,是建筑学的核心观念。然而,20世纪建筑学技术、知识日益专业化,其将我们“共同的问题”分裂成个别单独论题的做法,使得建筑学的前景趋向狭窄和破碎。新世纪的建筑学的发展,除了继续深入各专业的分析研究外,有必要重新认识综合的价值,将各方面的碎片整合起来,从局部走向整体,并在此基础上进行新的创造。

目前,一方面人们提出了“人居环境”的概念,综合考虑建设问题;另一方面建筑师在建设中的作用却在不断被削弱。要保持建筑学在人居环境建设中主导专业的作用,就必须面向时代和社会,加以扩展,而不能抱残守缺,株守固有专业技能。

这是建筑学的时代任务,是维系自身生存的基础。

2. 基本理论的建构

中国先哲云“一法得道,变法万千”,这说明设计的基本哲理(“道”)是共通的,形式的变化(“法”)是无穷的。近百年来,建筑学术上,特别是风格、流派纷呈,莫衷一是,可以说这是舍本逐末。为今之计,宜回归基本原理,作本质上的概括,并随机应变,在新的条件下创造性地加以发展。

回归基本原理宜从关系建筑发展的若干基本问题、不同侧面,例如聚居、地区、文化、科技、经济、艺术、政策法规、业务、教育、方法论等,分别探讨;以此为出发点,着眼于汇“时间—空间—人间”为一体,有意识地探索建筑若干方面的科学时空观:

——从“建筑天地”走向“大千世界”(建筑的人文时空观)

——“建筑是地区的建筑”(建筑的地理时空观)

——“提高系统生产力,发挥建筑在发展经济中的作用”(建筑的技术经济时空观)

——“发扬文化自尊,重视文化建设”(建筑的文化时空观)

——“创造美好宜人的生活环境”(建筑的艺术时空观)

…………

广义建筑学学术建构的任务繁重而艰巨,需要全球建筑师的共同努力,共同谱写时代的新篇章。

3. 三位一体:走向建筑学—地景学—城市规划学的融合

建筑学与更广阔的世界的辩证关系最终集中在建筑的空间组合与形式的创造上。“……建筑学的任务就是综合社会的、经济的、技术的因素,为人的发展创造三维形式和合适的空间”。

广义建筑学，就其学科内涵来说，是通过城市设计的核心作用，从观念上和理论基础上把建筑学、地景学、城市规划学的要点整合为一。

在现代发展中，规模和视野日益加大，建设周期一般缩短，这为建筑师视建筑、地景和城市规划为一体提出了更加切实的要求，也带来更大的机遇。这种三位一体使设计者有可能在更广阔的范围内寻求问题的答案。

4. 循环体系：着眼于人居环境建造的建筑学

新陈代谢是人居环境发展的客观规律，建筑学着眼于人居环境的建设，就理所当然地把建设的物质对象看作是一个循环的体系，将生命周期作为设计要素之一。

建筑物的生命周期不仅结合建筑的生产与使用阶段，还要基于：最小的耗材，少量的"灰色能源"消费和污染排放，最大限度的循环使用和随时对环境加以运营、整治。

对城镇住区来说，宜将规划建设、新建筑的设计、历史环境的保护、一般建筑的维修与改建、古旧建筑合理地重新使用、城市和地区的整治、更新与重建以及地下空间的利用和地下基础设施的持续发展等，纳入一个动态的、生生不息的循环体系之中。这是一个在时空因素作用下，建立对环境质量不断提高的建设体系，也是可持续发展在建筑与城市建设中的体现。

5. 多层次的技术建构以及技术与人文相结合

充分发挥技术对人类社会文明进步应有的促进作用，这将成为我们在新世纪的重要使命。

第一，由于不同地区的客观建设条件千差万别，技术发展并不平衡，技术的文化背景不尽一致，21 世纪将是多种技术并存的时代。

从理论上讲，重视高新技术的开拓在建筑学发展中所起的作用，积极而有选择地把国际先进技术与国家或地区的实际相结合，推动此时此地技术的进步，这是非常必要的。如果建筑师能认识到人类面临的生态挑战，创造性地运用先进的技术，满足了建筑经济、实用和美观的要求，那么，这样的建筑物将是可持续发展的。

从技术的复杂性来看，低技术、轻型技术、高技术各不相同，并且差别很大，因此每一个设计项目都必须选择适合的技术路线，寻求具体的整合的途径，亦即要根据各地自身的建设条件，对多种技术加以综合利用、继承、改进和创新。

在技术应用上，结合人文的、生态的、经济的、地区的观点等，进行不同程度的革新，推动新的建筑艺术的创造。目前不少理论与实践的创举已见端倪，可以预期,21 世纪将会有更大的发展。

第二,当今的文化包括了科学与技术,技术的发展必须考虑人的因素,正如阿尔瓦·阿尔托所说:“把技术功能主义的内涵加以扩展,使其甚至覆盖心理领域,它才有可能是正确的。这是实现建筑人性化的唯一途径。”

6. 文化多元:建立“全球—地区建筑学”

全球化和多元化是一体之两面, 随着全球各文化——包括物质的层面与精神的层面——之间同质性的增加,对差异的坚持可能也会相对增加,建筑学问题和发展植根于本国、本区域的土壤,必须结合自身的实际情况,发现问题的本质,从而提出相应的解决办法:以此为基础,吸取外来文化的精华,并加以整合,最终建立一个“和而不同”的人类社会。

建筑学是地区的产物,建筑形式的意义来源于地方文脉,并解释着地方文脉。但是,这并不意味着地区建筑学只是地区历史的产物。恰恰相反,地区建筑学更与地区的未来相连。我们职业的深远意义就在于运用专业知识,以创造性的设计联系历史和将来,使多种取向中并未成型的选择更接近地方社会。“不同国度和地区之间的经验交流, 不应简单地认为是一种预备的解决方法的转让,而是激发地方想像力的一种手段。”

“现代建筑的地区化,乡土建筑的现代化,殊途同归,推动世界和地区的进步与丰富多彩。”

7. 整体的环境艺术

工业革命后,由于作为建设基础的城市化速度很快,城市的结构与建筑形态有了很大的变化,物质环境俨然从秩序走向混沌。我们应当乱中求序,从混沌中追求相对的整体的协调美和“秩序的真谛”。

用传统的建筑概念或设计方式来考虑建筑群及其与环境的关系已经不尽适合时宜。

我们要用群体的观念、城市的观念看建筑:从单个建筑到建筑群的规划建设,到城市与乡村规划的结合、融合,以至区域的协调发展,都应当成为建筑学考虑的基本点,在成长中随时追求建筑环境的相对整体性及其与自然的结合。

在历史上,美术、工艺与建筑是相互结合、相辅相成的,随着近代建筑的发展,国际式建筑的盛行,美术、工艺与建筑又出现了分离和复活。今天需要提倡“一切造型艺术的最终目的是完整的建筑”, 向着新建筑以及作为它不可分割的组成部分——雕塑、绘画、工艺、手工劳动重新统一的目标而努力。

8. 全社会的建筑学

在许多传统社会的城乡建设中,建筑师起着不同行业总协调人的作用。然而,如今大多数建筑师每每只着眼于建筑形式，拘泥于其狭隘的技术——美学意义，越来越脱离真正的决策，这种现象值得注意。建筑学的发展要考虑到全面的社会—政治背景，只有这样，建筑师才能"作为专业人员参与所有层次的决策"。

建筑师作为社会工作者，要扩大职业责任的视野，理解社会，忠实于人民，积极参与社会变革，努力使"住者有其屋"，包括向如贫穷者、无家可归者提供住房。职业的自由并不能降低建筑师的社会责任感。

建筑学是为人民服务的科学，要提高社会对建筑的共识和参与，共同保护与创造美好的生活与工作环境。其中既包括使用者参与，也包括决策者参与，这主要集中体现在政府行为对建筑事业发展的支持与引导上。

决策者的文化素质和对建筑的修养水平是设计优劣的关键因素之一，要加强全社会的建筑关注与理解。

9. 全方位的教育

未来建筑事业的开拓、创造以及建筑学术的发展寄望于建筑教育的发展与新一代建筑师的成长。建筑师、建筑学生首先要有高尚的道德修养和精神境界，提高环境道德与伦理，关怀社会整体——最高的业主——的利益，探讨建设良好的"人居环境"的基本战略。

建筑教育要重视创造性地扩大的视野，建立开放的知识体系(既有科学的训练，又有人文的素养)；要培养学生的自学能力、研究能力、表达能力与组织管理能力，随时能吸取新思想，运用新的科学成就，发展、整合专业思想，创造新事物。

建筑教育是终身的教育。环境设计方面的教育是从学龄前教育到中小学教育，到专业教育以及后续教育的长期过程。

10. 广义建筑学的方法论

经过半个世纪的发展，重申格罗比乌斯的下列观念是必要的："建筑师作为一个协调者，其工作是统一各种与建筑物有关的形式、技术、社会和经济问题……新的建筑学将驾驭一个比如今单体建筑物更加综合的范围：我们将逐步地把个别的技术进步结合到一个更为宽广、更为深远的作为一个有机整体的设计概念中去。"

建筑学的发展必须分析与综合兼顾，但当前宜重在"整合"，提倡广义建筑学，并非要建筑师成为万事俱通的专家(这永远是不可能的)，而是要求建筑师加强业务修养，具备广义的、综合的观念和哲学思维，能与有关专业合作，寻找新的结合点，解决问题，发展理论。

世界充满矛盾，例如全球化与地区化、国际和国家、普遍性与特殊性、灵活性与稳定性……未来建筑学理论与实践的发展有赖于我们善于分析、处理好这些矛盾；一些具体的建筑设计也无不是多种矛盾的交叉，例如规律与自由、艺术与科学、传统与现代、继承与创新、技术与场所以及趋同与多样……广义建筑学就是在承认这些矛盾的前提下，努力辩证地对其加以处理的尝试。

四、基本结论：一致百虑，殊途同归

客观世界千头万绪，千变万化，我们无须也不可能求得某个一致的、技术性的结论。但是，如果我们能审时度势，冷静思考，从中国古代哲学思想“天下一致而百虑，同归而殊途”中吸取智慧，则不难得出下列基本结论：

第一，在纷繁的世界中，探寻整合之点。

中国成语：“高屋建瓴”、“兼容并包”、“和则生物”以及中国山水画论“以大观小”等等，这些话内涵不尽一致，但其总的精神都强调在观察和处理事物时要整体思维，综合集成。

20世纪建筑的成就史无前例，但是历史地看，只不过是长河之细流。要让新世纪建筑学百川归海，就必须把现有的闪光片片、思绪万千的思想与成就去粗存精、去伪存真地整合起来，回归基本的理论，从事更伟大的创造，这是21世纪建筑学发展的共同追求。

第二，各循不同的道路达到共同目标。

区域差异客观存在，对于不同的地区和国家，建筑学的发展必须探求适合自身条件的蹊径，即所谓的“殊途”。只有这样，人类才能真正地共生、可持续发展……

西谚云“条条大路通罗马”，没有同样的道路，但是可以走向共同的未来，即全人类安居乐业，享有良好的生活环境。

为此，建筑师要追求“人本”、“质量”、“能力”和“创造”……在有限的地球资源条件下，建立一个更加美好、更加公平的人居环境。

时值世纪之交，我们认识到时代主旋律，捕捉到发展中的主要矛盾，努力在共同的议题中谋求共识，并在协调的实践中随时加以发展。应当看到，进入下一个世纪只是连续的社会、政治进程中的短暂的一刻。今天我们的探索可能还只是一个开始，一个寄望于人类在总目标上协调行动的开始，一个在某些方面改弦易辙的伟大的开始。

21世纪人居环境建设任务庄严而沉重，但我们并不望而却步。无论面临着多少疑虑和困难，我们都将信心百倍，不失胆识而又十分审慎地迎接未来，创造未来！

国际古迹保护与修复宪章(威尼斯宪章)

(1964年5月第二届历史古迹建筑师及技师国际会议拟订于威尼斯)

世世代代人民的历史古迹,饱含着过去岁月的信息留存至今,成为人们古老的活的见证。人们越来越意识到人类价值的统一性,并把古代遗迹看作共同的遗产,认识到为后代保护这些古迹的共同责任。将它们真实地、完整地传下去是我们的职责。

古代建筑的保护与修复指导原则应在国际上得到公认并作出规定，这一点至关重要。各国在各自的文化和传统范畴内负责实施这一规划。

1933年的《雅典宪章》第一次规定了这些基本原则,为一个国际运动的广泛发展做出了贡献。这一运动所采取的具体形式体现在各国的文件之中,体现在国际博物馆协会和联合国教育、科学及文化组织的工作之中,以及在由后者建立的国际文化财产保护与修复研究中心之中。一些已经并在继续变得更为复杂和多样化的问题已越来越受到注意,并展开了紧急研究。现在,重新审阅宪章的时候已经来临,以便对其所含原则进行彻底研究,并在一份新文件中扩大其范围。

为此,1964年5月25日~31日在威尼斯召开了第二届历史古迹建筑师及技师国际会议,通过了以下文本:

定义

第一条　历史古迹的概念不仅包括单个建筑，而且包括能从中找出一种独特的文明、一种有意义的发展或一个历史事件见证的城市或乡村环境。这不仅适用于伟大的艺术作品，而且亦适用于随时光流逝而获得文化意义的过去一些较为朴实的艺术品。

第二条　古迹的保护与修复必须求助于对研究和保护考古遗产有利的一切科学技术。

宗旨

第三条　保护与修复古迹的目的旨在把它们既作为历史见证，又作为艺术品予以保护。

保护

第四条　古迹的保护至关重要的一点在于日常的维护。

第五条　为社会公用之目的使用古迹永远有利于古迹的保护。因此,这种使用合乎需要,但决不能改变该建筑的布局或装饰。只有在此限度内才可考虑或允许因功能改变而需做的改动。

第六条　古迹的保护包含着对一定规模环境的保护。凡传统环境存在的地方必须予以保存,决不允许任何导致改变主体和颜色关系的新建、拆除或改动。

第七条　古迹不能与其所见证的历史和其产生的环境分离。除非出于保护古迹之需要,或因国家或国际之极为重要利益而证明有其必要,否则不得全部或局部搬迁该古迹。

第八条　为构成古迹整体一部分的雕塑、绘画或装饰品,只有在非移动而不能确保其保存的唯一办法时方可进行移动。

修复

第九条　修复过程是一个高度专业性的工作，其目的旨在保存和展示古迹的美学与历史价值,并以尊重原始材料和确凿文献为依据。一旦出现臆测,必须立即予以停止。

此外，即使如此，任何不可避免的添加都必须与该建筑的原构成有所区别,并且必须要有现代标记。无论在任何情况下,修复之前及之后必须对古迹进行考古及历史研究。

第十条　当传统技术被证明为不适用时，可采用任何经科学数据和经验证明为有效的现代建筑及保护技术来加固古迹。

第十一条　各个时代为一古迹之建筑物所做的正当贡献必须予以尊重,因为修复的目的不是追求风格的统一。当一座建筑物含有不同时期的重叠作品时,揭示底层只有在特殊情况下,在被去掉的东西价值甚微而被显示的东西具有很高的历史、考古或美学价值,并且保存完好足以说明这么做的理由时才能证明其具有正当理由。评估由此涉及的各部分的重要性以及决定毁掉什么内容,不能仅仅依赖于负责此项工作的个人。

第十二条　缺失部分的修补必须与整体保持和谐,但同时须区别于原作,以使修复不歪曲其艺术或历史见证。

第十三条　任何添加均不允许，除非它们不至于贬低该建筑物的有趣部分、传统环境、布局平衡及其与周围环境的关系。

第十四条　古迹遗址必须成为专门照管对象,以保护其完整性,并确保用恰当的方式进行清理和开放。在这类地点开展的保护与修复工作应得到上述条款所规定之原则的鼓励。

发掘

第十五条　发掘应按照科学标准和联合国教育、科学及文化组织 1956 年通过的适用于考古发掘国际原则的建议予以进行。

遗址必须予以保存,并且必须采取必要措施,永久地保存和保护建筑风貌及其所发现的物品。此外,必须采取一切方法促进对古迹的了解,使它得以再现而不曲解其意。

然而对任何重建都应事先予以制止,只允许重修,也就是说,把现存但已解体的部分重新组合。所用粘结材料应永远可以辨别,并应尽量少用,只需确保古迹的保护和其形状的恢复之用便可。

出版

第十六条　一切保护、修复或发掘工作永远应有用配以插图和照片的分析及评论报告这一形式所做的准确的记录。

清理、加固、重新整理与组合的每一阶段,以及工作过程中所确认的技术及形态特征均应包括在内。这一记录应存放于一公共机构的档案馆内,使研究人员都能查到。该记录应建议出版。

佛罗伦萨宪章

(1982年12月国际古迹遗址理事会拟订于佛罗伦萨)

国际古迹遗址理事会与国际历史园林委员会于1981年5月21日在佛罗伦萨召开会议,决定起草一份将以该城市命名的历史园林保护宪章,本宪章即由该委员会起草,并由国际古迹遗址理事会于1982年12月15日登记作为涉及有关具体领域的《威尼斯宪章》的附件。

定义与目标

第一条 “历史园林指从历史或艺术角度而言民众所感兴趣的建筑和园艺构造”。鉴此,它应被看作是一古迹。

第二条 “历史园林是一主要由植物组成的建筑构造,因此它是具有生命力的,即指有死有生”。因此,其面貌反映着季节循环、自然生死与园林艺人,希望将其保持永恒不变的愿望之间的永久平衡。

第三条 作为古迹,历史园林必须根据《威尼斯宪章》的精神予以保存。然而,既然它是一个活的古迹,其保存必须根据特定的规则进行,此乃本宪章之议题。

第四条 历史园林的建筑构造包括:

其平面和地形;

其植物,包括品种、面积、配色、间隔以及各自高度;

其结构和装饰特征;

其映照天空的水面,死水或活水。

第五条 这种园林作为文明与自然直接关系的表现,作为适合于思考和休息的娱乐场所,因而具有理想世界的巨大意义,用词源学的术语来表达就是“天堂”,并且也是一种文化、一种风格、一个时代的见证,而且常常还是具有创造力的艺术家的独创性的见证。

第六条 “历史园林”这一术语同样适用于不论是正规的还是风景的小园林和大公园。

第七条 历史园林不论是否与某一建筑物相联系,在此情况下它是其不可分割的一部分,它不能隔绝于其本身的特定环境,不论是城市的还是农村的,亦不论是自然的还是人工的。

第八条　一座历史遗址是与一个值得纪念的历史事件相联系的特定风景区。例如:一个主要历史事件、一部著名神话、一场具有历史意义的战斗或一幅名画的背景。

第九条　历史园林的保存取决于对其鉴别和编目情况。对它们需要采取几种行动,即维护、保护和修复。

维护、保护、修复、重建

第十条　在对历史园林或其中任何一部分的维护、保护、修复和重建工作中，必须同时处理其所有的构成特征。把各种处理孤立开来将会损坏其整体性。

维护与保护

第十一条　对历史园林不断进行维护至为重要。既然主要物质是植物,在没有变化的情况下,保存园林既要求根据需要予以及时更换,也要求有一个长远的定期更换计划(彻底地砍伐并重播成熟品种)。

第十二条　定期更换的树木、灌木、植物和花草的种类必须根据各个植物和园艺地区所确定和确认的实践经验加以选择，目的在于确定那些已长成雏形的品种并将它们保存下来。

第十三条　构成历史园林整体组成部分的永久性的或可移动的建筑、雕塑或装饰特征,只有在其保护或修复之必要范围内方可予以移动或替代。任何具有这种危险性质的替代和修复必须根据《威尼斯宪章》的原则予以实施,并且必须说明任何全部替代的日期。

第十四条　历史园林必须保存在适当的环境之中，任何危及生态平衡的自然环境变化必须加以禁止。所有这些适用于基础设施的任何方面（排水系统、灌溉系统、道路、停车场、栅栏、看守设施以及游客舒畅的环境等)。

修复与重建

第十五条　在未经彻底研究,以确保此项工作能科学地实施,并对该园林以及类似园林进行相关的发掘和资料收集等所有一切事宜之前，不得对某一历史园林进行修复,特别是不得进行重建。在任何实际工作开展之前,任何项目必须根据上述研究进行准备,并须将其提交一专家组予以联合审查和批准。

第十六条　修复必须尊重有关园林发展演变的各个相继阶段,原则上说,对任何时期均不应厚此薄彼,除非在例外情况下,由于损坏或破坏的程度影响到园林的某些部分，以致决定根据尚存的遗迹或根据确凿的文献证据对其进行重建。为了在设计中体现其重要意义,这种重建工作尤其可在园林内最靠近该建筑物的某些部分进行。

第十七条 在一园林彻底消失或至多只存在其相继阶段的推测证据的情况下,重建物不能被认为是一历史园林。

利用

第十八条 虽然任何历史园林都是为观光或散步而设计的，但是其接待量必须限制在其容量所能承受的范围，以便其自然构造物和文化信息得以保存。

第十九条 由于历史园林的性质和目的，历史园林是一个有助于人类的交往、宁静和了解自然的安宁之地。它的日常利用概念必须与它在节日时偶尔所起的作用形成反差。因此,为了能使任何这种节日本身用来提高该园林的视觉影响,而不是对其进行滥用或损坏,这种偶尔利用一历史园林的情况必须予以明确规定。

第二十条 虽然历史园林适合于一些闲静的日常游戏，但也应毗连历史园林划出适合于生动活泼的游戏和运动的单独地区，以便可以满足民众在这方面的需要,不损害园林和风景的保护。

第二十一条 根据季节而确定时间的维护和保护工作，以及为了恢复该园林真实性的主要工作应优先于民众利用的需要。对参观历史园林的所有安排必须加以规定,以确保该地区的精神能得以保存。

第二十二条 如果一历史园林修有围墙，在对可能导致其气氛变化和影响其保存的各种可能后果进行检查之前,其围墙不得予以拆除。

法律和行政保护

第二十三条 根据具有资格的专家的建议，采取适当的法律和行政措施对历史园林进行鉴别、编目和保护是有关负责当局的任务。这类园林的保护必须规定在土地利用计划的基本框架之中，并且这类规定必须在有关地区性的或当地规划的文件中正式指出。根据具有资格的专家的建议，采取有助于维护、保护和修复以及在必要情况下重建历史园林的财政措施,亦是有关负责当局的任务。

第二十四条 历史园林是遗产特征之一,鉴于其性质,它的生存需要受过培训的专家长期不断的精心护理。因此,应该为这种人才,不论是历史学家、建筑学家、环境美化专家、园艺学家还是植物学家提供适当的培训课程。

还应注意确保维护或恢复所需之各种植物的定期培植。

第二十五条 应通过各种活动激发对历史园林的兴趣。这种活动能够强调历史园林作为遗产的一部分的真正价值,并且能够有助于提高对它们的了解和欣赏,即促进科学研究、信息资料的国际交流和传播、出版(包括为一般民众设计的作品)、鼓励民众在适当控制下接近园林以及利用宣传媒介树立对自然和历史遗产需要给予应有的尊重之意识。应建议将最杰出的历史园林列入世界遗产清单。

注释

以上建议适用于世界上所有历史园林。

适用于特定类型的园林的附加条款可以附于本宪章之后,并对所述类型加以简要描述。

内罗毕宣言

(1982年5月联合国环境规划署拟订于内罗毕)

为纪念斯德哥尔摩联合国人类环境会议十周年,国际社会成员国于1982年5月10日至18日在内罗毕聚会,审议了为执行会议通过的宣言和行动计划而采取的各种措施,并郑重要求各国政府和人民巩固与发展迄今业已取得的进展,同时对全世界环境的现状表示严重关注,指出迫切需要在全球、地区与国家为保护和改善环境而加紧努力。

1. 斯德哥尔摩会议是加深公众对人类环境脆弱性的认识和理解的强大力量。自那时以来的这些年里,环境科学取得了重大进展;教育、宣传和训练得到了很大发展。几乎所有国家都通过了环境方面的立法,不少国家已在宪法中写入了保护环境的条款。除成立了联合国环境规划署外,还设立了一些政府和非政府组织,缔结了一些有关环境合作的重要国际协定。斯德哥尔摩宣言的原则在今天仍然和1972年时一样有效。这些原则为今后的岁月提供了一套改善和保护环境的基本守则。

2. 然而应当指出,行动计划仅是部分的得到了执行,而且其结果也不能被认为是令人满意的。这主要是由于对环境保护的长远利益缺乏足够的预见和理解,在方法和努力方面没有进行充分的协调,以及由于资源的缺乏和分配的不平均。因此,行动计划还未对整个国际社会产生足够的影响。人类的一些无控制的或无计划的活动使环境日趋恶化。森林的砍伐、土壤与水质的恶化和沙漠化已达到惊人的程度,并严重地危及世界大片土地的生活条件。有害的环境状况引起的疾病继续造成人类的痛苦。大气变化(例如臭氧层的变化、二氧化碳含量的日益增加和酸雨)、海洋和内陆水域的污染、滥用和随便处置有害物质以及动植物物种的灭绝,进一步严重威胁人类的环境。

3. 过去十年中出现了一些新的看法:进行环境管理和评价的必要性。环境、发展、人口和资源之间的紧密而复杂的相互关系以及人口的不断增加,特别是在城市地区内对环境所造成的压力已为人们所广泛认识。只有采取一种综合的并在区域内做到统一的办法,并强调这种相互关系,才能使环境无害化和社会经济持续发展。

4. 对于环境的威胁,因为贫穷和挥霍浪费变得更为严重:这两者都会导致人们过度地开发其环境,因此,《联合国第三个发展十年国际开发战略》和建立新的国际经济秩序,均属于旨在全球性努力扭转环境退化的主要手段。将市场调节和计划相结合起来，也可有利于社会的健康发展以及环境和资源的合理管理。

5. 一种和平安全的国际气氛，没有战争特别是没有核战争的威胁，不在军备上浪费人力、物力，也没有种族隔离、种族分离或任何方式的歧视，没有殖民主义和其他方式的压迫和外国统治，对于人类环境将有极大的好处。

6. 许多环境问题是跨越国界的。为了大家的利益在适当的情况下，应通过各国间的协商和协调一致的国际行动，来加以解决。因此，各国政府应逐步制订环境法，包括制订各种公约和协定，并扩大科学研究和环境管理方面的合作。

7. 不发达状况，包括有关国家无法控制的外部因素，造成的环境缺陷是一个严重的问题，但可以通过各国间及其内部更公平地利用技术和经济资源，来加以克服。发达国家及有能力这样做的国家，应协助受到环境失调影响的发展中国家，帮助他们处理最严重的环境问题。应用适当的技术，尤其是利用发展中国家的技术，能使经济和社会进步与保护自然资源统一起来。

8. 需要作进一步的努力，来发展环境无害化，寻求利用自然资源的方法和管理方法，并使传统的畜牧制度现代化。应特别注意技术革新在促进资源的代替、再循环和养护方面可以发挥的作用。传统能源和常规能源的迅速耗费，对有效地管理和节约能源以及环境都提出了新的严峻挑战。各国之间或各国家集团之间合理进行能源规划很有必要。发展新能源和可再生能源等措施将对环境产生非常有利的影响。

9. 与其花很多钱、费很多力气在环境破坏之后亡羊补牢，不如预防其破坏。预防性行动应包括对所有可能影响环境的活动进行妥善的规划。此外，还应通过宣传、教育和训练，提高公众和政界人士对环境重要性的认识。在促进环境保护工作中，必须每个人负起责任并参与工作。所有企业，包括跨国公司在内，在采用工业生产方法或技术以及在将此种方法和技术出口到别的国家时，都应考虑其对环境的责任。在这方面，及时而充分的立法行动也很重要。

10. 国际社会庄严重申各国对斯德哥尔摩宣言和行动计划所承担的义务，重申要进一步加强和扩大在环境保护领域内的各国努力和国际合作。国际社会还重申赞成加强联合国环境规划署，使其成为促进全球环境合作的主要机构，并呼吁增加提供资金，特别是通过环境基金，用以处理环境问题。国际社会敦促世界各国政府和人民既要集体的也要单独的负起其历史责任，使我们这个小小的地球能够保证人人都能过着尊严的生活，代代相传下去。

2　发展中国家城市发展与规划的几个关键问题：全球化体系中的透视

张京祥

摘要

“全球化”作为一个过程意义上的概念，实际上从西方国家早期的对外经济扩张就已经开始。纳入全球化体系的发展中国家城市，一直在二元化或多元化的经济与社会背景中艰难地前进着，由此表现出了许多不同于发达国家的境况，而出现的种种问题也更为复杂。文章从全球化体系的视野，提出了关系当今发展中国家城市发展与规划的六个方面重大问题，这些问题对其城市发展具有基础性的意义。文章分别描述了相关的基本现象，并阐述了基本的成因，但这些认识基本上还是概念性的。

导言

根据联合国等机构多种相关口径的考察，广义的发展中国家范畴是指欧美发达国家以外的一百三十多个亚、非、拉国家，人口占世界总量的3/4强。发展中国家的发展状况，尤其是作为社会经济发展主要载体的城市的发展状况，一直关系着世界发展的总体格局，影响着人类发展的整体道路。二次世界大战以后特别是1990年代随着全球经济一体化的更加推行，发达国家与发展中国家的矛盾、发展中国家内部错综复杂的关系、发展中国家自身存在的种种问题，都在不同层面以不同的方式更加强烈地表现出来。

更需要指出的是，发达国家对发展中国家的影响，一方面造就了发展中国家在政治、经济、军事乃至文化上对发达国家的更加依赖，另一方面更深层次的矛盾也在不断地酝酿甚至不时局部爆发。M. 马格威尔特公正地指出：“西方资本主义体系须依靠扩张以求生存……但它扩张的成功仍大部分依赖它的‘再生产’能力。因此，西化无疑成为帝国主义的工具……现代化被视为‘独立发展’的过程。然而我们将看到，这种所谓散播过程的结果是制造了依赖，并且还否决了真正现代化的可行性。”发展中国家的这种总体发展状况，正如罗马俱乐部前主席A. 佩切伊在《人类素质》一书中悲观地写到的那样：人好像陷入了流沙，“他越是利用他的力量，他就越需要力量。如果他不知道如何利用这种力量,他只能成为力量的俘虏”。

许多学者尤其是西方学者出于各种需要，一直对发展中国家的发展状况给予了极大的关注,研究领域也由最初的经济、政治扩展到城市、人口、文化、生态、教育等各个方面,其中的核心是种种关于发展理论的研究。从纵向来看,发展中国家种种发展理论的研究大体经历了三次转变：从结构功能理论演化出现代化理论,从现代化理论演化出依赖理论,从依赖理论演化出世界体系理论。发展中国家总体发展状况的变迁及其上述的相关阶段性发展理论的转变,都在城市这个空间载体上有着明确的投影或折射。然而,发展中国家是一个多类型、多阶段的概念,其社会形态具有特殊性、复杂性和矛盾性,发展中国家在近代与现代历史进程中变迁的不均匀性和不稳定性，给这些国家的当代发展造成了特殊的困难。

这篇文章并非是期望对发展中国家城市发展与规划的方方面面给出全景式的回答,而只是从一个发展中国家城市研究者的角度,提出一些值得关注而又迫切需要解答的问题。因此,这篇文章的撰写并不是表明某种研究的结束,而正是期望一系列深入研究的开始。

一、全球城市体系中城市的依附发展与独立发展

发展中国家、城市大多经历过殖民化的历史,宗主国的剥削造成了这些国家、城市的经济与社会发展中存在着严重的数量短缺与结构失调。即使这些国家独立以后,依然不能形成完善的经济结构和进行社会化大生产,经济上乃至政治上对宗主国的依赖性极大。“二元性”是发展中国家城市发展中最主要的特征,这种二元性在城市经济生活的许多方面都有明显的表现:从内部来看,落后的农业与工业化并存,传统产业与现代产业发展并存,少数城市的快速增长与区域不平衡发展并存等等;从外部环境看,二元性主要表现为自主发展的要求与外来国际分工的干预并存,从而导致在全球城市体系中,发展中国家的城市普遍面临着独立发展与依附发展的矛盾。

二战以后,发展中国家在清除帝国主义和殖民主义势力的影响、维护民族权益、反对封建主义、实施经济发展战略、普及与提高教育水平、开发人力资源等方面,进行了大量的调整与革新。在 1980 年代以前,发展中国家的经济状况有所改变,普遍保持了较高的经济增长率(发展中国家的 GDP 年平均增长率曾达到 5.6%),国民经济结构趋向合理。但是 1980 年代以后,在外部环境上,发达国家推行的全球“新劳动地域分工”及其经济控制的方式发生了巨大转变,特别是冷战结束以后世界战略格局的改变,促使发达国家对许多发展中国

家的战略政策由过去的“利用、扶持”转向“遏制”；从内部环境看，由于发展中国家自身发展政策中的失误、应对全球形势变化经验与能力的不足、经济体制转变与政治体制滞后矛盾的加深、民族问题的加剧等等，致使大多数发展中国家的发展条件严重恶化，经济增长率开始大幅下降(GDP 年平均增长水平基本在 1.5%~2%)。

全球经济格局的变化和新劳动地域分工体系的形成，可以认为是西方国家推行的一种“新殖民主义”，使得 1950-1970 年代的许多发展经济学理论必须改写。发展中国家无论在经济总量、经济结构、发展层次、发展质量、发展潜力和竞争能力等方面，与发达国家的差距愈加明显，“核心—边缘”的体系进一步被强化。大量吸引外资，在技术上形成极大的依赖，在经济上形成“结构扭曲”，在发展上形成极大的风险，即使中国苏州这样引进外资总量巨大、增速可观的城市，虽然拥有了表面的繁荣和现代化的外壳，但也不可否认其潜藏着巨大的发展危机。发展中国家的这种城市发展模式不仅十分畸形，而且也会失去真正的独立和主权，跨国公司正从一种经济意义上的资本组织，转变为对发展中国家进行全面政治、社会、经济干预的重要外来力量。发展中国家失去的不仅是土地、劳动力、资源等经济利益，而且还失去了某些“主权”。在一些外资份额高的城市，包括城市规划与管理也已经受到了外资因素的极大牵制。但是另一方面也出现了一种偏向，即一些民族国家过分强调自主性而忽视或有意识地限制对世界经济、政治、文化上的依存性，造成闭关锁国、城市凋敝的局面。可见，对发展中国家的城市来说，如何在一个开放性的环境中处理好依存与独立发展的关系，是一个十分深刻的问题。

二、落后的城市经济、急剧的需求膨胀与转型中多变的空间结构

总体上看，二战以后发展中国家的发展战略包括城市战略先后经历了三次大的转变。第一次转变发生在 1960 年代末、1970 年代初，原先发展中国家只强调经济增长，片面追求速度的发展战略，造成了深刻、尖锐的结构性矛盾而不同程度地遭到失败，于是纷纷采取了以满足基本需求为目标的发展战略；第二次转变发生在 1970 年代末、1980 年代初，人的价值更加受到重视，发展中国家政府在制定发展政策时，纷纷把人的全面发展作为社会发展总体的、长远的目标，正如许多学者所认为的那样，评价社会发展的指针应该包括五个方面，即社会平等、根除贫困、确保真正的人类自由、维护生态平衡、实现民众参与决策；第三次转变发生在 1990 年代末、21 世纪初，以亚洲金融危机为动因，发展中国家在全球经济一体化的过程中，更加注重提高城市发展的综合质量和竞争力。

独立后的许多发展中国家生产力水平十分低下，农业人口占了70%以上，殖民主义时期的许多城市繁荣是基于单纯的政治中心地位和糜烂的消费场所特征。但是独立以后急于改变落后面貌的主观愿望，使得大多数发展中国家都力图在短期内追求高速度的经济增长，却引发了多数国家超前性的需求，尤其是表现在城市里：一方面是超前性的消费需求，另一方面是超前性的投资需求。消费需求与投资需求的急剧增长都需要占去更多的收入，而弥补收入缺损的途径一般只能是多发行货币，由此造成发展中国家的城市往往债台高筑、通货膨胀居高不下。城市中生产了越来越多的只能供少数人享用的奢侈品，为了生产这些产品，不仅需要耗费掉珍贵的稀有材料，而且更加导致在资源分配、公共物品享有上的扭曲。

落后的城市经济，急剧的需求膨胀，导致了城市空间结构转型中的多变性特征。土地作为城市规划分配的最主要资源，由于落后的城市经济而表现为粗犷地使用，城市尤其是大城市空间正在以令人可怕的速度蔓延着；城市空间结构在蔓延和跳跃中嬗变，少数富裕阶层的崛起导致郊区的扩张和小汽车的剧增；土地资源在数量与结构上的紧缺，导致城市环境的拥挤与恶化，种种外来的和内部的不规范因素，更加扰乱了土地市场和规划的控制……似乎任何城市发展、规划的经典理论和技术控制的手段，都无法准确而有效地应对转型中的城市快速变化。所有这些，都使得发展中国家的城市规划陷入了“地位越来越重要，而作用越来越卑微”的病态局面。

三、快速的城市扩张与可持续发展的要求

人类社会应付贫穷的一种本能反应就是加快人口的增长。目前世界人口的年平均增长率是1.8%左右，许多发达国家更低于1%甚至是负增长，而许多发展中国家的人口增长率都超过了2%，肯尼亚、尼加拉瓜等均以3%的速度在增长。由于城市在殖民时期形成的畸形繁荣和独立后有限经济实力的集中投入，城市成为大量发展中国家人口实现正规与非正规转化的主要场所，少数大城市尤其是首都更成为人口集聚的主要地域，一般大城市的人口更以每年5%~7%的速度增长，这些国家城市的首位度往往很高。在过去的20年中，发展中国家的城市人口普遍增长了30%~60%，其城市化水平在20年中翻了一番。在印度的加尔各答，700万人拥挤在400平方英里(10.4万公顷)的土地上，3/4的人口住在经济公寓或非法搭起来的小棚里，1/3人的住宅是未经烧制的土坯房，城市居民的年增长率是8%；而在孟买，其增长率则高达39%。德黑兰大都市在1956年到1986年间的人口增长了4倍。少数城市的“过度繁

荣”剥夺了有限资源条件下其他大多数城市的发展机会,区域内其他城市的经济几乎无法增长,如此更加导致了这些“繁荣”城市的快速、畸形增长。据此,E.拉兹洛提出发展中国家适合的发展战略中最基本的方面应该是:合适的经济发展,提高教育,控制人口。

除了上述原因,一些发展中国家城市快速增长还有一个重要的原因,就是由于全球资本与生产分工转移导致外资企业对城市用地、空间需求的急剧扩大。由于发展中国家城市管理者对经济总量增长的短期追求和外资唯我独尊的本性需求,许多在发达国家内无法实现的愿望和扩张方式,在发展中国家的城市中可以轻而易举地得到满足,发达国家的经济增长,通过向发展中国家转移环境容量的压力而得到了实现。

在过去的一个世纪中,为了解决基本的生存问题和满足城市的快速扩张,发展中国家超过60%以上的森林被伐光,而其中竟有接近90%是被当作燃料烧掉。滥伐森林造成的水土流失、土壤沙化,是发展中国家生态环境退化的最普遍现象。在印度、巴基斯坦有超过20%的土地盐渍化,中国耕地中的50%贫瘠、缺水、盐碱化,大量的土地正在沙化,北方沙尘暴的发生频率、影响范围越来越大。在非洲仅有5%的土地可以耕作,而其中又有5%的土地是红壤。落后的生产技术和对经济增长的巨大渴望,使得发展中国家的许多城市政府在权衡经济增长与生态破坏的代价时,往往选择前者,水、空气的质量已经低于适宜生存的底线。中国已经开始实施“世界上最严厉”的《土地法》,然而经济增长的现实“主题”与可持续发展的“理想目标”并非通过一部法律就可以实现有效的统一。西方国家采用的“紧凑发展”(Compact Development)、“精明增长”(Smart Growth)、“增长管理”(Growth Management)等理念,在发展中国家目前遵循的发展道路上,还缺乏基本的运用空间。一些发展中国家曾经片面地将“可持续发展”理解为是发达国家遏制发展中国家增长的“阴谋”,但是现在无可否认的严峻事实,使得发展中国家及其城市不得不认真地思考和对待“可持续发展”问题。

四、城市对历史的传承及对现代化的创新

在对待传统的继承和创新这一对矛盾时,往往会出现死抱传统不放,或完全抛弃传统这样两个极端,如此也就产生了在发展中国家出现的支持、抗拒社会变迁的两种基本力量。许多西方社会学者将发展中国家的传统与现代化看作是截然对立的两极,他们甚至认为落后的传统是导致发展中国家整体发展落后的根源。发展中国家的现代化,在西方学者的眼中就是抛弃传统,接受某些现代性的变项。但是无论怎样对外来文化加以整合,每一个有生命力的民族,总有其自身的文化特质,它保留在生命力极强的人们的心理、风俗、习惯和价值观中,世世代代地延续、凝固成一些规范、价值、行为标准和模式,并通过城市与建筑这种形式,最广泛、最直观和最可体验地表现出来。

传统不是旧的、落后的东西,传统是指一个民族中具有生命力的、一直在起作用的因素。当然,有些民族的传统文化会被一些陈旧的形式所包裹,但它并不是内容本身。传统之所以源远流长而一直起着作用,主宰着民族的精神,就在于它有容纳新因素的功能。因此,一个社会的变迁不在于彻底地把一个社会业已存在的传统根除掉,恰恰在于找到使传统与代表历史发展方向的新因素融会起来的契合点,丰富传统的内涵并赋予它新的形式,将其中属于全人类的部分叠加起来,从而成为具有更多的全人类性的、又蕴有新民族形式的文化体系。

城市是一个民族发展的有形"史书",任何传统的继承与现代的创新都会在城市这个载体上留下刻痕。城市中对历史要素的保护与继承不是为了陶醉与迷恋在过去的辉煌之中,也不是为了因循守旧而自缚手脚。城市是流动的空间,时间是流动的记忆,任何人类积极的发展要素都应该在城市中找到应该属于它的位置,得到应有的尊重和延续。一个有信心、有意识去传承自己历史的城市、国家和民族,也完全应该有自信心去接受创新、接受现代化。当然,这种意识上的融合并不就是简单地表现为城市空间上的叠和与形象上的对撞,现代城市规划的许多技术手法已经为我们找到了可以解决问题的途径。

五、城市的繁荣与城乡、区域的协调发展

城市化是任何国家都无法回避的经济、社会发展必由之路。在发展中国家的城市发展中,没有充分工业化和系统制度保障的城市化过程,造成了经济领域的供给不足、社会领域的贫困集中、政治领域的效率缺失和阶层矛盾的激化。然而,发展中国家城市化过程中最主要的问题,还不在于城市内部本身,而在于由此造成的城乡矛盾、区域矛盾。

当今发展中国家所进行的城市化与发达国家业已经历的背景有着很大差别,这些差别将影响着发展中国家的城市化道路:①城市化的国际经济、社会环境发生了变化。今天快速的交通、信息联系和发展中国家城乡差距的日益扩大,可能激发起发展中国家人民对自己的社会地位、消费水平和子女前途等,抱有远远超过本国实际国情所能提供条件的过高期望,从而产生巨大的迁徙动力。但是发展中国家的生产力、社会、政治和文化并没有获得全面、平衡的发展,结果造成了更大的城乡不均、区域不平衡。②城市化的动力发生了变化。西方发达国家的城市化基本是在稳定、内生的环境里完成的,但是发展中国家的城市化除了受到自身的种种制约外，受到殖民主义与“新经济殖民主义”的影响也是十分强烈的，例如中国的珠江三角洲地区、泰国的曼谷都市区等等，造成了种种的区域畸形繁荣现象和更大范围内的发展落差。③人口与资源的状况发生了变化。西方发达国家当时可以调用全球富足的资源来保证其城市化的进程，但是今天短缺的资源和恶劣的生态状况，已经使得发展中国家城市化的环境制约更加紧张。为了保证快速的城市化进程，往往是以牺牲乡村的发展、区域的协调为代价。④文化价值观念发生了变化，西方国家的城市化是建筑在资本主义制度、个人主义和私有经济之上。而发展中国家由于各国历史和文化传统不同，人们的价值标准也很复杂，一些西方文化在发展中国家的迅速传播，造成了更加尖锐的传统文化与现代文明的冲突以及不同文化之间的矛盾与隔离。从城市内部景观看，城市中心地区往往是西方式的经济、政治中心，而在中心的周围则是落后、破败“土著区域”；从区域层面看，则是少数中心城市的繁荣与乡村衰败的景观并存。正如 P. 哈里森所说：“迁徙其实是用双脚表示自己意志的一种形式，是要求在那正在进行的宴会上有一席之地。迁徙之所以发生，是因为社会经济发展不平衡，经济增长带来的好处分布得非常不均，这是对不平等的抗议。”然而，这种抗议是消极的，它只能带来更大的不平等。

进入 1990 年代以来，伴随着全球性的“区域集团化”和区域规划复兴高潮，发展中国家也更加注重对区域规划的研究与制定。虽然这种区域工作与整个国家的经济、社会运作体制之间还存在着巨大的隙痕，但是它力图通过对城市化的速度、空间、方式等进行适宜的引导，更加公平、效率地使用有限的资源，从而缩小城乡、区域之间的差距，并进而通过区域整体发展水平的提高来实现城市竞争力的加强，以应对更加激烈的全球竞争。这或许是当今发展中国家区域规划盛行的主要原因和必然选择。

六、平等的社会需求、分化的城市阶层及社会管治的转变

由于殖民主义时期对不平等社会地位的抗争，独立以后“社会平等”自然成为发展中国家民族意识形态中的核心内容。但是大多数发展中国家在民族独立后，却发生了急剧的社会分化，形成了有差别的社会层次，在政治参与、经济分配、教育机会等方面出现了严重的不平等，其中最重要的是经济的不平等，它是一切社会不平等的基础。但是这种不平等，大多不是因为社会成员的个人能力或所付出的努力不足，而是由于非规范的社会体制和不公平的权利垄断所造成的，这也构成了发展中国家内部深刻社会矛盾的根源。城市规划试图将自己标榜为“公共利益”的代表和“利益平衡”的工具，但是缺乏充分民主、平等体制的保障,使得许多发展中国家的城市规划演变为特权阶层玩弄的“游戏规则”,城市规划自身也只得无可奈何地以“技术自诩”,只得将城市规划简化为一系列土地使用的技术规则和定量化的建筑准则,却不能去深刻地考虑经济、社会、文化发展的要求。

然而,平等的社会需求是无法抗拒的时代潮流,民主意识的觉醒和政策制定者们基于提高效率、维护社会稳定的考虑,新的管治方式正在发展中国家以不同的方式进行着。J. 古斯菲尔德、R. 莱茵哈德等人通过对发展中国家政治发展的考察,提出了现代政治的三项主要内容:权威的合理化、结构的离异化、参政的扩大化,这可以代表着当今发展中国家管治方式演化的主导方向。经济和社会秩序的重新组织,也要求规划体系去主动适应这个过程。地方分权、社会力量的成长,成为规划进程所必须认识和采用的基本原则,公众参与也已经成为这种趋势的一个最显著体现。

中国是发展中国家中的大国,它既面临着发展中国家城市发展中的一些共性问题,同时也有其自身的特色与问题。实际上,任何照搬发达国家的经验都是危险的,同样也没有一个通用的“发展中国家模式”可以遵循。对比许多发展中国家,中国的城市正在普遍地进入快速发展的轨道,城市规划也面对着许多复杂多变的环境,各种政策、制度的转型和社会力量的碰撞,使得城市发展、城市规划之间的联系变得错综复杂。然而可以肯定的是,城市的发展以及城市规划的发展是与国家的发展紧密关联的,必须在一个更大的系统内予以整体地考虑与处理。

(本文原载于《国外城市规划》2003 年第 2 期,略有修改)

主要参考文献

[1] 严强. 社会发展理论. 南京:南京大学出版社,1991
[2] 王兴成. 全球学研究与展望. 北京:社会科学文献出版社,1998
[3] B 哈里森. 第三世界:苦难、曲折、希望. 北京:新华出版社,1983
[4] E 罗伯逊. 现代西方社会学. 郑州:河南人民出版社,1988
[5] P 亨廷顿. 变化中的社会秩序. 北京:三联书店,1989
[6] F 佩鲁. 新发展观.北京:华夏出版社,1987
[7] S Madhu. Urban Planning in the Third World. Mansell Pub,1982
[8] S Sassen. The Global City. Princeton Press,1991
[9] H 乔治著;吴良健等译.进步与贫困. 北京:商务印书馆,1995
[10] A 刘易斯著;梁小民译.增长与波动. 北京:华夏出版社,1987

主要参考文献

1 A B 布宁等著;黄海华译. 城市建设艺术史:20 世纪资本主义国家的城市建设. 北京:中国建筑工业出版社,1992
2 A Downs 著. 美国大都市地区最新增长模式.布鲁金斯研究所与林肯土地政策研究所联合出版,1994
3 A 刘易斯著;梁小民译. 增长与波动. 北京:华夏出版社,1987
4 包亚明. 后现代性与地理学的政治. 上海:上海教育出版社,2001
5 包亚明. 后现代性与空间的生产. 上海:上海教育出版社,2001
6 C Sitte 著;仲德昆译. 城市建设艺术. 南京:东南大学出版社,1990
7 陈康. 论希腊哲学. 北京:商务印书馆,1990
8 陈敏豪. 生态文化与文明前景. 武汉:武汉出版社,1995
9 陈铁民. 当代西方发展理论演变趋势. 厦门大学学报(哲社版),1996(4)
10 陈修斋,杨祖陶. 欧洲哲学史稿. 武汉:湖北人民出版社,1983
11 陈志华. 外国建筑史(19 世纪末叶以前). 北京:中国建筑工业出版社,2004
12 程里尧. Team 10 的城市设计思想. 世界建筑,1983(3)
13 崔功豪,王本炎等. 城市地理学. 南京:江苏教育出版社,1992
14 D Harvey 著;阎嘉译. 后现代的状况. 北京:商务印书馆,2003
15 E 霍华德著;金经元译. 明日的田园城市. 北京:商务印书馆,2000
16 E 沙里宁著;顾启源译. 城市:它的发展、衰败与未来. 北京:中国建筑工业出版社,1986
17 E 舒尔曼著. 科技时代与人类未来——在哲学深层的挑战. 上海:东方出版中心,1996
18 F 吉伯德著;程里尧译. 市镇设计. 北京:中国建筑工业出版社,1983
19 方澜,于涛方等. 战后城市规划理论的流变. 城市问题,2002(1)
20 高鉴国. 城市规划的社会功能——西方马克思主义城市理论研究. 国外城市规划,2003(1)
21 高亮华. 人文主义视野中的未来. 北京:中国社会科学出版社,1996
22 顾朝林. 战后西方城市研究的学派. 地理学报,1994(4)

23 H 乔治著;吴良健等译. 进步与贫困. 北京:商务印书馆,1995
24 洪亮平. 城市设计历程. 北京:中国建筑工业出版社,2002
25 黄骊. 城市的现代和后现代. 人文地理,1999(4)
26 黄明达,雷达. 市场功能与失灵. 北京:经济科学出版社,1993
27 黄振定. 理想的回归与迷惘. 长沙:湖南师范大学出版社,1996
28 姜蘭虹,张伯宁,杨秉煌编译. 地理思想读本.台北:台湾大学地理系暨研究所,1996
29 金经元. 近现代西方人本主义城市规划思想家. 北京:中国城市出版社,1998
30 金经元. 再谈霍华德的明日的田园城市. 国外城市规划,1996(4)
31 L 贝纳沃罗著;薛钟灵等译. 世界城市史. 北京:科学出版社,2000
32 L 芒福德著;倪文彦,宋峻岭译. 城市发展史:起源、演变和前景.北京:中国建筑工业出版社,1989
33 李百浩. 欧美近代城市规划的重新研究. 城市规划汇刊,1995(2)
34 罗小未,蔡琬英. 外国建筑历史图说. 上海:同济大学出版社,1986
35 罗小未. 外国近现代建筑史. 北京:中国建筑工业出版社,2004
36 马小彦. 欧洲哲学史辞典. 杭州:浙江人民出版社,1989
37 冒从虎. 欧洲哲学通史. 天津:南开大学出版社,1985
38 苗力田. 古希腊哲学. 北京:中国人民大学出版社,1989
39 P Hall 著;邹德慈等译. 城市与区域规划. 北京:中国建筑工业出版社,1985
40 P 柯林斯著;英若聪译. 现代建筑设计思想的演变:1750—1950. 北京:中国建筑工业出版社,1987
41 钱广华. 西方哲学发展史. 合肥:安徽人民出版社,1988
42 R E 勒纳等著. 西方文明史. 北京:中国青年出版社,2003
43 汝信等主编. 西方著名哲学家评传. 济南:山东人民出版社,1985
44 仇保兴. 19 世纪以来西方城市规划理论演变的六次转折. 规划师,2003(11)
45 S 马斯泰罗内著;黄华光译. 欧洲政治思想史. 北京:社会科学文献出版社,1992
46 萨斯基亚·萨森. 论世界经济下的城市的复合体. 国际社会科学杂志,1995(2)
47 沈玉麟. 外国城市建设史. 北京:中国建筑工业出版社,1989。
48 斯宾格勒著;刘世荣等译. 西文的没落. 北京:商务印书馆,1995
49 孙成仁. 重估后现代:城市设计与后现代哲学状态. 规划师,2002(6)

50 孙施文. 城市规划哲学. 北京:中国建筑工业出版社,1997
51 孙施文. 后现代城市规划. 规划师,2002(6)
52 T Frank 著;葛力译. 西方哲学史. 北京:商务印书馆,1975
53 谭天星,陈关龙.未能归一的路——中西城市发展的比较. 南昌:江西人民出版社,1991
54 谭鑫田. 西方哲学词典. 济南:山东人民出版社,1992
55 唐子来. 田园城市理念对于西方战后城市规划的影响. 城市规划汇刊,1998(6)
56 滕守尧. 文化的边缘. 北京:作家出版社,1997
57 W Durant 著;杨荫渭译. 西方哲学史话. 北京:书目文献出版社,1989
58 W 奥斯特罗夫斯基著;冯文炯等译. 现代城市建设. 北京:中国建筑工业出版社,1986
59 World Commission on Environment and Development 著;王之佳,柯金良译. 我们共同的未来. 长春:吉林人民出版社,1997
60 王慧. 新城市主义的理念与实践、理想与现实. 国外城市规划,2002(3)
61 王建国. 现代城市设计的理论和方法. 南京:东南大学出版社,1991
62 王受之. 世界现代建筑史. 北京:中国建筑工业出版社,1999
63 王旭. 美国城市史. 北京:中国社会科学出版社,2000
64 王朝晖."精明累进"的概念及其讨论. 国外城市规划,2003(3)
65 王作锟. 信息社会与传统——未来城市. 城市规划汇刊,1986(3)
66 吴家骅. 环境设计史纲. 重庆:重庆大学出版社,2002
67 吴志强.《西方城市规划理论史纲》导论. 城市规划汇刊,2000(2)
68 吴志强. 百年现代城市规划中不变的精神和责任. 城市规划,1999(1)
69 谢景锋. 新经济时代美国城市的发展趋势与理论. 城市规划,2001(2)
70 徐巨洲. 后现代城市的趋向. 城市规划,1996(5)
71 言玉梅. 当代西方思潮评析. 海口:南海出版公司,2001
72 阎小培,林初升,许学强著. 地理·区域·城市——永无止境的探索. 广州:广东高等教育出版社,1995
73 杨德明. 当代西方经济学基础理论的演变. 北京:商务印书馆,1988
74 袁华音. 西方社会思想史. 天津:南开大学出版社,1988
75 张京祥. 城市规划的基础理论研究. 人文地理,1995(1)
76 张京祥. 城镇群体空间组合. 南京:东南大学出版社,2002
77 张志伟,冯俊等. 西方哲学问题研究. 北京:中国人民大学出版社,1999

78 赵敦华. 西方哲学简史. 北京:北京大学出版社,2001
79 赵中枢. 英国规划理论回顾. 北京:中国城市规划设计研究院学术信息中心,1994
80 章士嵘. 西方思想史. 上海:东方出版中心,2002
81 钟纪刚. 巴黎城市建设史. 北京:中国建筑工业出版社,2002
82 A Blowers. Planning for a Sustainable Environment:A Report by the Town and Country Planning Association. Earthscan,1993
83 A J Morris.History of Urban Form:Before the Industrial Revolution. Wiley,1979
84 A Rapoport. Human Aspects of Urban Form. Perbaman Press,1977
85 B Cullingworth.British Planning:50 Years of Urban and Regional Policy. The Athlone Press,1999
86 B Lenardo.The Origins of Modern Town Planning.M.I.T,1967
87 B Michael.American Planning in the 1990: Evolution,Debate and Challenge. Urban Studies,1996(4~5)
88 C Frederick.A History of Philosophy.Image Books,1985
89 C Hague.The Development of Planning Thought: A Critical Perspective. Hutchinson,1984
90 D Ley.A Social Geography of the City.Harper and Row,1983
91 D Rothblatt.North American Metropolitan Planning.Autumn,A.P.A,1994
92 D Burtenshaw & M Bateman.The City in West Europe.Chichester,1981
93 E Howard.Garden Cities of Tomorrow.Farber and Farber,1946
94 H Cbout.Europe's Cities in the Late Twentieth Century.University of Amsterdam,1994
95 Hirons.Town Planning in History.Lund Humphries,1953
96 J B Cullingworth & V Nadin.Town and Country Planning in the UK 13th. Routledge,2002
97 J Brotchie & P Hall.The Future of Urban Form:The Impact of New Technology.Croom Helm,1985
98 J Cottingham.Western Philosophy.Blackwell Publishers.1996
99 J Jacobs.The Life and Death of Great American Cities.Jonathan Cape,1961
100 J M Levy.Contemporary Urban Planning.Prentice Hall Inc,2002
101 J Norman.Cities in the Round.University of Washington Press,1983

102 K Lynch.Good City Form.Harvard University Press, 1980
103 L Mumford.The Urban Prospect.Brace & World Inc, 1968
104 L Mumford.The Culture of Cities.Harcourt, Brace and Company, 1934
105 L Sandercock.Making the Invisible: A Multicultural Planning History. University of California Press, 1998
106 M Castells.Informational City.Blackwell Publishers, 1989
107 M Northam.Urban Geography.John Wiley & Sons, 1978
108 M C Sies.Planning the Twentieth Century American City.Johns Hopkins University Press, 1996
109 M Camhis.Planning Theory and Philosophy.Tavistock Publications, 1979
110 M Castells & P Hall.Technopoles of the World: The Making of 21st Century Industrial Complexes.Routledge, 1994
111 N Tavlor.Urban Planning Theory Since 1945.Bage Publications,1998
112 P Abercrombie.Town and Country Planning.Oxford University Press,1933
113 P Allmendinger.Planning Theory.Palgrave Macmillan,2002
114 P Burguss. Should Planning History Hit the Road? An examination of the State of Planning History in the United States.Planning Perspective,1996(11)
115 P Hall. Cities of Tomorrow: An Intellectual History of Urban Planning and Design in the Twentieth Century.Blackwell Publishers, 2002
116 P Hall.The World Cities.George Weidenfeld & Nicolson Limited,1984
117 P Healey.Planning Theory.Prospects for the 1980s.Pergamon Press,1982
118 R Freestone.Urban Planning in a Changing World: The Twentieth Century Experience.Brunner-Routledge, 2000
119 R T LeGates and F. Stout. The City Reader.Routledge,1996
120 S Campbell & S S Fainstein.Reading in Planning Theory.Blackwell Publishers,1996
121 S Madhu.Urban Planning in the Third World. Mansell Pub,1982
122 S Sassen. The Global City. Princeton Press,1991
123 W Anders.A History of Philosophy.Clarendon,1982
124 W Arnold.Encyclopedia of Urban Planning.McGraw Hill,1973
125 W Perkins.Cities of Ancient Greece and Italy:Planning in Classical Antiquity.George Braziller, 1974

图录